U0241907

美丽中国·生态中国丛书

主编 范恒山 陶良虎

美丽城市

生态城市建设的理论实践与案例

MEILI CHENGSHI

SHENGTAI CHENGSHI JIANSHE DE LILUN

SHIJIAN YU ANLI

陶良虎 张继久 孙抱朴 主编

人民出版社

美丽中国·生态中国丛书

编委会主　任：范恒山　　陶良虎
编委会副主任：刘光远　　肖卫康
　　　　　　　　张继久　　陈　为
　　　　　　　　孙抱朴　　卢继传

目　录

前　言

中国迈向社会主义生态文明新时代

"建设生态文明，是关系人民福祉、关乎民族未来的长远大计。"党的十八大强调要把生态文明建设放在突出位置，融入经济建设、政治建设、文化建设、社会建设各个方面和全过程，努力建设美丽中国，实现中华民族永续发展。"建设美丽中国"这一命题的提出，深切回应了人民群众对美好生活的新期待，标志着我们党对经济社会发展规律的认识达到新高度、新境界，也充分表明了以习近平为总书记的党中央高度重视生态文明建设，正团结带领全国各族人民迈向社会主义生态文明新时代。

一

生态文明是人类文明发展到一定阶段的产物，是反映人与自然和谐程度的新型文明形态，体现了人类文明发展理念的重大进步。我们常讲"生态文明"，就是要以资源环境承载能力为基础，以自然规律为准则，以可持续发展、人与自然和谐为目标，建设生产发展、生活富裕、生态良好的文明社会。生态文明不仅延续了人类社会原始文明、农业文明、工业文明的历史血脉，而且承载了物质文明、精神文明、政治文明的建设成果。生态文明的崛起是人类文明在新的历史条件下遭遇困境的主动选择。

当今之世界，正处于大发展、大变革、大调整时期，今日之中国，同样也正步入增长速度换挡期、结构调整阵痛期叠加阶段。我们用几十年的时间走过了西方国家几百年的发展历程，在经济社会发展取得巨大成就的同时，各种矛盾和问题也开始集中显现。为此，迫切需要我们准确把握国内外发展形势，全面认识我国生态文明建设的成就和问题，科学构建中国特色社会主义生态文明理论体系，进一步坚定推动生态文明和美丽中国建设的信心与决心。

推进生态文明、建设美丽中国，是我们党把握发展规律、审时度势作出的战略决策，对建设中国特色社会主义具有重大现实意义和深远历史意义。一直以来，人口多、底子薄、发展不平衡是我国基本国情。经过 30 多年快速发展，我国经济社会取得了举世瞩目的成绩，但同样也面临着资源、生态和环境等突出问题，粗放的发展方式已难以为继。我们党在正确认识资源、生态、环境等内在经济规律，深刻反思传统经济发展模式、全面总结我国可持续发展宝贵经验的基础上，作出了建设社会主义生态文明的重大战略决策。一方面，这是对中国特色社会主义事业"五位一体"总体布局的有益补充和中国特色社会主义理论体系的丰富完善，成为中华民族伟大复兴的中国梦的重要组成部分，具有重大的理论创新价值。另一方面，这是推动绿色发展、循环发展、低碳发展，加快我国发展战略转型的迫切需要，是对人民群众希望喝上干净的水、呼吸上清新的空气、吃上安全放心的食品，拥有天蓝、地绿、水净的美好家园的强力回应，也是实现中华民族永续发展的必然选择，具有划时代意义。基于此，我们需要进一步加强对中国特色社会主义生态文明理论研究与创新，扩展研究领域、确定理论内核、搭建理论体系，进一步把建设美丽中国的重大意义阐释好、把主要内容梳理好、把建设路径设计好，为加快推进生态文明、建设美丽中国、美丽城市、美丽乡村贡献力量。

推进生态文明、建设美丽中国，是我们党把握发展形势、立足全局作出的顺势之举，对进一步深化巩固我国生态文明建设的成果具有重大影响。当前气候变化已成为全球面临的重大挑战，维护生态安全日益成为全人类的共同任务。一方面，生态环境保护已成为各国追求可持续发展的重要内容，绿色发展已成为全球可持续发展的大趋势。另一方面，生态环境保护已成为国际竞争的重要手段。各国对生态环境的关注和对自然资源的争夺日趋激烈，一些发达国家为维护既得利益，通过设置环境技术壁垒，打生态牌，要求发展中国家承担超越其发展阶段的生态环境责任。中国已与世界紧密联系在一起，我们必须要顺应国内外发展大势，同国际社会一道积极应对气候变化，大力推进生态文明建设，紧紧围绕建设美丽中国深化生态文明体制改革，加快建立健全中国特色生态文明制度体系。基于此，我们需要进一步深入研究国际生态环境保护的新态势、新特征，全面总结世界各国特别是发达国家在生态文明建设方面的典型模式，充分借鉴其成功经验，为加快推进我国生态文明建议，谱写美丽中国新篇章营造良好的国际环境。

推进生态文明、建设美丽中国，是我们党针对发展瓶颈、运用底线思维作出的突围行动，有效地遏制扭转和改善我国生态危机刻不容缓。正确认识新时期我国生态文明建设面临的形势，就必须清醒地看到当前我国生态环境总体恶化的趋势尚未根本扭转。能源资源约束趋紧，人多地少、水资源缺乏的问题日益突出；环境污染比较严重，相当部分的城市达不到新的空气质量标准；生态系统退化问题突出，水土流失、沙漠化土地面积比较大；国土开发格局不够合理，生产空间偏多、生态生活空间偏少；环境问题带来的社会影响凸显，群众和社会反响比较大。我国生态环境存在的问题，有着历史的、自然的原因和过程，是在发展过程中遇到的矛盾和问题，也与我们思想认识和工作不够到位、体制不够健全有关。我国仍处于并将长期处于社会主义初级阶段，发展仍是解决我国所有问题的关键，而我国底子不厚、财力不强、技术水平不高一时难以改变。基于此，我们需要进一步强化发展是第一要务的战略思想，树立底线思维，加快生态环境污染治理，在推进美丽中国，打造美丽城乡的征途中，既要坚定信心，也不能急于求成，既要打攻坚战，也要打持久战，需要统一思想认识，坚定不移地积极稳妥推进。

二

伟大的实践呼唤伟大的理论，创新的理论又必将推进新的伟大实践。我们党历来高度重视生态文明实践探索与理论创新。以毛泽东同志为核心的党的第一代中央领导集体，提出了"全面规划、合理布局，综合利用、化害为利、依靠群众、大家动手，保护环境、造福人民"的32字环保方针。以邓小平为核心的党的第二代中央领导集体，把环境保护确定为基本国策，强调要在资源开发利用中重视生态环境保护。以江泽民为核心的党的第三代中央领导集体，把可持续发展确定为国家发展战略，提出推动整个社会走上生产发展、生活富裕、生态良好的文明发展道路。以胡锦涛为总书记的党中央，把节约资源作为基本国策，把建设生态文明建设纳入中国特色社会主义事业五位一体总布局。以习近平为总书记的新一届中央领导集体，明确提出建设生态文明是关系人民福祉关乎民族未来的大计，是实现中华民族伟大复兴的中国梦的重要内容。习近平创造性地提出了绿水青山就是金山银山、良好生态环境是最普惠的民生福祉、保护生态环境就是保护生产力、以系统工程思路抓生态建设、实行最严格的生态环境保护制度等一系列新思想新观点新思路新举措，是推进生态文明建设的思想引领和行动遵循。党的十八届三中全会通过的《中共中央关于全面深化改革若干重大问题的决定》明确提出，要围绕建设美丽中国深化生态文明体制改革，加快建立生态文明制度。在一代又一代的接力探索中，我国生态文明建设实践不断发展，具有中国特色社会主义生态文明理论不断完善，已成为中国特色社会主义理论的重要组成部分。

从 2010 年开始，中共湖北省委党校与中国管理科学研究院、武汉理工大学经济学院联合组建课题组，对我国生态文明建设的理论与实践、经验与教训等进行系统疏理与总结，对生态文明的概念、科学发展观与生态文明、建设生态文明的道路、国外生态文明建设的经验教训、社会主义生态文明与物质文明、政治文明和精神文明的相互关系等问题进行深入的研究。党的十八大召开之后，随着生态文明建设纳入"五位一体"的总布局中，我们研究的视野得到了进一步拓展与延伸，同时，我国理论界和社会大众也对生态文明和美丽中国产生了浓厚的研究兴趣与期盼憧憬。基于此，人民出版社与课题组决定联合编辑出版一套"美丽中国·生态中国丛书"，以便汇集关于推进生态文明、建设美丽中国的若干重要研究成果。我们编委会以"美丽中国·生态中国"这一富有诗意的词汇来命名该书系，就是希望通过这套丛书的出版，进一步推动我国学术界对生态文明的研究，促进中国特色生态文明建设，也寄托了汇集中国力量去实现拥有天蓝、地绿、水净的美好家园的梦想。

"美丽中国·生态中国丛书"由《美丽中国》、《美丽城市》和《美丽乡村》等三部著作组成。这三本书既各自独立成册，又相互联系支撑。其中，《美丽中国》属于总论部分，共有 10 章，主要结合党的十八大精神，阐述了生态文明建设的理论渊源与时代意义，尝试构建了中国特色社会主义生态文明理论体系，提出了推进生态文明建设主要任务与基本路径，剖析了打造天蓝、地绿、水净的美丽中国的典型案例与方法经验。《美丽城市》和《美丽乡村》分别阐述了建设生态文明的方法论。《美丽城市》侧重从生态城市发展的角度，系统研究了推进美丽城市建设的基本理论、路径选择、规划方法、政策保障、治理体系、评价标准和国内外典型范例等重大问题，《美丽乡村》系统研究了美丽乡村的理论依据、科学规划、评价体系、典型案例，着眼于实现美丽乡村的梦想，提出了具有民族特色与地域风情的美丽乡村治理路径和制度安排。相较于国内外其他生态文明研究著作，本书系的最大特色就是将生态文明理论、生态文明建设实践与生态文明建设典型案例有机结合，可读性强，可供党政干部、高校师生以及该领域的研究人士学习参考。

三

本丛书是由中共湖北省委党校、武汉理工大学、中国管理科学研究院有关专家学者共同撰写完成的，是集体合作的产物，更是所有为中国特色社会主义生态文明理论与实践做出贡献的人们集体智慧的结晶。全丛书由范恒山、陶良虎教授负责体系设计、内容安排和统修定稿。《美丽中国》由陶良虎、刘光远、肖卫康等编著，《美丽城市》由陶良虎、张继久、孙抱朴等编著，《美丽乡村》由陶良虎、陈为、卢继传等编著。

本丛书在编撰过程中，研究并参考了不少学界前辈和同行们的理论研究成果，没有他们的研究成果是难以成书的，对此我们表示真诚的感谢。对于书中所引用观点和资料我们在编辑时尽可能在脚注和参考文献中一一列出，但在浩瀚的历史文献及论著中，有些观点的出处确实难以准确标明，更有一些可能被遗漏，在此我们表示歉意。在本书出版过程中，得到了国家出版基金的资助和人民出版社的支持，人民出版社编审张文勇，副编审史伟，编辑高寅、于璐，中共湖北省委党校杨维多同志给予了真诚而及时的帮助，提出了许多建设性意见，在此我们表示衷心感谢！

第一章 美丽城市:时代呼唤

一、顺应科学发展

美丽城市是在美丽中国建设总方针下提出的建设构想,与美丽乡村建设共同承载起美丽中国建设的蓝图。在21世纪新阶段,美丽城市建设符合历史发展潮流,是我国对科学发展观的一次重要的实践和探索。美丽城市,就是在科学发展的指导下,努力建成一个以人为本的城市,一个全面发展的城市,一个可持续发展的城市,一个人与自然和谐相处的城市,实现人民生活富足,人居环境良好,各个环节科学发展的良性循环。

(一)美丽城市是以人为本的城市

城市最初就是由人口的集聚形成的,城市的发展从某种程度上就是满足人的各种需求的发展,美丽城市建设就是要进一步落实人民之所想、人民之所需,在进行城市规划、建设和管理的各项活动中,都充分体现以人为本的理念。

城市规划是为人服务的,而不是为规划而规划,城市规划同时也要充分发挥人的主观能动性,集中众人的智慧,编制出功能布局合理、空间结构美观、可操作性强的规划方案。总之,美丽城市规划的最终目的是全面提高人民的生活质量,满足人民的多样化需求,这也是城市规划人本思想的内涵。规划的人本思想重点表现在以下几个方面。

一是合理进行城市用地布局:坚持严格保护土地、有效利用土地的原则,积极推进工业向园区集中、居住向社区集中、商贸向物流中心集中、办公向行政服务中心集中,合理规划城市开发用地。同时,注重新老区规划进行无缝化对接，实现新区老城功能互补，互动发展。二是设施配套齐全：随着时代的发展，赋予城市更多的功能内涵，要求城市要不断满足人们日益增长的物质文化需要，不仅要包括居住、交通、饮食、购物等基本功能，还要包括就业、教育、医疗、休憩、养老、娱乐等社会职能，美丽城市就是要建立与之相适应的公共服务设施，要考虑到群众多样性的需求，最大限度地满足不同阶层、年龄、性别、文化层次的人的不同需要。三是注重城市传统文脉的延续：在城市规划中，尤其在旧城改造时，避免大拆大建，尽量采取渐进的方式，注重发挥地方特色，保存当地传统的建筑形式和布局风格，使优良的传统得以发扬，城市文脉得以延续。

城市建设是形成和完善城市多种功能、发挥城市中心作用的基础性工作。城市建设要"以人为本"，这就是要遵循"以人为本"的原则，为市民营造舒适的生产和生活环境，不断提高人民的生活质量。美丽城市建设，就是要实现硬环境建设和软环境建设的同步推进，不能单纯把城市建设理解为经济建设，硬环境建设体现着一个城市的工业布局、产业结构、人文景观和城市风貌等，软环境建设则重点体现人口素质、科技水平、历史传统、价值标准以及社会生活方式等，是城市建设的题中之意。

美丽城市建设首先要积极主动地担负起推动社会经济发展的责任，做大做强优势产业，依托城市自然资源和技术资源，发展特色产业，为人民提供更多的就业机会，提高群众生活水平；同时，积极开展各种培训，解决社会弱势群体的基本生活保障问题，努力实现社会各阶层的经济公平。其次是在建设过程中注重资源的有效利用，摒弃资源浪费的现象，重点做好前期规划工作，着眼长远建设，统筹协调，真正实现城市建设的和谐发展，更好地服务于民。三是城市建设突出特色、体现城市个性的文化内涵。坚持因地制宜，不搞"千城一面"，注重民族地方特色和地域文化特色，在建设理念上，坚持保持原态的原则。四是注重环境和资源的承载力，量力而行。不盲目扩张，提出不合实际的城市发展目标；不进行无投资效益的行政中心、豪华办公楼、步行街、大草坪、大广场等"形象工程""政绩工程"建设。

城市管理坚持以人为本，是指城市管理部门以人为中心，运用综合手段，提高人的综合素质，最大限度地调动城市管理人员和全体市民参与城市管理工作的积极性和创造性，协调好人际关系，化消极因素为积极因素，变制约力量为驱动力量，推进城市两个文明建设和城市现代化进程。

美丽城市管理中以人为本理念重点体现在：一是强调民主观念，更好地鼓励民众参与到城市建设和管理的各项事务中去。重点保障好人民的知情权，对政府工作给予理解和支持；落实好人民的参与权，充分体现人民的主人翁地位；保障民众的表达权，进一步强化他们的民主意识；推进群众的监督权，规范管理的各项程序，增强合法性和科学性。二是强化民生观念，激发群众积极参与城市管理的热情。认真解决市容秩序管理中存在的突出矛盾，以"硬化、净化、绿化、序化、美化"为主要内容进行市容环境整治工作，工作重点由整治脏乱差向营造优美环境、提高环境质量转变。三是强调品质观念，努力实现彰显特色、集约发展。首先是坚持效益优先，建立完善的城市管理标准，利用数字化城市管理信息系统，进一步提高城市管理问题快速处理率，提高工作效率。其次是坚持服务优先。通过投入保障机制、建立健全责权清晰的城市管理运行机制以及区、街、社区工作站三级管理网络的建设，更好地为群众提供服务。四是创新城市管理理念。树立抓城市管理就是服务理念、柔性执法理念、精细管理才是有效管理理念、管理前置理念、经营城市理念等。此外，创新城市管理模式。要进一步转变传统管理模式，通过拍卖、出售、租赁、重组等形式，在城市管理领域内不断深化市场化运作，加快形成统一管理、多家经营、有序竞争的运行机制，提高城市的管理效率。

（二）美丽城市是全面发展的城市

城市的全面发展必须使经济更加发展、民主更加健全、科教更加进步、文化更加繁荣、社会更加和谐、人民生活更加殷实。美丽城市建设的结果就是实现全面发展，不仅物质文明高度繁荣，精神文明也同步发展，人民的思想道德素质和科学文化素质显著提升，良好城市文明氛围形成，文化积淀浓郁，在一个舒适轻松的环境中实现人的全面发展。

1. 经济发展

经济发展是城市发展中的重要前提和基础，没有经济发展，其他方面的发展无从谈起。美丽城市不仅注重经济发展的速度，更注重经济发展的质量。在实际工作中要求：首先是在战略方针上处理好经济发展质量与数量、速度的关系，在进行经规划和战略目标设定，必须将这一理念深入贯彻，并长期坚持下去。其次是明确提高经济发展质量的战略重点，选择战略重点遵循两条思路，一是"优势因素"，即将对经济发展质量具有强力支持作用的因素，作为战略重点大力发展，以便突出优势；二是"瓶颈因素"，即将对经济发展质量影响较大的薄弱环节，作为战略重点尽快发展以消除其不利影响；三是要制定科学合理的战略实施措施。此外，由于每个城市的禀赋不同，要依据城市自身的发展状况，培育和壮大城市主导经济和主导产业。经济发展，不仅强调横向的全面协调发展，也强调纵向的重点发展，这就是主导产业的发展，这也是发展经济、提高质量最有效、最现实的途径。

2. 文化发展

文化是城市的灵魂，加强城市文化建设，提升城市文化品位，加强城市形象建设，为城市建设和发展注入文化元素，提升城市文化品位，既是新时期我国城市建设面临的重要课题，也是城市发展的新思路。美丽城市文化建设就是要围绕提升城市文化品位展开工作：（1）重视培养城市精神、塑造城市鲜明形象。通过城市的区域文化定位、城市的口号、市民的理念、价值观、性格与行为规范、城市的视觉形象等打造城市形象特色。（2）积极实施文化品牌战略，提高城市文化的影响力。每个城市都有其独特的历史文化和现代文化特色，要因地制宜，实施开展代表城市鲜明特色的文化品牌开发，积极发展文化产业，促进城市的文化传播。（3）加快文化设施建设，提升文化服务能力。建设文化广场、主题公园、娱乐中心、图书中心等设施，为城市文化活动提供场所。（4）提高市民素质，强化市民的归属意识和责任意识。要组织开展群众性的文化活动，繁荣企业文化、校园文化、社区文化等，提高文化的普及性。加强正确的伦理道德观念的宣传和教育，崇尚"爱人爱己，携手共进"的社会信条。

3. 教育发展

随着城市化进程的加快，如何使农民工的子女教育融入城市教育体系成为一个亟待解决的问题。由于制度因素和政策因素等的限制，农民工子女和城市市民子女接受的教育水平有很大差异，教育不公平现象在许多城市都有体现。美丽城市就是要打破教育不公平现状，创造出一个教育公平的良好环境，为社会主义事业培养高素质人力资源后备军。美丽城市促进农民工子女融入城市的教育策略，就现阶段来看，首先要考虑到政策的影响，在制定相关政策时，不只是强调其教育权利及教育公平的实现，更要在促进其城市融入的背景下，从多方位的视角去明确并统筹各方面的相互关系和责任，为其顺利融入城市、健康成长与发展提供政策上的支持和保障。其次是强化公立学校的社会责任和社会使命，本着开放宽容的态度，统筹安排就读、统一学籍管理、统一教育管理；坚决消除不合理收费现象；在教育教学过程中，应本着以人为本的教育理念公平对待每个学生，尊重每个学生，消除各种人为歧视。总之，就是在不断发展过程中，循序渐进开展教育体制改革和教育理念创新，使他们真正融入城市，增强归属感。

4.社会保障事业发展

社会保障不仅与人民的生活息息相关，而且涉及改革发展稳定的大局，直接关系到社会经济发展的安全和稳定，因而又被称之为社会经济发展的"安全网""稳定器"。美丽城市社会保障事业发展的最终目标是建立一个与社会经济发展水平相适应、资金来源多渠道、保障方式多层次、权利与义务相对应、管理和服务社会化、统一规范、持续可靠的社会保障体系。社会保障体系构建的建设框架包括：一是社会保障方面，要实现科学化、透明化、全民化、社会化。实现地方政府办理、监管的模式，拓宽社会保障资金的来源。二是社会救助方面，科学界定救助者，建立救助制度，实现救助目的。三是社会保险方面，应覆盖城镇所有用人单位和劳动者，并采取税收优惠等措施，鼓励补充社会保险和个人储蓄保险的发展，实现多支柱的社会保障体系建设。

（三）美丽城市是可持续发展的城市

城市可持续发展是一种全新的发展观，其核心是在保证城市经济效率和生活质量的前提下，使能源和其他自然资源的消费和污染最小化，使之既能满足当代城市发展的现实需要，又能满足未来城市发展的需要。美丽城市是一个可持续发展的城市，就是要实现社会、经济、环境与资源协调发展，物质、能量与信息得到高效利用，保持城市生态良好循环。美丽城市的可持续发展，就是坚定不移地走集约发展、绿色发展和循环发展道路。

1.走集约发展之路

伴随着我国城市化水平的快速提高以及城市规模的外延扩张，造成了耕地的大量流失。城市化与耕地之间的矛盾还会进一步加剧，而土地的集约化发展将成为我国市化道路的一种必然选择。在美丽城市建设进程中，就土地的集约化利用，可以重点从以下几个方面展开工作。

一是加强城市规划的科学性，保证耕地的数量。首先，必须科学地编制土地利用总体规划，严格控制城市建设用地的供应总量，遏制城市规模的盲目扩张与占用耕地的势头。其次，要给城市留有余地，满足其发展的需要。坚持把当前与长远结合起来，既注重规划的超前性，又注重土地资源的保护。二是健全土地市场体系，强化土地法制管理。健全土地市场就是坚持把市场调节与政府调控结合起来，垄断土地出让市场，调控搞活土地转让市场，确保土地市场健康有序发展。同时，要进一步要加快土地管理的立法工作，健全法规、规章体系，完善审批程序；要健全基层土地管理机构；加大对违法用地行为的查处力度。三是提高土地容积率，发挥城市立体效应。提高容积率，进行垂直式扩展有两种形式：一方面是充分利用城市地上空间，主要是通过建造高层建筑物，特别是临街、城市中心区位、繁华地段的高层建筑物来实现城市公用设施、工业用地、绿化的立体化；另一方面是充分利用地下空间，开发地下停车场、地下交通网、地铁、地下公路隧道、地下步行系统及地下街道、地下商业窗口及综合服务设施等措施来提高土地容积率。四是开展土地置换，优化配置土地资源。城市区域的各个地块都有其自身的区位优势，只有按照具体实际情况进行合理布局，优地优用，才能充分发挥土地的潜力。土地置换可以重新配置城市土地资源，不仅有利于促进城市土地使用制度改革的深化，而且也有助于盘活企业资产；同时，还有助于改善社会经济与生态环境，促进旧城改造和城市社会经济功能的合理重组与战略性结构调整。五是加强城市生态系统建设。建设和谐的城市生态系统，首先要确定有利于城市生态系统平衡的城市总体布局和土地利用格局，合理配置市域范围内的土地，具体要落实到对城市各功能区的划分、市域范围内大型基础设施的统筹规划、共建共享和环境执法管理上；其次要在城市建设中，加强以绿地系统为中心的城市生态工程的规划和建设，并使绿地系统与城市建筑物、道路相协调。

2. 走绿色发展之路

美丽城市要打造绿色城市，绿色城市转型本身具有阶段性。因此，推进我国城市绿色发展转型不可能一蹴而就。当前，要在充分认识传统非绿色城市化模式下以及中国城市发展现状的基础上，重点在理念更新、产业发展、城市建设、生活方式转变、技术创新以及制度建设等层面开展绿色城市化工作。

一是树立绿色发展理念：要树立发展绿色产业观念，因地制宜地调整城市产业结构，同时对已破坏的环境进行生态修复和补偿；要树立开发绿色能源观念，既要注重提高能源效率，也要大力推广新能源和可再生清洁能源的开发利用。二是构建绿色生产体系：要改造和"绿化"传统制造业，推动这些产业的技术和工艺升级；要大力发展绿色产业，重点培育和发展以新能源、新材料、可再生能源、环保产业为代表的新兴战略性产业；发展现代服务业，特别是那些信息密集、知识密集、就业密集的服务业，形成低碳化、绿色化的现代产业体系新格局；鼓励绿色投资和信贷，引导资金流向节约资源技术开发和生态环境保护产业。三是建立绿色消费模式。要在社会生活层面倡导绿色生活方式，把节约文化、环境道德纳入城市社会运行的公序良俗，把资源承载能力、生态环境容量作为经济活动的重要条件，引导公众自觉选择节约环保的消费模式。四是加强市场建设和绿色技术创新能力。各地政府要加强相关市场建设，建立健全市场机制和政策支持体系：要尽快建立全面反映社会成本、环境成本的价格体系；加快建立市场化的减排机制，完善有利于节约资源、保护环境的政策体系、评价体系、法律体系、补偿机制；建立健全污染者付费制度，提高排污费征收率和垃圾处理费标准；在环保领域引入市场化的激励机制，同时政府要对企业绿色技术创新实行优惠，扶持政策。

3. 走循环发展之路

美丽城市要发展循环经济，在遵循城市经济发展规律的前提下，照"5R"生产法则（减量化、再利用、再循环、资源再生性和资源替代性），通过优化产品生产直至消费整个产业链的结构，实现物质的多级循环使用和产业活动对环境的损害程度达到最小的一种生产经营模式。其实质就是要以环境友好的方式利用自然资源和环境容量，实现城市经济活动的生态化转向。

推行绿色循环经济模式，首先要实行绿色设计。依靠科技进步，积极采用无害或低害新工艺、新技术，大力降低原材料和能源的消耗，实现少投入、高产出、低污染，尽可能把对环境污染的排放物消除在生产过程之中，达到经济效益和环境效益"双赢"的结果。其次是推广清洁生产。清洁生产实质是一种资源和能耗最少的人类生产活动的规划和管理，它将废物减量化、资源化和无害化，或消除于生产过程之中，是保护环境、节约资源、转变经济发展方式的重要途径。然后是开展绿色营销。企业在生产技术运用、产品和包装设计以及在商品的售前、售中、售后服务过程中，都应以符合节省资源，减少污染的原则为服务导向。最后是有效的管理制度。建立一套促进循环经济建立的法规制度和完备的办事规则及操作规程，并且有相应的管理机制和能力。此外，建立绿色工业园区是发展城市循环经济行之有效的方法。基于循环经济发展理念，绿色工业园区就是要尽量减少废物，将园区内一个工厂或企业产生的副产品用作另一个工厂的投入或原材料，通过废物交换、循环利用及清洁生产等手段，最终实现园区内的污染物"零排放"。

（四）美丽城市是人与自然和谐相处的城市

随着生产力的巨大进步，特别是工业文明以来，人类的科技力量的进步导致人类改造自然的能力加强，且由于人类暂时陶醉于自身的强大而没有顾及到自然环境的承受能力，致使人类自身居住的环境遭到破坏，如水体遭到污染、空气质量变坏、植被减少等。城市作为工业文明的发源地，随着工业文明的进步带来了诸多环境问题，城市人居环境极度恶化，有些城市甚至不适于人类居住。美丽城市就是要建设碧水、蓝天、绿树成荫、草坪青翠的人居环境，是一个人与自然和谐相处的城市。

美丽城市是一个人与自然和谐相处的城市，重点表现在城市绿化注重生态性、垃圾分类处理的科学性、倡导绿色交通。

首先，城市绿化注重生态适应性。城市绿化包括公园、广场绿化以及居住区绿化。其中，居住区绿化又包括公共绿地绿化、道路绿化以及屋顶绿化。在美丽城市绿化建设中，注重提高人居环境质量，科学选择运用树种和花草，确保树种的成活率和寿命；发挥树木观花、遮阳、环保、引导行人和车辆等功能，最大限度地满足人们回归自然的愿望，提高生活环境的舒适度。同时，屋顶绿化作为新的"第五维"绿化空间，备受关注。美丽城市的绿化空间要积极推进屋顶绿化，科学选择屋顶绿化植物品种，严格按照屋顶绿化对工程辅助材料的要求进行屋顶建设，以期充分发挥在净化空气、降低噪音、美化局部环境、降低城市热岛效应等方面的重要作用。

其次，坚定不移地推进垃圾分类工作。在实际工作中，按照先易后难、循序渐进、分步实施的原则，开展试点。推广垃圾分类，形成垃圾分类、收集、运输和处理的闭合系统。健全生态补偿机制，坚持"谁投入、谁收益"，积极推进垃圾资源回收和利用，从源头上推进垃圾减量。合理布局建设再生资源回收网点，支持再生资源回收企业。坚决推行有害垃圾100%无害化处理，防止污染环境。

再次，倡导绿色交通。所谓绿色交通，是以缓解交通拥堵、降低污染、减少能耗、促进社会公平性等为标志，提倡按照步行、自行车出行、公共交通出行、合乘出行的次序，选择贴近自然、绿色环保的交通出行方式，尽量减少高能耗、高污染和低效率交通方式的使用。一是要大力发展公共交通：科学规划和建设轨道交通、快速公交、常规公交系统，充分做好多种交通方式之间的衔接换乘，最大限度减少公众出行的时空消耗。二是优化行人和自行车交通。此外，还可以通过停车费用管理、新能源车辆使用和汽车共享计划等措施减少交通拥堵和环境污染。

二、承载生态文明

生态文明是人类文明的一种形态，它以尊重和维护自然为前提，以人与人、人与自然、人与社会和谐共生为宗旨，以建立可持续的生产方式和消费方式为内涵，以引导人们走上持续、和谐的发展道路为着眼点。其中，生态文化、生态制度、生态科技、生态产业、生态资源、生态环境和生态消费是构成生态文明的七大要素。美丽城市在承载生态文明方面主要体现在两个层次，即文化层次（理念、技术、制度）和物质层次（产品的生产和消费）。又可以细分为美丽城市生态理念的重要发源地，生态制度的重要实施地，生态技术的重要研发地，生态产业的重要集聚地，生态产品的重要消费地。美丽城市是生态文明的一个重要组成部分。

（一）美丽城市是生态理念的重要发源地

生态文化繁荣是生态文明建设的精神支柱。生态文明意味着人类思维方式与价值观念的重大转变。建设生态文明必须以生态文化的繁荣创新为先导，构建以人与自然和谐发展理论为核心的生态文化。而生态文化的产生首先需要生态理念的创立。

美丽城市生态理念就是在城市规划和建设中体现人与自然和谐、人与人和谐的思想，按照生态学原理进行城市规划和建设，从而建立高效、和谐、健康、可持续发展的人类居住环境。1987 年可持续发展理念的正式提出为美丽城市的生态理念提供了理论支持，1992 年联合国环境与发展大会发表的《21 世纪议程》，标志可持续发展开始成为人类的共同行动纲领，美丽城市生态理念也成为我国城市规划中的主流思想。

城市的发展随着社会经济的进步而不断发展，逐步成为世界人们关注的话题。城市发展的愈来愈大，城市的数量越来越多，城市给人们带来的便利无与伦比。但是，城市的发展给环境带来的破坏也更加严重。雾霾、沙尘天气、极端气候的频繁出现，让人们对美丽城市更加渴求。美丽城市的本质内涵是使人与自然和谐的发展，生态理念由此而生。人们需要城市带来便利的同时，也能提供良好的生态环境，而不是以生态环境换取表面的便利。

城市是人类文明的主要组成部分，城市也是伴随人类文明与进步发展起来的。农耕时代，人类开始定居；伴随工商业的发展，城市发展和城市文明开始传播。其实在农耕时代，城市就出现了，但作用是军事防御和举行祭祀仪式，并不具有生产功能，只是个消费中心。那时城市的规模很小，因为周围的农村提供的余粮不多。每个城市和它控制的农村，构成一个小单位，相对封闭，自给自足，因此对自然资源的需求不大，人与自然能够和谐相处。

但是到了工业革命时期，它是以机器取代人力，以大规模工厂化生产取代个体工场手工生产的一场生产与科技革命，它极大地解放了生产力。工业革命之后，城市化进程大大加快了，由于农民不断涌向新的工业中心，城市获得了前所未有的发展。到第一次世界大战前夕，英国、美国、德国、法国等国绝大多数人口都已生活在城市。城市的发展，是城市对资源的需求快速增加，城市与自然环境第一次出现了争端。

在20世纪初，城市的居住总人口占全世界人口的10%，而到了21世纪初，城市人口的比例则增长到超过了50%。城市人口的增长如此之快，造成全世界的城市规模与数量也在不断地剧增，与此同时，一些问题也在不断显现。城市要求的生活物质供应的大量增加。与此带来巨大的生态化境的变化和城市的巨大污染将逐步对人类自身的生存造成威胁。人与自然之间的关系变得非常紧张。城市不再具有当初的美丽，一系列全球性生态危机说明地球再没能力支持这种城市的发展。美丽城市的建设需要开创一个新的文明形态来延续人类的生存，这就是生态文明，生态理念从此创立。

（二）美丽城市是生态制度的重要实施地

生态制度是生态文明建设的根本保障，解决生态环境问题的本源性动力在于制度创新。通过建立生态战略规划制度，着眼于长期而不是短期的发展，把人与自然的和谐与可持续发展纳入到国民经济与宏观决策中；制度建设与创新，鼓励更多主体积极参与，以创建更公平的法制环境，建立更灵活的政策工具，营造更良好的舆论氛围。

我国美丽城市生态文明制度建设是生态文明建设的重要组成部分，是贯彻和落实生态文明建设的根本性保障。党的十八大对生态文明建设提出了新思路、新部署，在总体目标的要求下，生态文明建设的制度体系主要包括环境资源管理制度、法律补救制度、公众参与制度等，它们共同形成了生态文明制度的完整体系。美丽城市的建设需要良好的生态制度。

从党的十八大报告来看，环境资源管理制度主要是指国土空间开发保护制度和严格的水资源等环境资源的管理制度。法律补救制度主要包括耕地保护制度、生态补偿制度和环境损害赔偿制度。公众参与制度不仅包括保障公民的环境权，赋予公民环境公益诉讼的权利，还包括加强生态文明教育，增强全民的节约意识、环境意识和生态意识。而政府责任制度在党的十八大报告中主要体现为对干部考评制度进行改革，要求将资源消耗、环境损害、生态效益纳入经济社会发展评价体系，建立体现生态文明要求的目标体系、考核办法、奖惩机制。

一方面，在新的发展趋势下，首先，生态文明制度体系的建立为美丽城市的建设提供了制度保障，有利于城市循环经济的快速发展，环境资源的合理利用，最终保障了资源节约型、环境友好型城市的良性发展。其次，生态文明建设体系完善了政府环境管理的责任制度，对政府这一制度执行主体提出了更高的要求，要更加坚决认真地执行相关法律法规。最后，生态文明建设体系增强了美丽城市生态文明的软实力，让更多的人理解美丽城市生态文明建设的意义，共同建设美丽城市。

另一方面，国际上生态制度的建设成果为我国美丽城市生态制度建设提供了有益的启示。一是市场机制成为生态制度的基础。环境问题的外部性决定了市场机制在克服生态问题外部性的基本作用。我国美丽城市的生态制度建设，也需要结合市场经济体制的基本要求，努力走市场化和生态化相结合的道路。二是绿色环保法律是生态制度建设的重要保证。法律是最低限度的道德标准，这是我们对法律与道德关系的一种简单阐释。以法律规定社会主体对环境保护最低限度的道德义务，使之上升为具有强制力的行为规范，同时为社会主体履行其对环境保护的道德责任提供法律上的支持，为社会主体的环境社会责任得以顺利实现提供制度保障。从我国实际来看，健全生态制度最需要政府完善相应的法律制度，创造比较健全的法律环境，充分发挥法律的引导作用。三是政府的激励和监管是建设生态制度的根本途径。国际上的企业环境信息公开制度、政府绿色采购制度等都是政府对于企业以及其他经济组织履行生态责任的监管和激励制度。政府是实施生态制度建设的主体，良好的生态制度需要政府的积极作为和科学规划。四是环境责任的履行离不开社会监督。通过对国外生态制度设计的研究可知，发达国家的生态制度，除了政府部门的监督和激励外，还有广泛的社会公众参与。与发达国家较为完备的公众参与制度相比，我国美丽城市的建设在这方面的制度建立和健全还有很长的路要走，使得公众难以对污染破坏环境行为加以有效监督。

（三）美丽城市是生态技术的重要研发地

生态技术发展是生态文明建设的驱动力。生态技术用生态学整体观点看待科学发展，把从世界整体分离出去的科学技术，重新放回"人——社会——自然"有机整体中，将生态学原则渗透到科技发展的目标、方法和性质中。

环境恶化、生态破坏已经影响到人们的生产和生活，世界各国政府和人民可持续发展的呼声越来越高。要解决这个问题必须从根源上着手，改变原有的生活和生产方式，从传统高污染高消耗的工业转向低污染低消耗的生态工业。而对于技术能力较弱的发展中国家来说，生态技术对于转变传统高污染高消耗的经济发展方式所带来的社会效益将会更大。

生态技术创新是要求出现更清洁、更有效的技术，尽可能减少能源和资源的消耗。当前我国美丽城市的建设就是要求产业结构升级，实现低能耗低污染的发展。美丽城市的发展是可持续化的，低碳化的，城市的发展有利于资源、环境保护及其与经济、社会、环境系统之间良性循环的方向协调发展。因而生态技术创新对于美丽城市建设的非常重要。

生态技术是人类反思传统技术后进行的一种新的技术选择，并于 20 世纪 90 年代以来在世界上迅速形成了一股潮流。生态技术代表了未来技术发展的一个方向，可以说，21 世纪将是生态技术崛起的世纪。生态技术是实现人与自然、社会协调发展的技术基础，是建设生态文明的必然选择。因此，生态技术是美丽城市建设的基础之一。城市是技术、资金、人才、设备等资源的集中地，与此同时，能更快地接触科技前沿和享受优惠的政策措施，城市因此作为生态技术研发的主要攻坚力量。

生态技术产业化是生态技术创新能够成为可持续发展支撑条件的关键：一方面，生态技术的发展要走一条产业化的道路，才能保证其发展有永续的动力；另一方面，生态技术还需要向其他产业渗透，形成生态技术创新的环境，实现产业生态化改造的目标。

为了更快地促进生态技术的创新，城市政府也应该对生态技术给予一定的政策支持和技术引导。可以从以下方面着手：1. 加强技术学习，提高企业生产能力。2. 调整组织结构、建立有效管理体系。3. 规范企业融资行为，强化企业内部积累。4. 加大对生态知识、生态产品的宣传，减少信息不对称，拉动市场需求。5. 加大资金的投入，促进生态技术的创新。通过这些措施让美丽城市成为生态技术的重要研发地。

（四）美丽城市是生态产业的重要集聚地

生态产业是按生态经济原理和知识经济规律组织起来的基于生态系统承载能力，具有高效的生态过程及和谐的生态功能的集团型产业，它是包含工业、农业、居民区等的生态环境和生存状况的一个有机系统。通过自然生态系统形成物流和能量的转化，形成自然生态系统、人工生态系统、产业生态系统之间共生的网络。它是继经济技术开发、高新技术产业开发的第三代产业。

目前，美丽城市建设正在全国范围内广泛进行，并已取得了一定的成绩和经验。美丽城市建设已由单纯地追求环境优美转向对城市社会、经济、生态环境系统的全面可持续发展的追求。以社会、经济、生态环境协调可持续发展为基本特征的美丽城市正成为城市可持续发展的理想模式。生态城市的建设和发展离不开产业可持续发展的支撑和支持。生态产业集聚以可持续发展战略作为指导，有助于协调好城市经济、城市环境发展的关系，对探索既能体现城市社会、经济、自然协调融合，又能满足当前我国美丽城市建设要求的可持续发展产业集聚，具有重要的理论意义和实践意义。

美丽城市是生态产业的重要集聚地，相对于其他地方拥有以下几方面的优势。

1. 运输成本

生态产业，横跨初级生产部门、次级生产部门和服务部门。不同于传统产业的是，生态产业将生产、流通、消费、回收、环境保护及能力建设纵向结合，将不同行业的生产工艺横向耦合，将生产基地与周边环境纳入整个生态系统统一管理，谋求资源的高效利用。因此，运输成本对于生态产业有着重要的影响。

城市拥有便利的交通运输系统，近些年，铁路、公路、航空的快速发展使各个生态产业之间产生紧密联系的同时，也让各种生态产品更快更便捷地到达用户的手中。道路的便利创造了更多的直达运输，由产地直运到销货地或用户，减少了货物的装卸、搬运、包装等多种环节，从而降低成本。

城市内丰富的运输工具使企业有了更多的选择，使产品更好更快地送达。飞机和汽车的普及使原来对铁路的依赖性大大降低，三者之间的有效竞争也有效地降低了企业的运输成本，让企业选择最优运输工具。

城市里充足的人力资源和高级管理人员使企业运输效率大大提高。充足的人力资源使企业可以选择更好的员工，增加工作效率。高级管理人员通过对成本的核算、分析和考核，挖掘企业内部降低成本的潜力，寻找降低成本的途径和方法，以降低生产费用和一切非生产性消耗，增加盈利。

2. 外部性

城市拥有大量生态产业，其外部性是生态产业集聚的重要因素。马歇尔阐述了厂商为什么要集聚的三个原因：（1）能促进专业化供应商队伍的形成，尤其能提供不可贸易的特殊投入品；（2）为有专业技术的工人提供了一个公共市场，有利于劳动力共享；（3）独特的非正式信息扩散方式有助于知识外溢。

生态产业集群的形成和发展提升了区域产业的竞争力，促进了区域经济快速发展。生态产业集群是指相互联系的企业和机构因某一领域内的集中而产生"群"体优势，使外部不经济内部化。因为，企业的内在关联性有助于建立生态的产业链。产业集群内企业之间横、纵向的共生关联性，容易使上游企业的排放物成为下游企业的原材料，实现物质的循环利用，能量的梯级利用，减少对环境的污染。

城市生态产业集群能获得成本优势，提升企业竞争力：（1）生态化的产业集群在特定空间上的聚集与使企业可共享能源、交通、通讯等公共基础设施，降低了公共基础设施上的建设成本；（2）地理上的接近减少了企业间的运输成本、存贷成本、管理成本；（3）长期的交流合作增进了企业的互信，减少机会主义与道德风险发生的概率，降低了交易成本和监督成本；（4）产业集群的规模效应有助于对污染的集中综合治理和产品可回收部分的规模回收。从而，减少治理和回收的平均成本，降低了对新材料的采购。

（五）美丽城市是生态产品的重要消费地

生态消费模式是生态文明建设的公众基础。生态消费模式是以维护自然生态环境的平衡为前提，在满足人的基本生存和发展需要基础上的一种可持续的消费模式。生态消费模式需要依赖消费教育来变革全社会的消费理念，进而转变消费者的消费行为，引导公众从浪费型消费模式转向适度型消费模式，从对物质财富的过度享受转向自身需求又不损害自然生态的消费模式。

一方面，随着"PM2.5""水污染""毒生姜"等关键词饱受热议，环保、健康与安全已经成为大众消费选择的关键词。另一方面，由于人们对生活品质的提高，绿色安全渐渐成为消费者购买饮食、家居用品、装饰房屋的首要关注点。尤其是居住在城市里的人们对生态产品需求正在不断加大，他们渴求的是健康和安全。城市正在成为生态产品的重要消费地。

生态产品是指维系生态安全、保障生态调节功能、提供良好人居环境的自然要素。包括清新的空气、清洁的水源和宜人的气候等。生态产品又称为绿色产品，其特点在于节约能源、无公害、可再生。生态产品同农产品、工业品和服务产品一样，都是人类生存发展所必需的。生态功能区提供生态产品的主体功能主要体现在：吸收二氧化碳、制造氧气、涵养水源、保持水土、净化水质、防风固沙、调节气候、清洁空气、减少噪音、吸附粉尘、保护生物多样性、减轻自然灾害等。一些国家或地区对生态功能区的"生态补偿"，实质是政府代表人民购买这类地区提供的生态产品。

生态产品对于美丽城市的建设有着重大的意义，使城市的低碳化、可持续发展成为可能。一方面，生态产品的消费促进了生态技术的研发和投入，引导生态产业的集聚，创造了更大的价值。因此，为了美丽城市的建设我们应该更多地消费生态产品，另一方面，城市也要提供更多的生态产品。党的十八大提出，要加大自然生态系统和环境保护力度，实施重大生态修复工程，增强生态产品生产能力。美丽城市的建设需要生态产品，让城市成为生态产品的重要消费地。

三、迎接城市转型

（一）由粗放式向集约型转变

依据《科学发展观百科辞典》，粗放式增长是指在生产技术水平较低的条件下，主要依靠增加资金、人力、物力等生产要素的投入量来提高产量或产值，实现经济增长，通常以高投入、高消耗、高污染、低产出、低效益为特征。

中国的人均资源占有量很低，人均水资源为世界人均水平的1/4，石油探明储量为世界平均水平的12%，天然气人均水平为世界平均水平的4%。尽管资源如此短缺，但是中国却是世界单位GDP创造能耗最高的国家之一。中国单位GDP的能耗是日本的10倍，德国的7倍，甚至比印度还高出31%—45%，万元GDP总能耗是世界平均水平的3倍。

改革开放30年，中国实际GDP增长了30倍左右，且近10年一直以8%以上的速度增长。由于经济总量日益增大，而利用效率低下，各种能源资源的消耗十分惊人。以中国国内发展最为迅速的建筑业为例。目前，中国每年竣工房屋的建筑面积在20亿平方米左右；新建房屋面积占世界总量的50%；建筑能耗已超过社会总能耗的25%。并且随着城镇化的推进和新增建设的增多，这个比例还有可能上升（发达国家一般占40%）。相关统计资料表明，城市消耗的钢铁占全国的86%，铝材占全国的88%，铜材占全国的92%，水泥占全国的75%，能源占全国的80%；城市排放的CO_2占全国的90%，SO_2占全国的98%，COD占全国的85%。

对此，北京师范大学金融研究中心主任钟伟教授指出，中国的经济增长速度越快，全球经济增长的质量就越糟糕，因为在其中，中国经济增长的质量是最差的，全球目前每年消耗大约110亿吨标准煤当中，中国消耗其中的36亿吨，全球铁矿石大概是85%被中国所消耗。如果在2020年前后，当中国经济规模能够达到14万亿美元规模的时间，全球70%—75%的资源都被中国消耗掉。

很显然，这种增长方式较多注重经济增长的数量和速度，忽视经济增长的质量和结构，会突破资源和环境的承载能力，无法持久。树立和落实科学发展观，必须将粗放式增长向集约式增长转变。

依据《科学发展观百科辞典》，集约式增长是指主要依靠要素生产效率的提高实现的经济增长，通常以高技术为依托，以低投入、低消耗、低污染、高产出、高效益、高附加值和经济结构不断趋向优化为特征，其实质就是提高经济增长的质量和效益。这种增长方式以技术进步为基础和源泉，以制度（政治和法律制度、经济体制、经济结构等）和思想意识的不断调整为必要条件，其实现通过以下方式进行。

1.提高企业自主创新能力，依靠科技进步，推动产业结构优化升级。加快开发对经济集约化增长有重大带动作用的关键技术。大力发展高新技术产业。有区别、有重点地继续加强基础产业和基础设施建设。积极发展第三产业特别是现代服务业。

2.促进企业技术改造和重组。立足于现有基础，注重盘活用好存量资产，鼓励企业自主创新，把提高企业技术水平与优化现有资源配置结合起来，走出一条集约化发展经济的新路子。鼓励东部地区的资金、技术和人才对中西部企业重组改造投资参股，促进各种资源在竞争中合理流动。

3.以信息化带动工业化，以工业化促进信息化，走新型工业化道路。充分发挥信息对物质、能源的节约和增值作用，降低经济发展对资源和环境的压力。通过信息技术改造传统产业，实现产业结构的优化升级。大力推进国民经济和社会信息化，在政务、商务和国民经济其他领域广泛应用信息化技术。

4.注重能源资源节约和合理利用。鼓励开发和应用节能降耗的新技术，制定专项规划，明确各行业节能降耗的标准、目标和政策措施，用制度和价格机制来约束企业的资源使用。发展循环经济。倡导节约能源资源的生产方式和消费方式，在全社会形成节约意识和风气，加快建设节约型社会。

5. 转变出口增长模式，从建立在低级劳动密集型产业基础上的，以静态比较优势为基础，以量的扩张为特征的粗放式的出口增长模式，向以动态比较优势的挖掘培育为基础，以质的改善及出口产业结构的提升为本质的现代出口增长模式转变。今后出口贸易要更多地兼顾增长效益、更多地兼顾贸易条件及国民福利。

6. 转变政府职能，改变政府职能错位、越位、不到位的状态，建设有限政府和有效政府。深化财政改革和价格改革，改革干部政绩考核和提拔任用体制。

7. 加强环境保护和生态建设，促进人与自然和谐相处。粗放型的经济增长方式导致了严重的环境污染和生态破坏。转变经济增长方式，要尽快扭转高排放、高污染的状况，抓紧解决严重威胁人民群众健康安全的环境污染问题，进一步加强环境保护和生态建设。

对于企业而言，可以从体制、技术、管理、信息、结构、人员素质六个方面采取措施，可供选择的发展战略包括扩大内需战略、自主创新战略、资源节约战略、金融改革战略、技术升级战略、信息化战略；对于政府而言，要切实转变政府职能，提高效率，提供公共服务，深化财税改革、价格改革，保持物价总水平基本稳定，完善市场体系和市场秩序，改善对外贸易条件。

（二）由高碳模式向低碳模式转变

高碳经济即传统经济增长模式，是通过资源的超常投入来获得更高的产出，其最终目标是产出的增长、生活水平的提高与财富的增加。但高碳经济意味着高消耗、高污染、高排放，在很大程度上是一种不环保、不经济的模式。2013 年 6 月 14 日，国家发改委副主任解振华在第四届"低碳发展·绿色生活"公益影像展上表示，近年来中国部分地区环境污染问题严重，在当前工业化城镇化进程中，传统的高碳发展模式和消费模式将面临更加严峻的挑战。

英国能源白皮书《我们能源的未来：创建低碳经济》指出，低碳经济是通过更少的自然资源消耗和更少的环境污染，获得更多的经济产出；同时，这将是创造更高的生活标准和更好的生活质量的途径和机会，为发展、创造和输出先进技术创造机会，创造新的商机和更多的就业机会。

在 2010 年 1 月 18 日《中国环境报》上刊登的《2009 年国内十大环境新闻》一文中，环境保护部副部长潘岳表示，金融危机和气候变暖这两大挑战，使我们深刻认识到"高碳模式"将会严重制约未来的发展，要在国际经济格局中摆脱低端的资源环境和劳动力输出状态，占据未来发展的制高点，就要切实将发展"低碳经济"作为建设生态文明的突破口。他指出，在全球应对气候变化形势的推动下，世界范围内正在经历一场经济和社会发展方式的巨大变革：发展低碳能源技术，建立低碳经济发展模式和低碳社会消费模式，并将其作为协调经济发展和保护气候之间关系的基本途径。这也是世界主要国家应对气候变化的战略重点所在。

在《2012年度中国十大环境新闻事件》发布会上，环保部部长周生贤指出，"离开经济发展讲环保，那是缘木求鱼；离开环保谈发展经济，那是竭泽而渔"。诚然，环保和发展问题，不仅有赖于决策者的智慧和勇气，更需要我们每一个人正能量的注入。

自20世纪90年代中期以来，以汽车、石化、重型装备等为代表的重化工业得到国家与地方政府的倾斜式发展，我国经济结构开始呈现出越来越重的趋势。据国家统计局的数据，1990年我国重工业比重为50.6%，1995年上升到52.7%，2000年—2011年，重工业比重由60.2%上升到71.9%。经济结构偏重的负面影响是多方面的，其中很重要的一点就是资源和能源消耗大，不利于低碳经济发展，我们应该清楚认识到偏重的、高污染、高能耗经济的不可持续性，要加快经济结构调整的步伐。

首先，通过产业制度创新，改善"高碳经济发展模式"下的产业链条与产业结构。其核心在于缩短能源、汽车、钢铁、交通、化工、建材等高碳产业所引申出来的产业链条，把这些产业的上、下游产业链"低碳化"。

其次，加大调整高碳产业结构，逐步降低高碳产业特别是"重化工业"经济在整个国民经济中的比重。大力发展新能源、节能环保、循环经济等新兴产业，发展高新技术产业，振兴装备制造业，培育新的经济增长点。

再次，产业向低碳化转型，发展再生资源产业和环保产业，提高第三产业比重。知识密集型和技术密集型产业属于低碳行业，如IT产业，不论硬件还是软件都有能耗小、污染低的特点。现代服务业也是一个能耗低、污染小、就业容量大的低碳产业，包括金融、保险、物流、咨询、广告、旅游、新闻、出版、医疗、家政、教育、文化、科学研究、技术服务等。

（三）由黑色经济向绿色经济转变

以粗放式发展方式为核心的黑色经济为中国发展蒙上了一层阴影。尽管中国是世界上第二大经济体，近十年 GDP 年增长率都在 8% 以上，但是废弃物排放水平大大高于发达国家。每单位增加值废水排放量比发达国家高 4 倍，单位工业产值产生的固体弃物比发达国家高 10 多倍。国家环保总局和国家统计局联合发布的中国第一份经过环境污染调整的 GDP 核算报告——《中国绿色 GDP 核算报告 2004》指出，由于污染造成的损失占当年 GDP 的 3.05%，加入治理环境污染应该投入的虚拟成本，当年的 GDP 要再增加消耗 1.8%。以江苏省为例，研究报告表明江苏省的 GDP 比传统 GDP 降低了 8 个百分点，损失相当于 100 亿元人民币左右。

黑色经济不仅造成巨大的经济损失，更可怕的是，它已经开始威胁到人们的基本生存。目前全球 10 大环境污染最严重的城市中，中国占 8 个；很多过去从不缺水的中国城市普遍缺水，不得不开始使用无法恢复的、且只能供 8 至 10 年使用的深层岩水。由于环境污染的影响，中国 51.6% 的城市儿童铅中毒，60% 以上的高中生近视，一些城市的新生婴儿畸形率呈上升趋势。

环境经济学家认为经济发展必须是自然环境和人类自身可以承受的，不会因盲目追求生产增长而造成社会分裂和生态危机，不会因为自然资源耗竭而使经济无法持续发展，主张从社会及其生态条件出发，建立一种"可承受的经济"。我们有责任反思当前的经济发展模式，要顺应经济和环境协同发展的要求，改造现存的资源消耗与环境污染严重的非持续性的黑色经济，建立和完善生态化的经济发展体制，推动科学技术生态化、生产力生态化、国民经济体系生态化，使我国成为一个绿色经济强国。

绿色经济是指能够遵循"开发需求、降低成本、加大动力、协调一致、宏观有控"五项准则，并且得以可持续发展的经济，是一种以资源节约型和环境友好型经济为主要内容，资源消耗低、环境污染少、产品附加值高、生产方式集约的一种经济形态。经济增长本来的目的是增进人类的福利，是人本主义必然的逻辑，但是福利有短期和长期之分，持续和不可持续之别，为了短期的利益污染环境是与绿色经济取向背道而驰的，可以把环境友好型的经济模式称之为绿色经济发展模式。

绿色经济综合性强、覆盖范围广，带动效应明显。

首先，绿色经济模式强调经济、社会和环境的一体化发展。在传统经济发展模式下，大量占有和利用自然资源，不断提高劳动生产率，最大地促进经济增长是其基本特征，认为自然环境与经济增长和社会发展之间彼此不能兼容，环境问题是经济与社会发展过程中的必然现象，社会发展、经济繁荣必然要以牺牲自然环境为代价，最终导致经济发展的不可持续性。绿色经济模式是以可持续发展观为基础所形成的新型经济发展方式，它以自然生态规律为基础，通过政府主导和市场导向，制定和实施一系列引导社会经济发展符合生态系统规律的强制性或非强制性的制度安排，引导、推动、保障社会产业活动各个环节的绿色化，从根本上减少或消除污染。

其次，绿色经济能够体现出自然环境的价值。传统经济系统坚持封闭性、独立性，认为只要系统本身不断扩大，经济就会得到永无止境的发展，不受其他任何条件的制约，导致全球环境危机的不断加剧。绿色经济系统坚持开放性和协调性，将环境资源的保护和合理利用作为其经济系统运行的重要组成部分，在生产、流通和消费各个领域实行绿色先导原则，尽可能地减少对自然环境的影响和破坏，抑或改善环境资源条件，并将自然环境代价与生产收益一并作为产业经济核算的依据，确认和表现出经济发展过程中自然环境的价值。事实上，经济的发展与环境资源的消耗是并行的，在量化经济发展的各项收益指标时，环境消耗价值理应据实计算并从中扣除。

再次，绿色经济的自然资源利用具有公平性。公平性是可持续发展的重要特性，失去公平性就等于失去可持续发展。追求经济利益最大化，不断提高人类的生活质量，是经济和社会发展的基本目标。然而，传统经济模式下的社会经济增长，是以自然资源系统遭受严重破坏和污染为代价获得，仅仅满足了当代人或少数区域人的物质利益需求，忽略了后代人或其他欠发达区域人的生存需要，是将子孙后代或全人类的环境资源用以满足少部分当代人的物质上的奢侈，这是极端不公平的。绿色经济发展方式通过自然资源的可持续利用，能够最大限度地提高自然环境的利用率和再生能力，理论上可以同时兼顾当代人和后代人的代际利益平衡和当代人之间的区域利益平衡。

最后，绿色经济可以引导产业结构的优胜劣汰。在经济发展过程中，产业结构是动态的，优胜劣汰是客观规律，正是基于产业结构的更新机制，才能实现产业的可持续发展。发展绿色经济，可以引起工业社会发生巨大的变革：一是生产领域中，工业社会以最大化地提高社会劳动生产率、促进经济增长为中心的"资源——产品——污染排放"的生产方式将转变为以提高自然资源的利用率、消除或减少环境污染为中心的可持续发展生产方式，加重了生产者的环境保护责任；二是在流通领域内改革工业社会所奉行的自由贸易原则，实行附加环境保护的义务的自由贸易，控制和禁止污染源的转移；三是转变消费观念，引导和推动绿色消费。这一系列的制度性变革，必然引起工业社会向绿色社会的回归，依据自然生态规律，建立起由不同生态系统所构成的绿色经济系统。

（四）由传统城市向智慧城市转变

随着世界城市化、全球经济一体化和服务型经济的发展，城市在发展过程中获得了经济、政治和科技文化等方面的更多控制权。城市的经营、组织以及交通、水、能源和通讯等核心基础设施系统正在被整体定位；城市环境、公用事业、城市服务、产业发展，可以充分利用信息通信技术（ICT）进行智慧地感知、分析、集成，能够应对地方政府在行使经济调节、市场监管、社会管理和公共服务职能中的相关活动的需求，创造一个更好的生活、工作、休息和娱乐环境，使城市变得更加"智慧"，并实现持续的繁荣。为此，IBM 提出了"智慧城市（Smart City）"的崭新理念。根据 IBM 在 2009 年 8 月所发布的《智慧的城市在中国》中的定义，"智慧城市"是城市发展的一种新型策略，即在城市发展过程中，在其管辖的环境、公共事业、城市服务、本地产业发展中，充分利用信息通信技术，智慧地感知、分析、集成和应对地方政府在行使经济调节、市场监管、社会管理和公共服务政府职能的过程中的相关活动和需求，创造一个美好的生活、工作、休息和娱乐环境。这实质是寻找金融危机后的新经济增长点，很快被世界各大城市作为推进经济发展方式转变、促进产业升级和振兴经济的重大战略。

从历史与现实看，"智慧城市"则是应对城市不断增长、资源日益短缺的内在需求。过去的一百多年中，全球经历了史无前例的城市化进程。1900 年，全球仅 13% 的人口居住在城市，当时百万级人口的城市仅 12 个；20 世纪中叶，全球 30% 的人口居住在城市，百万级人口城市数量增至 83 个；到 2008 年，城市人口首次超过农村人口；现在，百万级人口城市已超过 400 个，其中 20 个都市圈人口超过 1000 万。全球城市还将继续快速扩张。据预测，到 2050 年，全球将有超过 70% 的人口生活在城市，这意味着每一年地球上都会增加 7 个纽约。亚洲城市化尤为迅猛，在印度，每分钟有 30 个人进入城市。到 2030 年将有 11 亿亚洲人进入城市。随着经济社会的发展，城市人口不断挑战历史新高，城市规模持续加速增长，城市经济增长和社会发展正面临一系列难以克服的瓶颈问题，所以需要跨越式地提高城市发展的创新性、有序性和持续性，需要创新性地引入新的方法解决问题。"智慧城市"的建设，不仅使城市实现跨越式、可持续发展，还为增强城市综合竞争力，破解城市发展难题提供了一次难得机遇。

2009 年 11 月 23 日，温家宝在《让科技引领中国可持续发展》讲话中，将物联网列入六大战略性新兴产业，国内随即掀起一股"智慧城市""物联网"热潮。目前上海、天津、无锡、深圳、沈阳、武汉、成都等地建立了 RFID 产业园区，期望能率先发展物联网产业，在"智慧城市"建设中走在国内前列。统计显示，2009 年，中国 RFID 市场规模已达 85.1 亿元人民币，同比增长 29.3%。2011年，在国内物联网应用广泛推进的带动下，中国 RFID 市场持续大幅增长，市场规模达到了 157.1 亿元，同比增长 49.2%。2012 年，我国 RFID 的市场规模达到260 亿元，居全球第三位，仅次于英国、美国。

国内智慧城市的建设主要可以通过以下三种模式进行。

1. 以政府为主导角色，制定优惠政策吸引企业与研究机构建设模式

政府不仅要有着较高的前瞻性，还要对于自身现状有着充足的了解，不能好大喜功，生搬硬套。还应该根据本地域的特色，建立相应的智慧城市规划，通过一系列免税免租金，以及资金和政策支持，来吸引众多的企业投资和科研单位等基础研究部门来加入到智慧城市的建设中来。如果政府的政策有效鼓励社会信息化应用，鼓励社会信息化创新，那么一个良好的环境就俨然已经形成，政府需要经常反省相关的政策，修改不利于信息化应用的制度，创造合理的利润区，让信息化企业茁壮成长。这种模式优点在于方向明确，政府的主导作用明显，对于智慧城市的建设的整体情况有很好的把握。但是这种模式也有不小的缺点，即反馈机制较弱，由于政府的主导角色明显，企业及市民的角色较弱。因此，智慧城市建设过程中遇到的问题无法很好地得到及时反馈。这种模式在我国较适合于中小城市和乡镇智慧城市的建设，这些城镇经济基础较为薄弱，产业发展单一，对于信息技术的政策和法律较为缺乏，高等院校以及科研部门较少，科研能力较弱，可以采用这种建设模式，尝试智慧城市的建设。

2. "政府、企业、市民"三方合作的建设模式

这种模式与新加坡建设模式相似，首先政府建立了一个"以市民为中心"的电子政务体系，市民和企业有权力随时随地地参与到所有政府机构的事务中来，与政府进行互动。与此同时，政府还可以建立一个用于与市民联系、互动、听取反馈意见的门户网站。意在连接每一个人，提高市民参与的积极性。不同于以往单一的反馈表形式，这种平台使政府获得了一个全新的渠道来了解市民的声音。市民可以用博客、网上聊天、短消息或线上聚会等形式参与政府规划的各类项目，提出自己的想法。此外，这种模式中企业角色也显得尤为重要，政府可以将信息通信技术基础设施建设等部分工程，通过招标交于企业建设。这种模式的优点在于，由于三方共建，可以减少很多资金浪费，最重要的一点，这种模式的反

馈机制大大强于第一种模式，对于建设过程始终所出现的问题可以及时发现并改正。这种模式较适用于二三线城市以及内陆较为发达的城市，这些城市有一定的经济基础，政策法律较为健全，具有一定的科研实力。这些城市对于信息技术带来的经济利益和社会效益更为期待。但是，由于这些城市企业规模和实力与一线城市相比具有一定的差距，因此政府的主导作用依然重要。

3. 以企业或电子通信等第三方部门投资建设为主，政府配合为辅的建设模式

企业与科研部门由于经济雄厚以及前瞻性，看到了信息技术在未来的盈利潜力，自发地提出或投资建设了信息技术产业园区。而政府为了配合信息技术的研发与应用建设，要相应的优惠政策、法律法规来配合这些企业完成智慧城市的构建。而且这种建设模式更多的是对智慧城市的某一个工程，某一个项目来进行投资建设，从而逐步建成多个智慧工业园区，智慧城市的整体构架也基本完成。以斯德哥尔摩的"智慧交通"为例，IBM 公司成为建设主力，IBM 团队承担了斯德哥尔摩市出入口，建造了 18 个路边控制点，用于对车辆进行识别和收费，在高峰时段收取更高费用，并且设计、构建并运行交通系统中的技术系统。这种模式的优点在于，模式更为灵活，政府投资较小，企业与科研机构成为建设的主力，而且这种模式的反馈更为灵敏，企业对于利益的追求会主动对出现的问题进行协调。但是这种模式的缺点在于，政府的控制力体现较弱，对于企事业机构素养较低的城市不建议使用。这种模式更适用于发达城市或沿海城市。这些城市经济发达，各类企业繁多，实力强劲，政策开放，高等院校较多，科研实力较强。

第二章 美丽城市：美在何处

从国内外一些城市发展实践来看，城市之美，主要在四个维度：城市公共设施人性化、城市环境生态化、城市风貌特色化、城市服务优质化。这四个维度为我国建设美丽城市提供了一个清晰的概念模型。

一、城市公共设施人性化

人性化城市设施是城市文明的重要标志。联合国人居组织1996年发布的《伊斯坦布尔宣言》指出："我们的城市必须成为人类能够过上有尊严、健康、安全、幸福和充满希望的美满生活的地方。"因此，城市设施人性化成为城镇建设的内在要求。正如丹麦规划大师扬·盖尔所言："虽然世界不同地方、不同发展水平的城市存在的问题不一定完全相同，但是在城市规划的人性化维度上实际区别并不很大。"[①]

（一）城市公共设施人性化的内涵

公共设施是在公共场所服务于社会大众的设备或物件，是现代化城市重要组成部分，起着协调人与城市环境关系的作用，是城市形象及管理质量、生活质量的重要体现，是现代人精神生活质量的重要标志之一。随着我国城市的快速发展，城市公共设施在人们生活中的地位越来越重要，所谓城市公共设施人性化，

---

① ［丹麦］扬·盖尔：《人性化的城市》，欧阳文、徐哲文译，中国建筑工业出版社2010年版，第229页。

是指在城市公共设施的建设过程中以人为本，满足人的需求，建设更好的尊重人、关怀人的公共设施。具有人性化的公共设施才能真正体现出对人的尊重与关心，这是一种人文精神的集中体现，是时代的潮流与趋势，是人与设施、自然的完美和谐的结合。当前，"人性化""以人为本"这样的词汇已成为我国城市公共设施建设的主题词。因此，在城市公共设施建设中，必须处理好以下两个关系。

第一，必须处理好人与物的关系。城市发展不能"见物不见人"，而是必须"以人为本"。这里以城市道路系统的规划与建设为例，在城市交通规划中，一是必须牢固树立路权是全体市民的路权的理念，即路权的分配要按照出行人数，而不是出行车辆进行分配。按照这一理念，要求公交路权优先乃至自行车路权优先。要求在道路规划与设计中重视人行道的规划与设计。步行本来就耗时耗力，城市道路中的护栏、天桥等设施更是加剧了步行的消耗。与之相比，过街地道不仅舒适，而且由于对城市景观的破坏度小，可以缩短相邻两个过街点之间的距离，还可以与地铁、地下商场等相连通，形成地下步行网络。但是，从我国城市交通建设的实际情况来看，"以人为本"的理念没有受到重视。根据住房和城乡建设部提供的资料显示，在相当长的一段时期内，我国城市交通建设是以车为本，在有的城市甚至发展成了以高级轿车为本，小排量汽车长期受到限制就是证明。[1] 不仅如此，在城市宽广的马路上早早给车划定了位置，车占有了先天的优势，自行车的行驶、停放常被规划与设计者忽视，许多道路都没有自行车专用道，致使自行车与行人抢道。其结果就是路面越来越宽，高架桥越来越多，但交通却越来越拥堵。二是必须重视城市市民的安全出行。在 2004 年实施的《交通安全法》中明文规定，斑马线上机动车须让行人先行，但长久以来，行人的路权一直被机动车肆意侵犯。由于车辆抢道，行人在斑马线上被撞的交通事故频频发生，安全线成了"夺命线"，交通法规成了虚设，法律并没有发挥其效能，行人安全直行斑马线的权利成了虚设。此外，目前全国普遍存在着转弯车辆与行人抢道以及绿灯时间过短等诸多问题。

第二，必须处理好城市公共空间人性化与景观功能之间的关系。城市公共空间是人们交流思想、相互沟通的重要场所。近年来，随着持续大规模的城市建设，我国城市公共空间的建设也取得了很大进步，各地都兴建了大量的城市绿地、公园、广场、步行街等，在一定程度上改善了人们生活的环境和品质，满足了广大市民交往和活动的需求。然而，由于建设速度过快以及对城市建设模式思考得不充分，公共空间的建设显现出人性化不足的一面。现在很多城市热衷于兴

---

① 牛文元主编：《中国新型城市化报告 2010》，科学出版社 2010 年版，第 155 页。

建作为城市景观形象标志的中心广场，而与市民生活最为贴近的小型广场、街心公园等公共空间的建设却很少有人提及。并且在广场规划建设中往往只注重空间构图和美学效果，而不是市民实际使用中的需求和心理感受。许多广场上没有树阴和座椅，草坪"不得入内"的牌子赫然树立，显示出与市民休闲、游憩需求的冲突。还有许多广场先入为主的功能和用途划定束缚了市民公共活动的丰富性和多样性，没有体现市民在城市公共生活空间中的主导地位。然而，与之形成鲜明对照的是，高档商品楼盘内共享空间呈现出日益精美化的趋势，少数公共设施（如一些会所、俱乐部、高尔夫球场等）呈现出日益高档化的趋势。

（二）城市公共设施人性化的具体表现

公共设施人性化具体表现在公共设施的安全性、美观性、舒适性、通俗性、材质感、识别性、和谐性、地域性和文化性等方面。由于公共设施人性化随着地理文化的不同、民族与历史的不同、传统与宗教信仰的不同、使用环境的不同、使用者的不同，还体现出人性化的差异。

第一，关于公共设施的安全性。"如果我们希望让人们拥抱城市空间，安全感是至关重要的。"[1] 公共环境不同于个人私有空间，安全性是首要的，从造型、结构、选材到加工技术等各个方面都要注意公共安全。目前，在我国城市由于公共设施安全性缺失，造成人身安全受到损伤的事件时有发生。例如，因路面井盖的缺失，导致行人和车辆的跌落，危及人身安全。上海世博会曾提出"城市，让生活更美好"的主题，因为城市能够带给人们生活便利、舒适、财富等，但这只是许许多多个"0"，如果没有生命安全这个位于最前的"1"，以上的"0"就全无意义。

第二，关于公共设施的美观性。城市提供公共设施首先是出于功能的需要，功能性是公共设施的出发点。例如，城市中设置站牌、垃圾桶、公共厕所、路灯、座椅等，这些都是出于功能性的需要。但是，在提供公共设施时，只满足人们对公共设施安全性、功能性的需求是不够的。因为在当今社会人们的审美水平在逐渐提高，人们对城市公共设施还有美观性的需求。而公共设施是城市景观中重要的一部分，它所发挥的作用除了其本身的功能外，还要体现其装饰性和意象性。公共设施的创意与视觉意象，直接影响着城市整体空间的规划品质，这些设

---

① ［丹麦］扬·盖尔：《人性化的城市》，欧阳文、徐哲文译，中国建筑工业出版社 2010 版，第 91 页。

施虽然体量大都不大，却与公众的生活息息相关，与城市的景观密不可分并忠实地反映了一个城市的经济发展水平以及文化水准。因此，公共设施作为公共环境的一部分，其审美性也是必需的。在城市公共设施的设计和建设中，要通过调动造型、色彩、材料、工艺、装饰、图案等审美因素，进行构思创意、优化方案，满足人们的审美需求。

第三，关于公共设施的舒适性。随着人们生活品质的提高，市民对城市公共设施的舒适性等环境价值也提出了较高要求。日本学者宫本宪一认为，城市舒适性是包含不能用市场价格进行评价的各种因素的生活环境，其内容包括自然、历史文化遗产，街道，风景，地域文化，社区团体，风土人情，地区的公共服务（交通、医疗、福利、防止犯罪），交通的便利性等。我国学者张文忠认为，"舒适的环境首先应该是安全的、卫生的、清洁的，远离各种污染和废气排放物；其次，应该保留着一定自然景观或有一定的绿色、开敞空间；再次，应该具有地方文化特色、特有的街区景观"。因此，提高舒适性城市公共设施人性化的一个重要方面。例如，对已老化市政基础设施进行重建或重修时，必须适应经济社会发展的新要求，及时赋予其新的内涵。

第四，关于公共设施的和谐性。公共设施的设计应考虑到周围的自然环境，注意设施与自然环境的和谐统一。顺应自然环境，又要有节制地利用和改造自然环境，通过具有人性化设计的公共设施这一中介，达到"天人合一"（自然环境与人的生活的和谐统一）。例如：济南黑虎泉的公共设施设计，就巧妙地利用自然环境进行了人性化设计。黑虎泉属于旅游区，现在开发成开放式的城市公园，道路几乎保留了原来的原貌，电话亭、书报亭等公共设施的建筑风格古色古香，体现着泉城的深厚历史文化；垃圾桶的造型设计成天然的树桩形，标志醒目；景观雕塑雄伟壮观，色彩与环境和谐统一，这些设计既巧妙地利用了自然环境，又方便了游客。公共设施的人性化设计还需要考虑到气候地域因素。比如，北方气候干燥寒冷，因而北方的公共设施材料应多采用具有温暖质感的木材，色彩要鲜艳醒目，以调剂漫长冬季中单调的色彩，这些能使人们在漫漫寒冬感受到心理上的温暖和视觉上的春天，使抑郁的心情变得轻松愉快；南方温热多雨，选材要注意防潮防锈，故材料多运用塑料制品或不锈钢材料，色彩上也以亮色调为主。

第五，关于公共设施的地域性和文化性。文化是历史的传承，蕴涵在历史的发展中，融汇在人们的思想里，文化的发展推动了历史的发展，文化具有时代性和地域性。公共设施作为一种文化的载体，它记录了历史，传承了文化。东方与西方、国家与国家文化存在着差异，城市与城市、城市与农村的生活方式也存在着差异。不同的生活方式体现着不同地域的文化，并表现为人们不同的生活习惯，而作为为人们社会生活服务的公共设施自然就会受这些不同生活方式的影响。例如，像上海这样的经济型大都市，人们工作和生活的节奏都非常快，需要公共设施和产品为他们提供便捷而舒适的服务；而像北京这样的文化型城市，公共设施的设计应与周围的环境相协调，在满足功能的同时，要处处体现其文化的内涵，让人们时常受到文化的熏陶。公共设施在造型和色彩设计过程中要充分考虑到这些地域文化差异因素，才能设计出符合各地自身的传统特色的人性化的设施，这样才能使公共设施和环境融为一体，才能体现出人性化并受到人们的喜爱。

（三）城市设施人性化的典范

在国外，德国公共设施人性化堪称典范。一是公路基本上避免修建十字路口，红绿灯较少，主要依托并道来连接公路，车辆转弯时不用担心原公路的车，因为不在一条车道上，所以转弯不用减速，加上红绿灯较少，所以车可以高速行驶，前方若有转弯会有限速标志，司机按限速行驶，大城市里大部分汽车装备GPS系统，可知道前方路况，提前选择下一条道路。二是机场与火车站是挨着的，放行李的推车可以自由穿梭于两者之间。三是招待所的公用厕所、洗澡间、盥洗室是分开的，洗澡洗手的龙头是按压式计时停止，可节省大量用水，配备投币洗衣机、吹风机。四是公共场所很容易找到电插头，高档的地方有网线接口。五是有专为残疾人使用的厕所，洗手盆站人的方向有凹槽，方便轮椅使用，镜子可以通过旁边的把手调整角度。六是公共汽车有时间表，总站误差不超过1分钟，分站误差不超过5分钟，常乘车的人可以购买月票，上车不需出示，但有专人随机不定时检查。车站根据月票购买数量和实际调查确定发车间隔，制定时间表，高峰期会有加长车辆，或者同时派出两部车。每站根据与时间表的误差停留大约30秒到一分钟，公交车上可以放自行车，每根扶手上有按钮，下车需提前按钮，但是没有人乱按。车前部有表和报站显示器。七是乘火车可使用公交车月票乘坐，火车站会有总时间表，站台会有详细列车到达时间。八是人行横道处会有按钮，不按则人行道始终为红灯。九是公共场所若有行人需要搬运东西出入的地方，例如超市、宾馆，设置自动门。十是自行车作为一项运动较受欢迎，自行车装有可拆卸式计速器，夜间可装备可拆卸式前后车灯。

在国内，深圳市公共设施人性化堪称典范。由于公共设施的人性化，深圳吸引外来人能够很好地在深圳生活、工作和旅游。例如，在深圳很多公共场所、写字楼都设立专门的吸烟区域，在城市主要道路上隔一段距离就有一个玻璃遮栏设施，以便下雨时或艳阳高照时，路人可以在此避雨遮阳，而很多小区内的出入口都有无障碍通道，以便小孩的手推车和成人的轮椅通过，地铁所有的出入口都有自动扶梯和电梯。电梯在站台中央，可供残疾人和健全者共同使用，等等。

近年来，国内许多城市在公共设施建设中，充分考虑到了人性化因素。如武汉地铁非常关爱旅客出行。从汉口火车站进入武汉地铁 2 号线，无障碍设施、公共卫生间、储物箱、银行服务区、爱心候车专区、女性候车区等人性化设施一应俱全。踏入宽敞明亮的地铁车厢，6 节车厢内外都以武汉市花梅花的颜色进行了标识性的装饰点缀，让旅客在寒冬季节倍感温馨温暖。为满足旅客更多出行需求，武汉地铁 2 号线还在全国首创了部分服务设施。例如，为满足旅客读书需求，车站内设自助图书馆，旅客通过身份证注册，就可以快速便捷地借阅图书；车站内设置的母婴候车室，将极大地方便孕妇和带小孩乘客；全线车站内设置的直饮水机，让乘客不用出站就能喝上安全卫生的饮用水，等等。

总之，城市公共设施人性化维度在当代城市发展中的重要性日益凸显。

二、城市环境生态化

早在 1898 年出版的《明日：一条通向改革的和平道路》一书里，英国城市规划学者霍华德就对城市化的问题提出了反思。此书在 1902 年以《明日的田园城市》为书名再版。霍华德认为，现实生活中，事实上并不像通常所说的那样只有两种选择——城市生活和乡村生活，而有第三种选择。那就是把一切最生动活泼的城市生活的优点和美丽、愉快的乡村环境和谐地组合在一起。这就使城市生态化日益成为美丽城市的重要维度。

（一）城市生态化的涵义

作为人类生活的一个主要载体，城市集中了大量的社会人口。城市的生态化进程，标志着人类社会生态化的进程。所谓城市生态化，是实现城市社会—经济—自然复合生态系统整体协调而达到一种稳定、有序状态的演进过程。这里"生态化"已不是单纯生物学的含义，而是综合、整体的概念，蕴含社会、经济、自然复合生态的内容，城市生态化强调社会、经济、自然协调发展和整体生态化，即实现人与自然共同演进、和谐发展、共生共荣，它是可持续发展模式。

第一，城市社会生态化表现为人们有自觉的生态意识和环境价值观，生活质量、人口素质及健康水平与社会进步、经济发展相适应，有一个保障人人平等、自由、教育和免受暴力的社会环境。

第二，城市经济生态化表现为采用可持续的生产、消费、交通发展模式，实现清洁生产和文明消费。对经济增长，不仅重视增长数量，更追求质量的提高，提高资源的再生和综合利用水平。城市经济生态化，尤其是要以城市产业生态化为基础。产业生态化是指产业按自然生态有机循环机理，在自然系统承载能力内，对特定地域空间内产业系统、自然系统与社会系统之间进行耦合优化，达到充分利用资源，消除环境破坏，协调自然、社会与经济的持续发展。城市产业生态化，要求城市在生产中大力推广资源节约型生产技术，建立资源节约型的产业结构体系，减少对环境资源的破坏，倡导绿色环保消费。生态城市是城市生态化的结果。生态城市的经济结构是"三、二、一"的理想经济结构模式：生态型农业高效持续、生态工业布局科学合理，第三产业高度发展。整个产业体系中通过经济的信息化和知识化、清洁生产、环保产业、资源再利用以及相应的环境经济政策的调控，形成低投入、高产出、低污染、高循环、高效运行的循环经济产业发展体系。[1]

第三，城市环境生态化表现为发展以保护自然为基础，与环境的承载能力相协调，自然环境及其演进过程得到最大限度的保护，合理利用一切自然资源和保护生命保障系统，开发建设活动始终保持在环境承载能力之内。为此，在城市发展中，人类必须树立尊重自然、顺应自然、保护自然的理念。大自然，是由各种自然生成的生命体（包括人类和其他动物以及植物和微生物）、非生命体（水、土地和各种矿藏等）和其他自然要素（气候和地形地貌等）构造成的自然生态系统，并形成经久不息的物质循环、能量转化与脆弱的生态动态平衡过程。大自然在长达45亿年的漫长演化过程中生成的自然资源和生态环境，为人类的生存和发展提供产生各种效用的物质和能量，同时受纳并转化来自人类生产生活消费所产生的各种排泄物，从而使人类获得巨大的直接效益和间接效益，如果没有大自然提供如此庞大规模和巨大价值的生态系统服务，就没有近现代工业化、城市化和现代化。

从我国城镇化进程的现实来看，由于超强度的土地开发和建设活动，已使我国城市中的众多湖泊湿地被填平而永久消失，昔日郊区渭渭清泉、潺潺流水和鱼虾、螃蟹到处可见的景致不复存在，雨前燕子低空盘旋和夜间萤火虫隐约可见的景致也仅留在中老年人的记忆当中，天然降水对城市地下水补给的自由空间已

---

① 仇保兴：《城镇化与城乡统筹发展》，中国城市出版社2012年版，第375页。

被密集的建筑和大面积的硬砖铺装所覆盖等等。上述种种人工过度干预自然所造成的自然生态系统破坏已不可逆转，只能靠人工再造的半人工—半自然生态要素来补偿，诸如再造点、线、面相结合的城市绿地系统和大面积绿色自由空间，再造水库或公园人工湖泊和城市外围地区的人造林地生态屏障等，以便在缓解人工过度干预自然产生的"生态压迫效应"基础上，既能为少数可能生存的野生动植物提供栖息—生长地和自由空间，同时又可以调节人们远离大自然的孤独感，改善城市人居环境，增强大城市、特大城市的减灾防灾能力。

总之，城市走生态化发展之路标志着城市由传统的唯经济开发模式向复合生态开发模式转变，这意味着一场破旧立新的社会变革，因为它不仅涉及城市物质环境的生态建设、生态恢复，还涉及价值观念、生活方式、政策法规等方面的根本性转变。城市生态化，不仅包括低碳排放、减少能耗和经济可持续发展的目标，还应包括城市是为了人类更美好居住的目标。

（二）城市生态化应遵循的原则

仇保兴在总结城市发展的三大基石和美国的"居住地与幸福程度调查"基础上，归纳出生态城市规划建设应该遵循以下原则。[1]

第一，在交通方面，要求编制覆盖整个地区的交通规划，充分体现绿色交通的原则，将提高步行、骑车和使用公共交通出行的比例作为生态城镇的整体发展目标，至少减少50%的小汽车出行。在欧洲各国，自行车的出行已经蔚然成风，市长带头骑自行车，对民众形成号召力。为了实现这个目标，每个住宅的规划和区位设置的标准都有具体规定；设置完善的邻里社区服务设施，包括卫生健康、社区中心、小商店等，减少日常服务的远距离出行频率。在生态城镇各种设施的整体布局规划上，不能出现依赖小汽车的规划模式和空间布局。

第二，在土地利用方面，要求生态城镇内部应当实现混合的商务和居住功能，使居民能够就近就业，尽可能减少非可持续的、钟摆式通勤模式的生成。在服务设施上，要求建设可持续的能够提供对居民的富裕、健康和愉快地生活有所帮助的设施。

第三，在绿色基础设施方面，要求生态城镇的绿色空间不低于总面积的40%。这40%中，至少有50%是公共的、管理良好的、高质量的绿色、开放空间网络。绿色空间要求具有多功能和景观、物种多样化。例如，可以是社区绿

---

① 仇保兴：《城镇化与城乡统筹发展》，中国城市出版社2012年版，第237页。

地、湿地、城镇广场等；可以用于游玩和娱乐，能够提供野生动物栖息功能。要尽可能将生态城镇的绿色空间与更为广阔的乡村衔接在一起，使田园风光和城市的文明有机结合起来。

第四，在水资源利用方面，要求生态城镇在节水方面具备更为长远的目标。生态城镇的开发建设应采用低冲击开发模式（Low Impact Development），城市建设不能对地表径流的原有状况作很大的改变，不会恶化质量，城市的地面50%以上是可以透水的；必须实施"可持续的排水系统"和水景观开发利用规划。

第五，在防洪风险管理方面，要求生态城市以合理的工程与非工程措施相结合，尽可能利用现代气候预报等技术，以非工程措施来应对雨洪威胁。

第六，在城市设计方面，无论是街道、公共场所、公园或公共空间，都应进行高水平的城市设计，要让生活充满愉悦、充满诗一般栖息的环境。

第七，在公共服务设施的建设上，应尽可能吸引国家或区域一流的公共服务机构入驻，迅速提升服务质量和宜居水平。以曹妃甸为例，曹妃甸建设生态城要吸引华北地区最好的中小学入驻，甚至超越唐山市区的办学水平，吸引华北地区最好的医院在曹妃甸设立分院，在技术和质量上有了很好的保证。

第八，在研发方面，要吸引一流大学设立专业院校，尽快形成人才集聚、持续研究、企业孵化等独特效应。

第九，要设立专门基金来吸引一流目标企业入驻。我国一些地方建设生态城，当地政府可考虑着手共建一个专门的基金，对生态发展会产生重大影响的项目给予扶持。如美国一些州政府为了吸引大公司总部入驻，政府出资给企业盖房子或给予企业一些赞助。

第十，要设置入城产业的单位碳排放门槛。

按照以上这些原则，城市就能够实现增长和幸福两者均衡发展，在可持续、居民就业、幸福感等方面都能够取得比较满意的成绩。

（三）城市生态化的典范

从20世纪70年代生态城市的概念提出至今，世界各国对生态城市的理论进行了不断地探索和实践。目前，美国、巴西、新西兰、澳大利亚、南非以及欧盟的一些国家都已经成功地进行了生态城市建设。这些生态城市，在土地利用模式、交通运输方式、社区管理模式、城市空间绿化等方面，为世界其他国家的生态城市建设提供了范例。

在美国，国际生态城市运动的创始人，美国生态学家理查德·雷吉斯特于

1975 年创建了城市生态学研究会，随后他领导该组织在美国西海岸的伯克利开展了一系列的生态城市建设活动。在其影响下，美国政府非常重视发展生态农业和建设生态工业园，这有力地促进了城市可持续发展，伯克利也因此被认为是全球"生态城市"建设的样板。根据理查德·雷吉斯的观点，生态城市应该是三维的、一体化的复合模式，而不是平面的、随意的。同生态系统一样，城市应该是紧凑的，是为人类而设计的，而不是为汽车设计的，而且在建设生态城市中，应该大幅度减少对自然的"边缘破坏"，从而防止城市蔓延，使城市回归自然。①

在巴西，库里提巴市是巴西南部巴拉那州首府，是全球第一批被联合国列为"最适宜居住的五大城市"之一，早在 1990 年，就被联合国授予"巴西生态之都"和"世界三大生活质量最佳的城市之一"的称号。

一是该市以可持续发展的城市规划受到世界的赞誉，尤其是公共交通发展受到国际公共交通联合会的推崇，世界银行和世界卫生组织也给予库里提巴极高的评价。库里提巴有着世界上最好的规划和开发计划，实现了土地利用与公共交通一体化，取得了巨大的成就。尽管城市有 50 万辆小汽车，但目前城市 80% 的出行依赖公共汽车。其使用的燃油消耗是同等规模城市的 25%，每辆车的用油减少 30%。尽管库里提巴人均小汽车拥有量居巴西首位，污染却远低于同等规模的其他城市，交通也很少拥挤。二是该市的废物回收和循环使用措施以及能源节约措施也分别得到联合国环境署和国际节约能源机构的嘉奖。1988 年，库里提巴实施了"垃圾不是废物"（Garbage is not garbage）的垃圾回收项目，垃圾的循环回收在城市中达到 95%。每月有 750 吨的回收材料售给当地工业部门，所获利润用于其他的社会福利项目。同时垃圾回收利用公司也提供了就业机会。这些简单的、讲究实效的成本很低的社会公益项目旨在成为库里提巴环境规划的一部分，并使行城市在环境和社会方面走上了一条健康的发展之路。三是公共汽车文化渗透到各方面。把淘汰的公共汽车漆成绿色，提供周末从市中心至公园的免费交通服务或用于学校服务中心，流动教室等，为低收入邻里小区提供成人教育服务。四是在社会可持续发展方面的成就同样令人瞩目。目前库里提巴有几百个社会公益项目，从建设新的图书馆系统，到帮助无家可归的人，在最贫穷的邻里小区，城市开始了"Line to Work"的项目，目的是进行各种实用技能的培训。库里提巴还把露天市场组织起来，以满足街道小贩们的非正式经济要求。五是公园和绿地建设项目成绩显著。库里提巴使得人均公共空间从 0.5 平方米增加到 52 平方米，这在任何城市都是最高的。此外已经增加植树 150 万棵。公园和绿地网

---

① 鞠美庭：《国外生态城市建设经典案例》，《今日国土》2010 年第 10 期。

络受到专职人员和志愿者的保护与维修。六是库里提巴政府对其市民进行环境教育，培养其环境责任感。儿童在学校受到与环境有关的教育，一般市民则在免费环境大学接受与环境有关的教育。

在国内，2012 年年底，国家发改委批复了《贵阳建设全国生态文明示范城市规划（2012—2020 年）》。这是国家发改委审批的全国第一个生态文明城市规划。《规划》共十章，从优化空间开发格局、生态产业体系构建、生态建设和环境保护、生态宜居城市建设、生态文化建设、生态文明社会建设、生态文明制度建设等方面，明确了贵阳市生态文明城市建设的整体思路，构建起贵阳市生态文明城市建设的整体框架，展现了贵阳市未来发展的宏伟蓝图。2007 年以来，贵阳市把生态文明城市建设作为贯彻落实科学发展观的切入点和总抓手，着力推动贵阳市加快科学发展，取得了显著成效，为建设全国生态文明示范城市奠定了坚实基础。

三、城市风貌特色化

城市风貌是展示城市形象和凸显城市特色的标志。城市风貌是在独特的自然环境和历史的长河中发展形成的。地域自然环境是城市风貌特色的本底条件，而历史文化传统在长期的发展过程中则塑造着城市的个性和特色。

（一）城市风貌特色化的内涵

城市风貌是以城市空间为平台，对积极的、正面的城市特色空间的倡导。在中文语境下，风貌中的"风"是"内涵"，是对城市社会人文取向的非物质特征的概括，是社会风俗、风土人情、戏曲、传说等文化方面的表现，是城市居民对所处环境的情感寄托，是现象学者所描绘的那种充满于城市空气中的"氛围"，也是对城市一种积极倡导；"貌"是"外显"，是城市物质环境特征的综合表现，是城市整体及构成元素的形态和空间的总和，是"风"的载体。有形的"貌"与无形的"风"，两者相辅相成，有机结合形成特有的文化内涵、精神取向和相应载体的城市风貌。[①] 城市特色是城市风貌更加概括、更加提炼的精华部分。城市特色是指一座城市的内容和形式明显区别于其他城市的个性特征。决定城市特

---

① 段德罡、孙曦：《城市特色、城市风貌概念辨析及实现途径》，《建筑与文化》2010 年第 12 期。

色的因素包括城市自然因素和城市社会因素。城市自然因素包含无形的自然因素及有形的自然因素。城市社会因素包含城市性质、产业结构、经济特点、传统文化、民俗风情、城市物质空间等。构成城市特色的各子系统之间相互作用、相互影响，共同决定城市的特色，而城市的物质空间环境是城市特色最直观的反应。[①] 关于城市特色，清华大学教授吴良镛认为，"特色是生活的反映，特色是地域的分界，特色是历史的构成，特色是文化的积淀，特色是民族的凝结，特色是一定时间地点条件下典型事物的最集中最典型的表现，因此，它能引起人们共同的感受，心灵上的共鸣，感情上的陶醉"。所谓城市风貌特色化是指随着城市的发展，城市风貌日益彰显城市特色的演进过程。

现阶段，在我国城市发展过程中，保持和塑造城市风貌特色是当前人们关注的焦点。

（二）城市风貌特色化的具体体现

依据上述观点，我们认为，城市风貌特色化具体体现在以下几个方面。

第一，城市自然环境特色化。城市自然环境主要指城市的地理条件和气候特征。城市所处的自然山水格局为城市风貌特色的形成提供良好的环境，城市与自然环境的完美结合往往成为城市的亮点。

在我国，钱学森首先提出了建设"山水城市"这种理想城市的概念。山水城市的提出，使我国的城市既有生态城市的物质基础，又充分运用现代化科学技术，同时有着深厚的中华民族传统文化的底蕴。山水城市不仅包含自然环境生态，而且还包含社会生态、经济生态、文化生态等内涵。这样的理想城市将是中华民族在新时代发展的物质文明和精神文明的载体和象征。他还以山水城市为基点，提出了一种新的城市等级体系分类方法。他提出，"我以为城市建设在我国要规范化：分一般城市、园林城市、山水园林城市、山水城市。而且要明确不管什么地方，不依靠自然地理条件，都可以人工地建设这四个等级的城市"，并指出，"山水城市的构筑要充分利用现代科学技术，不能忘记现代科学技术的创造力"。城市与山水融为一体，将释放出城市自然环境的特色。例如，广西是喀斯特地貌景观最美的地方，素以山清、水秀、洞奇、石美而闻名于世。桂林的山和水，就像广西的名片，闻名于世，水清、柔、碧、静；山青、奇、险、秀。观赏桂林山水，就像眼前缥缈不定的如轻烟淡雾一般的美，如诗如画，如痴如醉。

---

① 段德罡、孙曦：《城市特色、城市风貌概念辨析及实现途径》，《建筑与文化》2010 年第 12 期。

在亚洲，东南亚地区高温、炎热、多雨的气候特征，使城市的空间环境更加注重遮阳、避雨、空间的开放与渗透，形成了具有特色的街道空间、建筑形式、绿化景观等。

第二，城市街道与建筑特色化。街道是家庭生活与公共生活的交接点。简·雅各布斯在《美国大城市的死与生》一书中提到，街道有生气，城市才有活力。日本学者芦原义信在《街道的美学》一书中有这样的议论：在巴黎到处都看得到漂亮的女郎，而在东京却看不到。难道是西方女子比东方女子漂亮吗？当然不是，这里实际是论述了一个美学的道理。因为巴黎城市建筑的外墙面多为当地盛产的一种米黄色石材作饰面，在色彩较为单一的建筑背景的映衬下，一位妇女稍加挂金抹红，就十分抢眼。不言而喻，在东京因为色彩背景过于纷繁，自然人则被淹没在缤纷的城市背景中"不见"了。

法国巴黎的香舍丽榭大街被誉为世界上最漂亮的街道，就是它严格地规定在大街上所有外加的附加物都必须是白色的，就连"麦当劳"标志中标准的红与黄颜色，在这里也变成了白色。作为商业性街道，当然要创造商业的繁华气氛，招牌广告是商业街道的特点，但香舍丽榭大街由于色彩作了必要的限定，取得了既繁华又高雅的效果。[①]

目前，传统建筑、历史城镇、历史街区的保护和更新已成为全球城市发展的主题之一。在城镇化进程中，对旧城进行大规模更新时，不仅要注重对传统建筑单体的保护，更要注重对历史街区的保护和有机更新，充分挖掘古建筑和历史街区丰富的文化内涵，延续城市的历史文脉，实现破与立的结合，从而创造出一个富有文化内涵的新城。在《马丘比丘宪章》中指出："保护好，恢复和重新利用现有的历史建筑和古建筑必须同城市建设结合起来，以保证这些文物有经济意义，并继续使之有生命力。"这段关于历史古迹保护的名言在今天对我们的旧城更新依然具有巨大的指导意义。

第三，城市历史文化特色化。每个城市，不论其历史长或短，经历的兴与衰，其变迁都有其特定的缘由，这些缘由往往具有唯一性，这就正是我们寻求、塑造城市历史文化特色的重要之源。尤其在创造城市特色时更应重视城市的历史文化，努力挖掘城市的文化内涵。城市特色有文化内涵，城市风貌才有灵魂。

在国外，布鲁塞尔的标志是一尊只有61厘米高的"撒尿小孩"铜像，其题材正是来源于历史。传说在古代西班牙入侵者撒离前，准备炸毁全城，一位勇敢的儿童用尿浇灭了炸药的导火索，保住了城市，而这位儿童却中箭身亡。1619

---

① 陈秉钊：《城市风貌与特色——从街道美学说起》，《规划师》2009 年第 12 期。

年，布鲁塞尔市民塑造了这尊铜像，以示纪念。这座铜像脸上充满顽皮的笑意表达出比利时人疾恶如仇、幽默乐观的品格。同样，丹麦的标志是尊 1.5 米高的"美人鱼"铜像，其题材则是来源于安徒生童话。这些小体量标志物之所以能享誉全球正是源于它们内在深邃的文化内涵。

在国内，安徽的铜陵市，号称中国的古铜都，它从西周开始，经历了春秋、战国、秦、汉、六朝、唐、宋等历史时期，铜陵铜矿开采冶炼至今延续了 3000 年。铜陵市抓住这一独特的历史文化，从古铜器中，提取了固有的元素，创造了系列的城雕。竖立在山坡上的雕塑"起舞"，显然能从商代的饕餮纹爵找到它的历史基因，但尺度被放大了成百倍，而且被赋予现代舞蹈的寓意，真可谓既继承了传统，又彰显了现代，根植于历史，又融入当今的生活。

第四，城市民俗风情特色化。一座城市的民俗风情，既反映了该城市市民的文化生活和习俗，体现出该城市市民的精神风貌，又增添了城市的魅力。

在我国，云南是我国少数民族聚居最多的省份，全国没有一个省区市过年能像云南这么丰富多彩，奇特诱人。你可以到香格里拉，与藏族同胞一起唱情歌跳情舞；也可以到大理，在"风花雪月"中品尝白族"三道茶"；又或者在除夕夜，跟着纳西族的青年男女做"辞年"礼。浓郁的少数民族风情让人流连忘返。

（三）城市风貌特色化的典范

在国外，欧洲在城市更新与重建过程中保持城市风貌特色有其丰富的经验。欧洲的城市规划工作者综合运用哲学、自然科学、人文科学、社会科学、艺术科学、工程技术、规划设计理论等方法，将地域文化融入城市更新、重建的规划过程中，确保城市传统文化、城市特色继续发扬光大，并通过传统的城市文化带动城市旅游业，推动城市经济的发展。其具体做法和成功经验主要体现在以下几个方面。[1]

一是城市的古老建筑以及传统建筑群是其重要的文化遗产和经济资源的价值观念已深入人心。欧洲人将城市古建筑群或传统建筑群视为城市文明的"根"，认为这些古建筑是城市历史文化的积淀，是古老而厚重的历史记录。特别是在西欧国家，大自然赋予它们的自然景观与世界其他地区相比不多，它们就小心翼翼地维护着其独特的城市文化资源。此外，这种历史文化资源不仅是重要的文化遗

---

[1] 胡智英、宋志英：《城市风貌特色的保护——欧洲保护城市特色风貌经验借鉴》，《城市》2008 年第 3 期。

产，也是十分重要的旅游资源和经济资源。古建筑或传统建筑群在城市旅游产业中扮演主要角色，旅游服务业成为这些城市乃至国家重要的经济支柱。

二是制定严格的古建筑保护法规，竭尽全力保护城市传统建筑。各国都有严格的古建筑保护法规和具体措施，确保城市传统建筑得以长期保存。尽管城市传统建筑的衰败不可避免，但这些法规有效地避免了开发商借拆除破旧建筑之名而拆除古建筑问题的发生。在瑞士的巴塞尔、意大利的米兰等城市都有一些成片的旧街区被保存下来。

三是新建筑要与传统建筑及古建筑群相协调，确保传统建筑不受新建筑的冲击。欧洲各国对城乡地区现代建筑布局都有严格的规划，防止新建筑对传统建筑群构成威胁。为了确保传统建筑不受新建筑的冲击，在保护范围的核心区，对建筑材料、门窗大小、瓦的颜色等都有严格规定。在保护范围外围区，新建筑风格类型也要与原有建筑相协调。这些措施使城市与乡村传统的民族建筑风格被很好地保存下来。

四是政府对古建筑设施的维修有严格规定，对古建筑及传统私人建筑的维修提供补贴。维修原则是修旧如旧，在维修过程中，大到房屋的外观结构，小到房屋的门、窗、瓦的颜色等，都必须保持原样。这一原则使城市中古老街区的原始风貌历经百年的城市变迁得以世代相传。欧洲国家的城市政府十分重视古建筑的维护，并拨出大量款项专门用于古建筑的维修。政府资助对象不仅包括教堂、博物馆等公共建筑，还包括私人旧住宅。这些私人旧住宅是一个城市文明的重要组成部分，对其进行保护也是政府义不容辞的责任。政府有关部门定期对这些代表着地方文明的私人住宅进行检查，敦促房主进行维修及进行相关的维修费用评估，并给予一定比例的维修补贴。

五是城市的审美标准是以旧为美。俄罗斯圣彼得堡是俄国最欧化的城市，也是建筑风貌保护最好的城市之一。在那里，三百多年前，彼得大帝请来欧洲各国的建筑师，大兴土木。至今圣伊萨基教堂的背面，普希金诗中提到的青铜骑士仍紧勒缰绳待机飞奔；涅瓦河南岸金碧辉煌的冬宫、芬兰湾西岸的夏宫，其建筑、雕塑、绘画和艺术品收藏令人惊叹不已；镶嵌着古罗马式金漆的宏伟建筑，犹如巨大的雕塑群沿涅瓦河岸层层展开；从冬宫凭窗望去，涅瓦河两岸气象宏大，俄罗斯北方大都市的风貌尽收眼底。这些古建筑象征着俄罗斯帝国的欧洲梦想，昔日的辉煌依稀可见。"十月革命"胜利后，打响冬宫第一炮的"阿芙乐尔号"舰艇就静静地停泊在涅瓦河上，作为一个时代的象征供今人游览。在城市规划上，圣彼得堡绝不允许除旧更新。当地的旧建筑分为两类：一类是有纪念意义的古建筑，不准粉刷也不准油漆，只可修复保护；另一类是一般的旧建筑，只许装修和改装内部，不许拆除和改装门面，以保持其旧有风貌。因此，在繁华的涅瓦大街上，百年历史的巴洛克式建筑在整条街道连绵不断，犹如回到了19世纪。街道上的商店门脸很小，门外装饰都是旧式的，里面却宽敞明亮，拥有很多现代设备。但俄罗斯人认为现代设备是提供方便、供人享受的物品，而古代先辈留下来的为数有限的物品，因为包含着历史和民族特色，所以才是真正值得自豪的物质和精神财富。

在国内，天津市在城市发展中保持城市风貌特色方面堪称典范。

一是挖掘天津历史。天津作为国家级的文化历史名城，有着丰富的历史文化内涵，自明永乐设卫以来，天津逐渐成长为漕运枢纽，加之长芦盐业的发展，也促进了本地漕运业的兴盛。管理漕、盐、贸易的各种行政机构都曾在此设立或迁入，至明末清初，天津已成为一座大都会。1860年天津开埠之后，先后共有9个国家在此设立租界（英、法、德、美、日、意、俄、奥、比），这在世界上也是绝无仅有的。这样天津就有了两个截然不同的"文化入口"：一个是传统文化的入口，从三岔河口到天津老城区，形成既具北方平原老城共性，又有独特"津味"风情的建筑风貌；另一个则是近代文化入口，租界区内满目皆是风格迥异的外来建筑，展现着不同时期、不同流派的建筑特色。

二是突出地域特色，展现天津未来。（1）突出"九河下梢"的天津水文化、桥文化，利用海河、新开河、北运河、子牙河、南运河、卫津河、墙子河、护城河、月牙河等水系，挖掘流域两岸历史文化、风土人情的不同特点，形成以水为纽带、各具特色的堤岸空间景观（含建筑形式、色彩、绿化植被、灯饰、雕塑、堤岸小品等）。（2）根据天津的传统文化（从三岔河口到天津老城区）、外来文化（租界区）划分特色风貌区域，展现不同的建筑、空间、色彩特征。（3）根据地上、地下、铁路、航空、海运等交通枢纽站坐落的地理位置，挖掘周围的历史文化资源，通过建筑、雕塑、小品、广告等形式，展现天津的城市发展史。（4）城市路网在满足交通需求的条件下，根据形成历史、区域位置、功能等不同特点，展现特色。保护整修一批传统的、尺度宜人、绿化有特点的街道。（5）在保留现有博物馆的基础上，新建设一批博物馆建筑，展示天津城市、产业、民俗、文化、教育发展的历史、未来和特色。例如，天津老城区博物馆、天津桥梁博物馆、中国邮政博物馆、天津旧租界博物馆、天津金融博物馆、天津戏曲博物馆、天津水西庄、李纯祠堂博物馆、天津考工厂（劝工陈列所）、天津名人故居博物馆群、津门风味小吃博物馆、天津中医中药博物馆、天津铁路博物馆、天津盐业博物馆、天津教育博物馆等。（6）对市级大型商业区、居住区、教育区、公园绿化区、影剧院等公共设施，根据形成历史、坐落区域、民风特征的不同，划分特色加以控制。

四、城市服务优质化

在我国，城市服务的范围和内容非常广泛，本部分中所讲的城市服务仅指城市的公共服务。

（一）城市服务优质化的内涵

城市公共服务就是指城市公共部门面向城市公众提供的公共产品和服务，包括城市基础设施的投资和维护，提供和加强就业岗位，社会保障服务，兴办和支持教育、科技、文化、医疗卫生、体育等公共事业，及时发布社会信息，为社会公众生活质量的提高和参与公共事务提供有力的保障和创造相关的条件。

根据党的十七大、十八大的精神，所谓城市服务优质化是指随着我国城市的发展，要不断提高城市公共服务能力、完善城市基本公共服务体系、促进城市基本公共服务均等化。其中，城市基本公共服务的内容主要包括：一是基本民生服务，如就业服务、社会保障、社会救助、社会养老等；二是公共事业服务，包括公共教育、公共卫生、公共文化、科技素质的提高、人口管理与服务等；三是公共基础服务，如公共住房建设、公共设施建设、环境保护与福利建设等；四是公共安全服务，如社会治安、生产安全、食品安全、消费安全、出行安全、国防安全等。

2012 年 12 月 20 日，中国社会科学院发布 2012 年《公共服务蓝皮书》指出，基本公共服务关注度调查结果显示，公众对九大基本公共服务的关注顺序（由高至低）为：社会保障与就业、医疗卫生、住房保障、公共安全、基础教育、城市环境、公共交通、文化体育、公职服务，其中前三项占比近六成。公众对基本公共服务要素的关注度反映了公众在公共服务要素方面的需求程度。将 2011 年与 2012 年两次调查结果进行比较分析，发现公共服务各要素关注度的趋势总体一致，但存在细微差别。社保就业、医疗卫生、住房保障均是公众最关注的前三项，其关注度远高于其他几个要素，而文化体育和公职服务的关注度则较低。但公众最关注的公共服务要素有所变化，2011 年公众最关注的是住房保障，2012 年公众最关注的是社保就业。

（二）城市服务优质化的具体体现

第一，城市公共服务能力不断强化。从我国实际情况出发，为了不断提升城市公共服务能力，必须突出解决以下几个方面的问题。

一是要"坚持以人为本、服务为先，履行政府公共服务职责，提高政府保障能力"[①]。

二是要"明确基本公共服务范围和标准，加快完善公共财政体制，保障基本公共服务支出，强化基本公共服务绩效考核和行政问责。合理划分中央与地方管理权限，健全以地方政府为主、统一与分级相结合的公共服务管理体制"[②]。

三是要重视城市公共服务的法制规范。公共服务法治化包含着多重内涵：公共服务界限的法治化，以法治界定公共服务；公共服务标准的法治化，要把为民众提供什么水准的公共服务用法治加以确定；公共服务责任的法治化，对于没有履行公共服务的部门和个人所负有的法律责任加以明晰化。

四是要城市公共服务市场化。公共服务市场化就是运用市场的力量为社会提供多样化的公共服务。"十二五"规划纲要提出，未来五年，要创新公共服务供给方式，改革基本公共服务提供方式，引入竞争机制，扩大购买服务，实现提供主体和提供方式的多元化。推进非基本公共服务市场化改革，放宽市场准入，鼓励社会资本以多种方式参与，增强多层次供给能力，满足群众多样化需求。

五是城市公共服务资本化。通过制度建设，使公共服务更多地运用资本杠杆和金融手段。建立投融资平台，广泛吸收社会资金投入到城市公共服务中，形成政府、社会和法人多元化的投融资机制。在财政制度上从"重建轻管"向"建管并重，突出管理"转变，扭转以往城市管理服务资金投入与城市建设资金投入不协调，以及在突击整治上花大钱而在日常预防上花小钱的状况，逐步提高政府在城市服务方面以及体制基础建设方面的投入。加快政府公用事业体制改革，积极探索"政府投入、企业经营""社会投入、市场运作""外资投入、参股经营"等形式，广泛吸纳社会资金，积极引入国外、境外资金，改变政府独家投资、独

---

① 《中华人民共和国国民经济和社会发展第十二个五年规划纲要》，人民出版社 2011 年版，第 88 页。

② 《中华人民共和国国民经济和社会发展第十二个五年规划纲要》，人民出版社 2011 年版，第 88、89 页。

家经营的状况。进行城市基础设施市场化运营。在财政部门的监督下，将城市基础设施广告权、冠名权，出租车经营权等城市资产进行市场化运营，通过拍卖等方式筹集大量的城市公共服务资金。

第二，城市公共服务整体化。所谓城市公共服务整体化是指公共服务越来越趋向于各种服务力量之间的配合和整合。总体来说，公共服务的整体化现在刚刚处于发展的初期，各地都在探索大部制，尤其是公共服务方面的大部制改革，并且取得了一些成果。当然，不可否认，当前我国城市公共服务也存在很多问题，根源之一在于我们的行政体制缺乏整体设计。比如城市交通问题，不仅是由交通量增加和道路建设不足引起的，更主要的是由于城市结构形态不合理、大型公共设施布局不合理、城市服务功能布局不合理造成的。而汽车产业发展的政策定位和家庭汽车消费的扩大，又使解决城市交通问题的难度进一步增加。因此，在各项城市公共服务政策的制定和实施过程中，充分认识到城市问题的综合性和复杂性，提高政府的综合决策能力，加强经济产业、城市建设、社会福利、环境保护等各项政策的整合与协调，加强城市规划、建设和管理等各个环节的衔接和配合，保证城市公共服务整体效益的发挥，就显得越来越重要。①

第三，城市公共服务均等化。公共服务均等化是指政府要为社会公众提供在不同阶段具有不同标准的、地域均等的公共物品和公共服务。城市的和谐发展是全社会和谐发展的核心，而均等化的城市公共服务保障则是和谐城市建设的基础。城市公共服务均等化主要表现在：（1）不同发展水平和类型的城市公民享有公共服务的机会和原则均等；（2）不同城市的公民享有公共服务的结果大体相等；（3）各城市在提供大体均等的公共服务成果的过程中，尊重全体社会成员的自由选择权。

目前，我国正处于经济快速增长、城市化高速发展、城市迅速扩张、城市人口激增的时期，由于城市公共服务建设投入严重不足，规划布局不合理，管理机制滞后，还没有为包括流动人口在内的全体城市人口提供无差别的基本公共服务，也没有实现不同经济发展水平的城市之间的基本公共服务均等化。因此，改变目前我国城市公共服务滞后和非均等化的现象，便成为实现城市社会和谐迫切需要解决的课题。

---

① 李小彤:《中国城市公共服务发展的基本趋势——访中国社科院马克思主义研究院辛向阳研究员》，见 http://www.clssn.com/html/Home/report/44108-1.htm。

（三）城市服务优质化的典范

《2012年公共服务蓝皮书》指出，根据对2012年问卷调查数据的处理和分析，我国38个主要城市基本公共服务满意度评价排名前十的分别是拉萨、厦门、上海、大连、宁波、南京、青岛、沈阳、杭州、天津。

其中，公共交通满意度排名前十的城市分别是拉萨、上海、厦门、南京、珠海、青岛、宁波、大连、深圳、重庆。

公共安全满意度排名前十的城市分别是拉萨、厦门、上海、宁波、杭州、南京、大连、长春、沈阳、重庆。

住房保障满意度排名前十的城市分别是厦门、上海、宁波、杭州、大连、沈阳、北京、青岛、长春、天津。

基础教育满意度排名前十的城市分别是厦门、拉萨、大连、沈阳、上海、宁波、杭州、福州、西宁、兰州。

社会保障和就业满意度排名前十的城市分别是拉萨、厦门、南京、上海、沈阳、大连、青岛、宁波、天津、北京。

医疗卫生满意度排名前十的城市分别是拉萨、上海、大连、宁波、南京、天津、青岛、沈阳、珠海、石家庄。

城市环境满意度排名前十的城市分别是拉萨、厦门、珠海、青岛、大连、杭州、南宁、上海、宁波、昆明。

文化体育满意度排名前十的城市分别是南京、拉萨、青岛、上海、大连、沈阳、成都、呼和浩特、天津、宁波。

公职服务满意度排名前十的城市分别是上海、宁波、大连、青岛、天津、南京、拉萨、福州、沈阳、杭州。

《蓝皮书》分析指出，从城市类型来看，直辖市公共服务满意度评价高，计划单列市和经济特区其次，省会城市最低；从区域看，东部城市公共服务满意度评价高，有九个进入前十，西部城市只有拉萨。

第三章 美丽城市：理论阐释

美丽城市建设需要各级政府的丰富实践和探索，但必须要在正确的理论指导下进行。唯有如此，才能保证美丽城市建设不走样。城市发展和理论阐释同步，区域发展和总体规划衔接，才能统筹理论与实践，协调局部和全局，真正建成美丽城市。概括起来，美丽城市建设的相关理论主要包括低碳生态城市理论、可持续发展城市理论以及新型城镇化理论。

一、低碳生态城市理论

在城市问题日益突出，原有城市发展模式难以为继的今天，大力发展低碳生态城市，探索一条符合中国国情的城市发展道路，是我国当前城市发展和建设的迫切需要。我国政府明确承诺，到 2020 年单位 GDP 的二氧化碳排放量将较 2005 年降低 40%—45%，建设低碳生态城市将成为城市发展的必然趋势。

"生态城市"是基于生态学原理建立起来的社会、经济、自然协调发展的新型社会关系。"低碳生态城市"是以低能耗、低污染、低排放为标志的节能、环保型城市，是一种强调生态环境综合平衡的全新城市发展模式，是建立在人类对人与自然关系更深刻认识基础上，以降低温室气体排放为主要目的而建立起的高效、和谐、健康、可持续发展的人类聚居环境。[1] 从某种意义上来讲，低碳生态城市可以理解为生态城市实现过程中的初级阶段，是以"减少碳排放"为主要切入点的生态城市类型，也即"低碳型生态城市"的简称。

---

① 李迅：《构建低碳生态城市的实践与探索》，《低碳世界》2012 年第 6 期。

（一）低碳生态城市的类型

1.技术创新型低碳生态城市

先进的科学技术是低碳生态城市的核心竞争力，低碳生态城建设需要有技术作为保障支撑。低碳生态技术是生态城市建设的决定性因素，离开了低碳生态技术研发和产业化，生态城市建设将是"纸上谈兵"。技术创新型生态城市就是以技术创新引领生态城市建设，突出科学技术及技术创新在低碳城市建设中的贡献率。因此技术创新对低碳生态城市建设具有基础和先导作用。在低碳生态城市建设过程中凸显技术创新的价值。在技术创新的各个阶段中引入低碳、生态理念，以低碳、生态保护为中心，引导技术创新朝着有利于资源、环境保护方向发展。大力开发利用共性技术、关键技术和专门技术，如循环生产技术、清洁生产技术、系统优化技术等。

2.适用宜居型低碳生态城市

1996年联合国人居中心在伊斯坦布尔召开联合国第二届人类住区大会，大会通过的"人居议程"中明确提出了"适宜居住的人类住区"，并对指出"宜居性"是"空间社会和环境的特点与质量"。2007年原国家建设部科技司组织评审了《宜居城市科学评价指标体系研究》报告，并以社会文明度、经济富裕度、环境优美度、资源承载度、生活便宜度、公共安全度六个方面作为宜居城市衡量标准。适用宜居型低碳生态城市就是建设生态宜居的"低碳"城市，按照低碳经济学、生态学原理建立起来的以城市的自然、社会、经济、文化全面协调和可持续发展为宗旨，在生态系统承载能力范围内运用生态经济学原理和系统工程的方法而建立的人性化、低碳化、宜居的城市，例如天津中新生态城等。

3.逐步演进式低碳生态城市

建设低碳生态城市是我国城市发展的必然趋势，建设"生态文明"的新型模式。低碳经济是一种长期发展愿景，向低碳经济转型的过程具有阶段性特征。实现低碳需要一个长期的过程，各国都在逐步探索中，因此低碳生态城市并非一蹴而就，短期内无法呈现明显成效。低碳生态城市建设是一个长期的、持续变革的生态化发展过程，是一个循序渐进的过程。即使在发达国家，其低碳城市和低碳社会建设也是一个长期的过程，并将其目标设立在2030至2050年左右。低碳生态城市建设涉及经济、生态、居民生活等方面，具有复杂性、长期性和系统性。建设低碳生态城市、实现城市低碳发展任重道远。低碳生态城市建设需要根据各自城市特点，通过差异化路径逐步实现"低碳化"，需要一个从易到难、循序渐进、联动发展的过程。

4. 灾后重建改造型低碳生态城市

地震等灾害会破坏草地、湿地等生态要素，以及灾后的气候、森林、山体、水体等生态环境变量也会发生变化，进而导致生态系统呈现明显的高碳不均衡特征，使得灾区人工生态碳循环和自然生态碳循环之间结构失衡，表现出高碳化趋势。生态系统作为典型的开放系统，在受到地震等破坏后，能够通过自身动态调节达到平衡，但时间非常漫长。低碳生态重建是以低碳方式定向加速生态系统改善，并达到生物群落和谐共存的演替过程。受到灾害侵袭的城市把生态化低碳重建作为解决灾后发展需求和气候变化约束之间冲突的最优选择，促使受灾城市改变原先的演进轨道，做到灾后重建与低碳、生态发展有机结合，将低碳理念贯穿于恢复重建全过程，能够避免片面追求经济增长而导致的先污染后治理的弯路，实现经济增长与碳排放脱钩，走出一条新型的低碳重建发展之路。修复重建中的四川汶川、广元、雅安等城镇将逐渐被改造成灾后重建型的低碳生态城市。

（二）低碳生态城市建设的现实价值

建设低碳生态城市，既是顺应城市低碳化、生态化发展趋势的重要战略抉择，也是转变发展方式、践行科学发展观的重要举措。

1. 低碳生态城市建设是城市发展模式转型的重要选择

城市是人类文明精华的汇聚之地。传统的城市发展方式带来了诸如环境污染、交通拥挤、人口膨胀、饮水安全等问题，外延增长式的城市发展模式也已无法面对气候变化和资源环境的巨大压力。为此，需要通过实施城市发展模式转型来开拓城市发展新空间、带来环境质量的改善，让城市居民公平分享发展的收益。因此，以节能减排和生态理念引导城市发展是城市未来发展的必然规律。低碳生态城市建设是以建设成资源节约型和环境友好型城市为主体目标，是一种在生态环境综合平衡制约下的全新的城市发展模式，不仅符合国际低碳生态的发展趋势和《京都议定书》的要求，也是城市发展模式转型的全新探索，是城市发展的综合创新与实践。低碳生态城市建设已成为世界各地城市发展的新模式。

2. 低碳生态城市建设是城市可持续发展的集中体现

城市是一个国家经济发展的重要载体，对资源的需求和碳覆盖的领域已远远超出了其承载的界限，严重影响了城市的可持续发展。低碳生态城市是低碳经济发展模式和生态化发展理念在城市发展中的落实。生态城市和低碳理念在本质上是一致的，二者的共同目标是实现可持续发展。低碳城市建设是一种以良好生态环境为基础的科学发展模式，在低碳生态城市建设过程中紧紧围绕低碳发展这条主线，同时以城市生态化发展理念为指针，在城市发展中有效地逐步降低资源消耗和减少碳排放，能够在适应环境限度内实现资源环境负荷从超载向适度承载转变，创建人与自然和谐的城市。低碳生态城市建设向低能耗、低排放、低污染的节能生态环保型城市转型，是推动城市可持续发展、开拓发展新空间的动力之源，推进城市可持续发展不断跃上新的台阶。因此，低碳生态城市建设是城市可持续发展的有力杠杆，是寻求城市可持续发展和促进人与自然和谐相处的内在要求。

3. 低碳生态城市建设是实现城市生态文明的主要支撑点

建设生态文明，是关系人民福祉、关乎民族未来的长远大计。面对资源约束趋紧、环境污染严重、生态系统退化的严峻形势，必须树立尊重自然、顺应自然、保护自然的生态文明理念。生态文明是以可再生的生物质能源代替化石能源为主要标志的未来人类与自然和谐相处的文明社会。党的十八大报告明确提出，把生态文明建设放在突出地位，融入经济建设、政治建设、文化建设、社会建设各方面和全过程，努力建设美丽中国，实现中华民族永续发展。低碳生态城市的核心理念契合了发展生态循环经济、节能减排所强调的基本内涵，是一种能源和物质消耗增长的生态约束机制。实现生态文明要求城市在经济发展中减少对生态环境的污染和破坏，而低碳生态城市建设正是顺应城市低碳化、生态化发展趋势，以低碳经济发展引领生态城市建设、践行生态文明的重要载体和基本内容，能维持并促进生态文明所推崇的人与自然和谐发展。低碳生态城市与生态文明在价值发展方面具有统一性。低碳生态城市建设是实现生态文明的基础和重要保证，实现生态文明是低碳生态城市建设的目的。

（三）低碳生态城市建设的经济学透视

从经济学视角分析低碳生态城市建设，可以从供给需求平衡性、成本效益、产品市场等维度加以透视。

1. 低碳生态城市建设的供给需求平衡性分析

第一，低碳生态城市建设的供给和需求的界定。低碳生态城市建设的供给是指在现有生产力水平下通过理念、体制、技术、文化、法制的全方位的社会变革，科学实施低碳生态规划、低碳生态工程与低碳生态管理，提供和开发各种城市生态资源的现存量和更新量，扩大生态产品供给能力，为构建一个有强生命力的城市生态经济系统提供充足的生态保障。低碳生态城市建设的供给，本质上是对城市及其居民提供更多的低碳生态产品。低碳生态城市建设的需求是指在城市居民生活质量、品位逐步提高以及生态环境意识不断增强的背景下，城市及其居民日益增加对城市低碳化生态资源需求量，包括经济发展以及城市化、工业化进程加快对空气、水、资源、环境等方面低碳生态产品的需求。低碳生态城市建设的需求本质上是城市及其居民对更多、更好的低碳生态产品的需求，反映城市经济社会不断发展与城市居民的生理、物质和精神文化需要的内在统一。

第二，低碳生态城市建设中增加供给和控制需求的关系。日益凸显的全球温室效应、资源短缺、环境污染等生态恶化和危机正在影响着城市的生存与发展。生态产品成为最短缺、最急需大力发展的产品。生态安全已成为国家安全的重要组成部分。城市生态环境面临的严峻的资源环境形势反映的就是城市生态失衡，其主要原因在于城市生态供给增长率小于生态需求增长率。低碳生态城市建设以实现城市低碳生态化发展为目标，通过使用最少的能源消耗和资源投入，产生最大价值的产出与生态环境保护，是缓解城市生态不平衡的一种有效探索和增加城市生态供给的重要手段。在城市生态化发展中，低碳生态城市建设的供给与需求是对立统一的两个方面。城市生态化发展就是在维持低碳生态城市建设的供给与需求动态平衡中获得发展的。城市及其居民对城市生态的需求会增加和拉动对低碳生态建设的需求量，进而给低碳生态城市建设的供给量增加提出进一步的要求。

低碳生态城市建设属于公共产品，带有极强的正外部效应，主要由政府通过非市场的方式提供。作为公共产品，具有消费的非竞争性和非排他性特征，因此会产生"公地悲剧"（过度使用）和"搭便车"现象（供给不足），为此需要深入认识低碳生态城市建设中面临的基本背景和根源性问题。在低碳生态城市建设过程中不能仅仅关注一些短平快的实体化工程项目，盲目增加供给，而忽视了城市及其居民对低碳生态城市建设需求的内容及多样性。因此，供给的增加应以需求为导向，同时需求也应考虑供给的能力及现实条件。缓解供需矛盾的重要途径是要充分借助经济杠杆，探索低碳生态城市建设供给主体的多元化方式，加快低碳生态城市建设步伐，提高低碳生态产品供给能力，增强城市生态功能，同时适度降低对低碳生态城市建设的需求（低碳生态产品需求）水平，保持低碳生态产品供给和需求的动态均衡，以最终实现城市生态平衡和全面提高城市高质量的生存与持续发展。

2. 低碳生态城市建设的成本效益分析

低碳生态城市建设的成本效益分析是通过比较城市建设中的低碳生态项目的全部成本和效益来评估低碳生态项目价值的一种方法。低碳生态城市建设的成本包括低碳生态城市建设中的各种人力、时间、资金和资产投入、交易等各类成本。低碳生态城市建设的效益包括不同主体，如城市、企业、社会、群体、个人的效益，以及经济效益、生态效益和社会效益等。低碳生态城市建设的成本效益分析过程一般需要包括如下步骤：对低碳生态城市建设的成本、效益的识别和分类；低碳生态城市建设中风险向成本的转换；低碳生态城市建设的成本、效益和风险的量化；低碳生态城市建设的成本效益信息的总结和提交等。从财务管理的角度看成本效益分析主要有以下三种方法：净现值法、现值指数法和内含报酬率法。这些具体方法同样可以应用于低碳生态城市建设中绩效的分析和比较，分析低碳生态城市建设中各种投入的效率，并同时对低碳生态城市建设中的各种效益，包括经济、生态、社会效益进行量化分析和评价。

在低碳生态城市建设中，应用成本效益分析方法来分析城市的低碳生态项目的实施效果，将对低碳生态城市建设中的成本控制和凸显低碳生态公共品的经济、社会、生态效益产生积极作用。同时，深入分析和研究低碳生态城市建设中的成本效益分析，对于完善、监管我国很多城市开展的低碳生态项目具有重要意义。一方面，通过对低碳生态城市建设成本、效益的量化，寻求低碳生态城市建设的投入产出比，比较各个低碳生态项目的实施绩效，找出低碳生态项目的差距和不足，思考出现差距的原因，避免项目投资的盲目性，提高低碳生态项目的效率；另一方面，从经济学角度看，低碳生态城市建设所要解决的是经济的外部性问题。将社会效益考虑在内的成本效益分析，能够维护低碳生态公共产品的社会公益性，最大限度地满足人民群众的需求。

3. 低碳生态城市建设的产品市场研究

低碳生态城市建设是为城市居民提供清洁的空气、水等良好的城市生态环境，实现城市生存和发展所处的生态环境不被破坏。通过实施低碳生态城市建设工程，积极建设绿色生态城市，为城市及居民提供更好更多的低碳生态产品，让城市居民更多地享受生态改善带来的成果。从经济学的角度看，城市生态环境是一种生态资源，因城市发展需要而为全体城市居民提供的产品和服务，它在城市经济发展中是作为一种为全体城市居民所共享的公共产品而存在，通过劳动力等成本投入而形成的生态公共产品。按照萨缪尔森的公共产品理论分析，作为公共产品的城市生态环境资源，不同程度地存在非竞争性、非排他性的特征。

生态公共产品的非竞争性特点表明对于该类公共产品或服务，城市居民是普遍需要的，而对于生态公共产品的普遍需要必然带动与生态公共产品相应的产业部门的壮大发展，从而带动整个产品市场的发展。对该类生态公共产品有需求说明存在交易活动，相应地应该有交易主体、对象、价格和规则等，即存在公共产品市场。但是生态公共产品的非排他性特点则表明收费是困难的，仅靠市场机制远远无法提供最优配置标准所要求的规模。因此，低碳生态城市建设要实行根据公共需要立项，依靠公共财政投资，由政府直接组织产品生产与分配方式作为解决问题的重要途径。当然由政府来生产并不意味着市场力量就没有发挥作用的空间。生态公共产品在一定条件下完全可以通过商品经营的方式来运作。

（四）低碳生态城市发展的问题剖析

无论是政府提出的建设目标，还是正在开展的建设实践，低碳生态城市的发展势头正兴，中国正成为世界上探索低碳生态城市最为积极和主动的国家之一。但由于当前低碳生态城市建设尚处探索阶段，其建设和发展中出现的问题同样也是不容忽视的，主要表现为导向不明、目标缺失、理论缺失、唯技术论四方面。

导向不明具体表现为：（1）尽管当前地方政府已经普遍对低碳生态城市给予了高度的关注，并且进行了不同程度和规模的低碳生态城市建设实践活动，但建设过程中存在着动机不够明晰、盲目跟风，一味强调政绩工程的现象；（2）尽管全国90.2%的地级以上城市均提出了建设低碳生态城市的发展目标，但从其提出时间和地理分布上来看，东部沿海地区呈现出提出时间早、分布密度高的特点。而且当前开展生态城市实践活动最为积极的多数也是经济较为发达的城市（城区），以至于形成了"低碳生态城市等于经济发展水平高"的一种错误认识；（3）尽管新建地区的低碳生态城市实践投入成本很高，但其具有见效快的特点。因此，在多种因素的驱使下，很多城市在进行低碳生态城市实践时选择了"新城运动"，而见效慢、推动慢的建成区生态化改造则处于被冷落的境地。

目标缺失具体表现为：（1）低碳生态城市发展忽视与中国国情和客观需求的结合；（2）由于目前尚未出台全国性的生态城市指标体系，尽管各地出于实践建设的需要纷纷制定了地方性的生态城市指标体系，但是缺乏宏观层面的目标引导性，导致地方在制定指标体系的过程中存在目的不清、导向不明的问题。

理论缺失具体表现为：（1）目前学术界尚未对低碳生态城市有一个明确、公认的定义和理解，其名称也呈现出多样化的趋势；（2）低碳生态城市规划的地位、编制方法和体系等目前尚未得到明确，各地低碳生态城市的规划均属于探索性阶段，对于编制内容和深度均没有统一、明确的要求，无法对规划编制后的建设实施起到很好的保障和引导作用。

唯技术论具体表现为：（1）目前进行的低碳生态城市建设实践摒弃一些传统的低成本、高效益的手段，热衷于追求技术的新、奇、特，热衷于追求立竿见影的效果，盲目地将高投入与高回报画上等号；（2）低碳生态城市的实践中还存在着建设选址盲目性较大的问题，将地点选在自然基底良好的生态敏感区内进行开发建设，不但是对自然环境的极大干扰，同时也会破坏生物多样性、引发连锁性自然灾害的产生，对低碳生态城市的建设安全造成隐患，酿成不可弥补的损失。

（五）低碳生态城市的发展与展望

在中国低碳生态城市的规划建设实践进行的同时，也应认识到由于低碳生态城市规划与建设是一项涉及面广、综合性强的系统工程，且目前尚缺乏适合中国国情的低碳生态城市及其相关领域的理论基础、方法论、指标体系，规划设计原理、政策体系以及相关的建设技术和实践经验，中国的低碳生态城市建设仍处于起步阶段。因此，开展科学合理、因地制宜的低碳生态城市实践活动需要在以下方面进一步提升。

第一，低碳生态城市的理念目标要进一步深化。低碳生态城市强调尊重过去，着眼未来，确立正确的城市发展理念，应建立科学化评估生态城市发展的指标体系；遵循平衡、共生、发展、循环的原则，顺乎自然规律的发展之道，将城市加入到整个生态系统中物质与能量循环的平衡当中，将生态学的最小干预自然、让自然做工的理念贯穿到整个规划设计管理的全过程。同时，要以人为本，把人的因素与生态并重，确立人是生态环境的保护者。通过多种方式和渠道，积极倡导低碳生活，传递生态理念，鼓励每一个公民、每一个家庭都成为低碳生态城市的宣传者、实践者和推动者，在衣、食、住、行、用等各个方面都体现绿色生活理念。低碳生态城市的目标应从资源、环境、经济和社会四个维度进行构建，最终是要通过低碳生态城市的规划建设来实现资源节约、环境友好、经济持续和社会和谐的总体目标，达到城市让生活更美好的愿望。

第二，低碳生态城市的发展思路要进一步转变。我国当前已经进入城镇化的中后期，其发展的一个重要趋势就是重建"微循环"。从全国情况来看，许多城市在发展中已经到了转型的门槛前，其空间格局、基本框架，在经过30年改革开放的发展建设之后，已经基本定型，各类大型基础设施也已基本建成。同时，城镇化初期大拆大建的弊端，也已充分暴露，市民对社区环境改善的愿望及提升居住舒适度的需求也愈发强烈。在这种条件下，城市的发展思路应从工业文明向生态文明转变，将传统集中式、机械式的处理方式向分散、有机化、生态化的处理方式转变，由建设大型基础设施向小型补充式设施建设转变，由集中处理排放向就地就近处理转变，由各公用设施功能分离向综合利用转变。同时，在规划建设理念方面，还应实现由自上而下向规划透明、设计透明、上下结合、充分调动民间创新积极性转变。基于此，城市管理者应遵循"自组织"理念，抛弃初期广为流行的急风暴雨式"大开大发""大拆大建"，转而推行"微降解、微能源、微冲击、微更生、微交通、微创业、微绿地、微医疗、微农场、微调控"等城市微循环体系重建工作，这也将成为城市转型、低碳生态城和城市住宅规划建设的新原则。

第三，低碳生态城市的规划引导要进一步加强。低碳生态城市规划是进行低碳生态城市建设的纲领性文件，是引导城市发展的基本依据和手段。低碳生态城市规划要以其高度的综合性、战略性和政策性，在实现优化城市资源要素配置、调整城市空间布局、协调各项事业建设、完善城市功能、建设优质人居环境、维护全体市民公共利益等方面发挥关键作用。具体来讲，各层次的规划应该注意以下几方面的内容：区域城镇体系规划层面，应当重视研究区域内的城市化战略和政策，人口、产业、城镇的集聚发展，综合交通体系以及区域生态格局等；城市总体规划层面，应当重视研究城市的性质与功能、规模与容量、空间与形态以及城市建设用地、基础设施和中远期发展预测与控制，尤其是通过生态运行模拟技术综合调配生态基础设施的配置；控制性详细规层面，应当重视研究针城区土地利用、建设容量控制、环境容量控制，建筑空间形态、市政基础设施控制以及城市规划指标落实。

第四，低碳生态城市的技术体系要进一步创新。低碳生态城市建设技术涉及城市规划与设计、生态环境保护规划设计、产业发展选择、绿色建筑规划设计、废弃物处理与管理、绿色交通规划与管理、水资源保护与利用、数字信息技术等方面，其研发、推广与应用是低碳生态城市建设的重要支撑。当前对于技术体系方面的应用和实践多数为单项技术的尝试，因此迫切需要对各项低碳生态技术开展系统性、整体性的尝试与整合，形成低碳生态城市建设集成技术，进一步指导低碳生态城市建设，推广低碳生态城市建设管理经验与可行模式。

第五，低碳生态城市的发展政策要进一步健全。低碳生态城市仍处于不断探索中，当前对低碳生态城市起促进和保障作用的法规政策体系还很不完善，政策、市场、技术三方联动的体制创新仍需不断探索。低碳生态城市建设涉及的能源、资源、土地、水、环境保护、经济等法律法规还需要进一步衔接。当前迫切需要总结国内外成功的低碳生态城市建设案例，逐渐转化为可推广、可复制的组织和运营方式，形成明确的引导低碳生态城市发展的法律法规体系和技术导则，同时制定相关财税、产业配套政策，以城市公共政策的形式从宏观上引导和保障低碳生态城市发展，实现公共管理和服务更为周到的低碳生态城市。

第六，低碳生态城市的国际合作要进一步拓展。低碳生态城市是一个复杂系统工程，涉及关系人类长远发展的环境、生态、资源、健康等全球性科学问题，一直以来都是各国政府和科学界关注的热点。在全球一体化的背景下，促进低碳生态城市健康持续发展的根本途径是聚集各国科学家的共同参与和努力，通过不同国家与地区、不同文化与思维方式、不同学科领域的思维碰撞，通过各国政府、非政府组织、企业、科学家之间多渠道、多形式的合作交流，共同致力于世界低碳生态城市建设的理论与实践发展。

当前，没有其他任何一种城市发展战略像低碳生态化城市发展战略这样存在如此普遍的共识，低碳生态城市发展战略必然是中国乃至世界城市未来的发展模式。低碳生态城市理想的实现，即始于我们今天的认识和行动。让我们共同关注、共同参与、共同努力，让每一个人都行动起来，携手创建美好的生态未来，实现人类与自然的和谐共存、永续发展。

二、可持续发展城市理论

随着我国社会经济的发展，城市化进程加快，城市特别是大城市和特大城市面临着人口、资源、环境与社会经济如何协调发展的挑战。如何确定城市的性质、规模和发展方向，走可持续发展之路，是必须重视的问题。

广义上讲，城市作为一个有机体，它的技术、社会、文化和政治体系，以及各体系的元素之间形成的网络可以看作有机体的不同组成部分，即与生态体系相似。就像生物一样，城市发展也是一个进化的过程，城市也会经历不同的生活阶段。

可持续发展城市理论是一种全新的发展战略和发展观,其各种思想和理论在不断探索与丰富之中。它的支撑基础性学科主要为地学、生物学、生态学、资源学、环境科学、人地关系学、社会科学与高新技术科学等。它的理论基础为众多的有关城市发展的一些理论和以协同论、系统论、生态学理论、控制论为相应基础的城市多目标协同论、城市 PRED 系统论、城市生态学理论、城市发展控制理论,如表 3—1 所示。

(一)城市可持续发展的基础理论

根据表 3—1,这些理论从经济、环境、社会、人与环境、城市有机体、城市功能、城市竞争力等不同的角度,阐述了不同的因素对城市发展的影响。田园城市、新城理论、广亩城理论和有机疏散理论等强调城市发展的分散化思想,认为城市在地域空间上必须保持低密度,生活上回归绿色自然;而《明日城市》等则注重城市发展的集中主义思想,认为城市应适宜行走,具有高效的公共交通和人们相互交往的紧凑形态和规模;现代城市发展理论更加注重人与环境关系,认为城市应该与自然环境相结合,与生态结合。为了持续发展,城市发展既要充分体现地方特色、生态特色,使其对环境的影响最小,又要继承合理性的基因,把历史人文因素纳入城市发展的理论框架中,还要注重美学与文化内容等等。这些城市发展的理论精髓充实了城市可持续发展的理论基础。

表 3—1　城市可持续发展的基础理论

年　份	提出者	主要理论或著作	主要思想
1898	[英]霍华德	田园城市	城市与乡村融合
1904	[法]托尼·加尼耶	工业城市	城市功能分区思想
1915	[德]格罗皮乌斯	新建筑运动	城市发展三大经济原则
1922	[法]柯布西耶	明日城市	城市集中主义和阳光城市
1932	[美]莱特	广亩城理论 消失中的城市	城市分散主义
1933	[德]克里斯特勒	中心地理论	城市的区位理论
1933	国际现代建筑协会 (CIAM)	雅典宪章	城市四大功能:居住、工作、游憩、交通,科学制定城市总体发展

年　份	提出者	主要理论或著作	主要思想
1939	［美］佩里	邻里单位理论	社区居民环境
1942	［芬兰］沙里宁	城市：它的发展、衰败与未来	有机疏散理论
1959	［美］林奇	城市意象	知觉图式应用于城市研究
1961	［美］芒德福	城市发展史	人的尺度
1977		马丘比丘宪章	市民参与和文化遗产保护
1981	国际建筑师联合会第十四届世界会议	华沙宣言	建筑—人—环境作为一个整体，并考虑人的发展
1987	世界环境与发展委员会（WCED）	我们共同的未来	可持续发展
1992		里约宣言21世纪议程	
1995	［奥地利］维克耐特	以知识为基础的发展：城市政策与规划之含义	整体的城市观、知识社会里城市发展的若干原则
1999	［美国］贝格	城市竞争力模型	部门趋势、公司特征、商业环境和革新与学习为城市的核心竞争力

（二）城市可持续发展的基本理论

城市可持续发展是一个新领域，其实践工作在近年来刚刚开始。可持续发展理论探索虽然开始较早，但尚未形成理论体系，尤其是核心理论没有形成，已有的仅仅是一些初步的理论思想或相关理论。同时城市可持续发展又是一个综合领域，涉及自然、经济和社会等多个方面，因此不少学者试图从经济学、生态学、地理学及社会学等领域对城市可持续发展的理论问题进行探讨，期望建立一个综合性的理论体系，以便更好地指导实践。迄今为止，多数学者认为人地关系理论是以研究人地系统综合优化和调控为核心的，与城市可持续发展研究核心相一致，所以把这一理论作为可持续发展的基础理论能够为人们所接受。本研究借助于前人以及当今许多学者研究可持续发展方面所取得的成果，以协同论、系统论、控制论和生态学理论为基础，结合区域可持续发展方面的应用理论，构建了城市可持续发展的基本理论，如表3—2所示。

表3—2　城市可持续发展的基本理论

基本理论	理论基础	主要观点
城市多目标协同论	协同论；区域多目标协同论	①城市可持续发展是一个多目标、多层次体系，是追求经济发展、社会进步、资源环境的持续支持以及培植持续发展能力相协调发展的多目标模式 ②多目标是相互影响、相互制约，注重多目标之间的交互作用 ③以生态可持续目标为基础、经济可持续目标为主导、社会可持续目标为根本目的的城市可持续发展
城市PRED系统理论	系统论；区域PRED系统理论	①城市是由PRED构成的一个自然、社会和经济复杂巨系统，人口处于系统的中心地位 ②系统与环境相互作用是维持城市PRED系统耗散结构的外在条件 ③协同作用是城市PRED系统形成有序结构的内在动力，左右着系统相变的特征和规律，从而实现系统的自组织
城市发展控制论	控制论；区域发展控制论	①城市发展过程是一个动态的可控制的过程，其中人是控制这个过程的主体 ②信息在城市发展过程中是最活跃、最基本的要素，城市持续发展的调控必须借助于信息，借助不同形式、不同载体的城市发展信息运动去指挥各种城市发展活动的过程 ③信息反馈是实现城市发展控制的基本方法，控制的目标是使城市发展向有序、稳定、平衡的可持续方向发展
城市生态学理论	生态原理；生态学理论	①城市是一个开放的、以人为中心的、典型的社会、经济、自然复合生态系统 ②城市要可持续发展，必须遵循生态原理和规律，通过连续的物流、能流、信息流来维持城市的新陈代谢 ③生态学的基本理论，如生态系统理论、生态位理论、最小因子理论和生态基区理论等构成城市生态理论体系

（三）城市可持续发展的核心理论

城市发展一般经历启动期、发展期、成熟期、衰退期，如图3—1所示。在城市发展的每一个阶段，都存在一些制约城市可持续发展的因素，只是人们在启动期和发展期更多关注城市经济发展和城市规模扩大。在城市环境问题没有威胁到人们的日常生产和生活及城市形象时，强调发展是第一要素，而人们的生产方式和生活方式及观念意识是否是可持续的并没有得到重视。只有当城市达到衰退期，城市的人口与社会、环境容量、资源等限制性因素制约了城市的可持续发展时，才会引起全社会的关注。为了实现城市可持续发展（见图 3—1 中曲线 A），就要辨别限制因素并使之转化为有利的因素，这样城市可持续发展才有实现的可能。

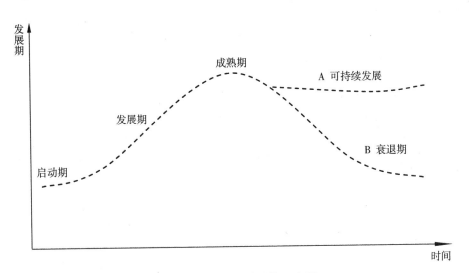

图 3—1 城市生命周期示意图

关于城市的发展，有学者认为经济增长是城市发展的内在动力，因为它促使城市经济实力提高，并提供了更多的就业机会。但经济活动的实质是在不同群体和个人之间分配利益的过程，不同利益群体之间的关系影响着城市的发展。还有学者认为技术是决定力量，因为高新技术能促使城市空间结构和形态发生变化，使得环境容量增大，但它并非是城市发展的内在动力。可见，技术和经济因素并不是城市发展的内在驱动力。人既是城市发展的组织者和调控者，又是可持续发展的实践主体。而城市的本质是人的聚集，那么衡量城市可持续发展与否的关键就是城市能否满足人们不断增长的需要，是否能促进人的全面发展。因此，满足人的需要是城市发展的根本目的。正如英格尔斯指出的："一个国家，只有当它的人民是现代人，它的国民从心理和行为上都转变为现代的人格，它的现代政治、经济和文化管理机构中的工作人员都获得了某种与现代化发展相适应的现代性，这样的国家才可真正称之为现代化的国家。否则，高速稳定的经济发展和有效的管理，都不会得到实现。即使经济已经开始起飞，也不会持续长久。"城市同样如此。只有高素质的人才能确认和克服城市发展的限制因素，使城市由衰退向有利于可持续发展的方向转变；同时，可持续发展只有成为人的生活方式、生活态度、生活习惯，才能真正实现。只有人的能力实现可持续，经济才能可持续，社会才能可持续，自然才能可持续。离开了人的能力可持续，经济可持续、社会可持续和自然可持续，都只能是一句空话。所以，城市可持续发展的内在动力源于人的自我完善和发展以及社会组织结构的变迁。城市发展的前景也取决于城市决策机构的决策艺术和决策能力。科学的城市发展战略和城市规划有利于城市可持续发展；有远见的主动的决策，可由足够的时间和空间来克服城市发展的限制因素，促进城市可持续发展。可见，群体的人和个体的人之间所构成的复杂城市社会网络体系是其深层结构，决定着城市发展的可持续性。而构建激励兼容机制，协调城市各利益主体的冲突是促使城市可持续发展的根本。

城市可持续发展是城市发展的高层次目标，也是城市发展的过程。只有通过分阶段的发展、积累和传承，才能实现人的整体性素质的提高；只有从"为人的发展"——从培养人的各种基本素质做起，才能由观念到行为，由量变到质变，一步一步地去实现"人的全面发展"。在发展过程中建立以人的全面发展为主导的社会、文化、科教、生态、资源、环境以及和谐统一的城市可持续发展机制。

可见，人口、经济、社会、科技、环境、资源相互联系、相互制约，形成一个有机整体，这个有机整体是以人的全面发展为目标来推动城市可持续发展的。因此，以人为本的城市可持续发展的理论是城市可持续发展的核心理论，目标是提供给居民：满意的工作、综合稳定的社会生活条件、充分的流动性、充足的公共服务设施、服务于现代经济和生活方式需要的建筑环境等等。

三、新型城镇化理论

党的十八大报告明确了推进新型城镇化的战略任务。这是我国在新的历史时期，顺应经济社会发展转型而提出的重要战略。新型城镇化对于美丽城市建设无疑具有重要的指导意义，但如何正确认识新型城镇化，以及如何推进新型城镇化道路，是摆在学术界和实践工作者面前的一项重要课题。

（一）新型城镇化的概念和原则

新型城镇化是在立足现阶段我国发展的基本国情，总结我国城镇化的发展实践，汲取国内外城镇化的经验教训，适应新的发展要求而提出来的。它是对传统城镇化模式的扬弃，是城镇化理论与实践的创新。

新型城镇化的概念目前尚无一致的界定，但不同学者和地方有着大致相似的认识。一般来说，新型城镇化是指在科学发展观的指导下，遵循城镇化的基本规律，以全面提升城镇化质量和水平为目标，坚持以人为本，强调城乡统筹、社会和谐、环境友好、集约发展、规模结构合理的城镇化发展模式。与传统城镇化模式相区别，新型城镇化更加注重城乡统筹，更加注重城镇发展的集约性，更加注重城镇化的社会性，更加注重城镇化的区域性，更加注重城镇化的协调性，更加注重城镇化质量内涵的提升。

新型城镇化顺应了我国经济社会发展转型的要求，其内涵是十分丰富的，也是在不断发展的。然而，不管如何界定，都需要遵循以下几方面的原则。

一是推进新型城镇化要坚持科学发展观的指导。在新的发展阶段和发展形势下，城镇发展也面临着发展模式转变的迫切要求。新型城镇化要求我们必须处理好城镇化过程中的各种关系和矛盾，用科学发展的基本理念、基本要求和根本方法指导城镇化实践。

二是推进新型城镇化要遵循城镇化的基本规律。城镇化是人类社会经济发展的一种普遍现象，有其自身的发展规律。从世界各国城镇化发展的历史来看，不同国家或地区城镇化的路径尽管会有所不同，但它们都遵循经济社会和城镇化发展的一般规律。

三是推进新型城镇化要从实际出发。各地在推进新型城镇化过程中，需要考虑自身的特点和发展实际，针对经济社会发展过程中的突出问题和矛盾，按照科学发展的理念，确定符合自身特点和发展要求的新型城镇化道路。

四是推进新型城镇化要借鉴国内外城镇化的经验教训。一方面，要避免我国以往和国外城镇化所走过的弯路；另一方面，应充分汲取世界各国城镇化的成功有益经验，推行科学合理的城镇化政策。

（二）推进新型城镇化的作用和重要意义

新型城镇化，是对传统城镇化道路的反思，是科学发展观指导下的必然选择，是经济社会转型的必然要求，是我国实现现代化的必然途径。推进新型城镇化战略，就是重视城镇化的综合效应和多元目标，通过正确处理城镇化过程中的各种关系和问题，破解我国经济社会发展中的一系列难题，促进经济社会的全面协调与可持续发展。

1. 通过新型城镇化，扩大内部需求，推动经济发展

从改革开放后经济发展的历史来看，中国经济的发展是在内部投资和需求不足的情况下，依靠出口和外商直接投资来启动的。改革开放所确定的外向型发展战略，实际起到了引领经济发展和社会变革的重要作用。这些年来，中国经济增长始终依赖于出口和投资，而内需则相对不足。随着经济发展形势的变化，特别是国际金融危机后，国际需求不振，而且中国出口总额排名已是世界第一，持续大幅增长的可能性不大，单纯依靠外向型经济和投资推动中国经济增长已经不现实。在这种情况下，内部需求不足、产能过剩的矛盾已日益暴露出来，成为当前中国经济必须解决的核心问题。

如何扩大内部需求，使经济增长的内生动力更充足，是今后保持我国经济社会较快发展的关键。而城镇化是内需最大的潜力所在，可以为经济发展创造巨大的社会需求，摆脱对出口和投资的过度依赖。在这个意义上，当前城镇化是经济发展最重要的增长源泉，将在未来经济发展战略中起到支撑和引领作用。推进新型城镇化，将拉动投资和消费，启动中国最大的内需。

（1）推进新型城镇化，可有效拉动投资需求。城镇化建设能够扩大投资需求，带动城镇住宅、道路、通讯、水、电、气、热、环保等市政基础设施建设和教育、医疗、文化、娱乐、社区服务等公共服务设施的投入，直接拉动一系列相关产业的发展。此外，人口的聚集、城镇规模的扩大，还将产生新的社会需求，推动各类服务业发展。据有关统计，城镇化能拉动约 47 大类、117 小类的产业发展。

（2）推进新型城镇化，可加快提升消费需求。一是城镇化可以创造大量就业机会，增加城乡居民收入，提高社会消费水平。一方面，农村剩余劳动力从农村转移到城镇，主要从事二三产业，收入水平将远高于单纯从事农业的收入；另一方面，农村剩余劳动力的转移为农业规模化经营提供了条件，可以提高农业劳动力的平均收入。同时，城镇人口的增加，生产、消费规模的扩大，也将提高原有城镇居民的收入。城乡居民收入的提高，自然将激发潜在的消费需求。二是农村居民向城镇转移，一方面将扩大城镇消费群体，另一方面也将提升消费层次，有效扩大城镇社会消费规模。农村居民转变为城镇居民，自然地将改变半自给自足的消费状况，增加对衣食住行等各方面的消费需求，同时消费观念的变化也将刺激居民消费的提升。

可见，城镇化蕴藏着规模巨大的社会需求，是扩大内需、促进经济增长的动力源泉。推进新型城镇化战略，能使中国经济仍将保持至少 20 年的增长活力，这也是中国经济持续健康发展的路径选择。

2. 通过新型城镇化，增强城乡互动，促进共同发展

从我国发展的现实国情来看，长久以来形成的城乡二元结构、"三农"问题是制约我国实现现代化的最大障碍，也是影响城乡协调的突出问题。传统城镇化就城市论城市，加剧了城乡对立，而要从根本上改变城乡二元结构的发展状况，就必须通过城乡统筹的新型城镇化，打破影响城乡协调发展的体制机制障碍，建立新型城乡关系。

（1）通过新型城镇化，打破城乡二元体制。新型城镇化强调城乡关系的协调，要求营造城乡平等的制度环境。国内外的历史经验表明，城市偏向的发展体制会加剧城乡二元结构，不利于经济的可持续发展和社会的和谐进步，甚至会导致经济的停滞和社会的动荡。通过推进新型城镇化，才有可能破除城乡二元体制、建立城乡统筹发展的体制机制，真正实现"工业反哺农业、城市支持农村"。

（2）通过新型城镇化，促进城乡要素合理流动。新型城镇化强调市场主导与政府引导相结合，促进城乡资源的合理开发，加快资金、劳动力、信息、技术、人才等生产要素自由流动，使城乡经济活动更加合理，形成体系合理的城乡空间结构，实现城乡良性互动和协调发展。

（3）通过新型城镇化，实现城乡基本公共服务均等化。新型城镇化要求突破城乡之间投资及管理体制的界限，促进城市基础设施向农村延伸、城市公共服务向农村覆盖、城市现代文明向农村辐射。

3. 通过新型城镇化，转变发展方式，调整经济结构

新型城镇化是经济社会转型的重要内容，是转变经济发展方式的重要体现。与粗放型的传统城镇化相比，新型城镇化要求转变城镇建设和发展模式，在扩大城镇规模的同时，不断提升城镇化的质量和内涵。因此，新型城镇化更加强调集约发展，要求资源高效配置、集约利用，提高土地、水、能源等资源利用效率，减轻城镇建设和经济发展过程中资源环境的压力，实现节约资源、保护环境的目的。而这必须与产业结构的优化调整同步推进，与农业现代化、新型工业化和现代服务业互为基础、相互促进。没有新型城镇化的指引和支撑，现代农业和服务业就缺乏必要的条件和市场，工业结构的调整与优化升级也会缺乏必要的推动力。新型城镇化对经济转型结构调整具有重要的促进作用。

（1）新型城镇化的推进，将助推新型工业化的发展。按照城镇化的发展规律，工业化与城镇化是互为支撑、互相促进的。推进新型城镇化，也将促进新型工业化的发展。一方面，新型城镇化要求城市所具备的集约高效、结构合理、设施齐全、功能完善等优势条件，将为新型工业化的发展提供支撑。另一方面，以

集约发展为特征的新型城镇化对城市经济发展提出了集约利用资源、保护生态环境的约束性要求，形成工业必须采取集约、高效和环境友好型发展方式的倒逼机制，推动工业发展的转型和优化升级。

（2）新型城镇化的推进，将促进农业现代化的发展。首先，新型城镇化要求加快进城农民的市民化进程，使农村剩余劳动力摆脱对土地的依附，这将有利于农村土地的大规模流转，推动农业的规模化产业化经营，改变农业生产方式，为农业现代化的推进提供必要条件。其次，新型城镇化有助于产生和释放各类社会需求，加快现代农业生活生态旅游文化功能的开发，发展与二三产业融合发展的现代特色高效农业。

4.通过新型城镇化，破解发展难题，实现协调发展

将推进新型城镇化作为经济社会发展的战略重点，既是新型城镇化内涵和作用的要求，也是中国现实发展的需要。首先，新型城镇化涉及经济社会发展的方方面面，当前经济社会的多数热点和难点问题，如三农问题、征地拆迁问题、农民工市民化问题、房价问题、城市拥堵和公共服务不足问题等，都与城镇化的发展质量有直接或间接的关系。其次，新型城镇化涉及发展观念的转变和经济社会发展的转型，可以在推进新型城镇化过程中，调整经济社会发展中的各种关系，如城乡关系、工农关系、工业化与城镇化的关系，以及经济增长、城镇发展与资源环境的关系等，解决传统城镇化模式中难以克服的各种矛盾和问题。

推进新型城镇化，具有很强的综合效应。从中国的国情和发展任务来看，新型城镇化是解决中国发展所遇到的一系列矛盾的关键。第一，目前中国的城乡差距大，三农问题突出，破除城乡二元结构、解决三农问题的重任，只有通过以统筹城乡为基本特征的新型城镇化才可能实现。第二，中国人均资源量少，人地关系紧张，粮食安全和农业发展的任务艰巨，必须解决工业化、城镇化与耕地占用和农业生产的矛盾，其根本出路在于集约型的城镇化道路。第三，经济发展的结构性问题突出，产业结构优化升级和现代服务业的发展需要新型城镇化为其提供相应的载体和市场空间，经济发展方式转变、经济增长质量提升需要新型城镇化的推动。

（三）新型城镇化需重点解决的问题

新型城市化的推进是一项复杂的系统工程，涉及经济社会发展的诸多领域。在实践上尚无成熟的经验，各地的发展条件、所处的阶段以及亟待解决的突出矛

盾和问题等各不相同，新型城镇化的推进也会各有侧重。推进新型城镇化，必须重视城镇化的质量。从我国城镇化的整体情况和发展目标来看，当前至少应重点解决好以下几个方面问题。

1. 城乡配套改革的问题

体制机制创新是推进新型城镇化的客观要求。作为社会经济发展的产物，城镇化的发展状况受到政策和制度因素的深刻影响。在不同的政策和制度安排下，城镇化的道路和具体的发展状况会有明显不同。制度和政策环境是影响城镇化模式形成的重要因素。推进新型城镇化，必须深化城乡配套改革，破除影响城镇化健康发展的障碍。尽管我国在影响城镇化健康发展的诸多领域进行了改革和创新，但在城乡户籍制度、土地管理制度、社会保障体制、财政与行政管理体制等方面，仍需加大改革的深度，解决配套完善和相互衔接的问题。

（1）继续深化户籍制度改革，建立城乡统一的户口登记制度和宽松的城镇迁移落户政策。逐步取消农业与非农业户口性质划分，建立按居住地进行登记和社会管理的制度，放宽大中城市的落户条件。为避免社会管理的混乱以及地区之间社会保障的有效衔接，应依次从地市、省内及跨省逐层建立统一的管理办法。

（2）继续深化就业与社会保障制度改革，建立城乡一体的就业与社会保障体系。首先，要消除城市外来常住人口与市民之间在医疗、养老、失业、教育、住房保障等方面的差异，使新老市民享有同等的社会保障权利。其次，要针对城乡社会保障的政策性差异较大所造成的矛盾，研究出台相互衔接、平稳过渡的办法。尽快建立完善农村社会保障体系，不断扩大和提高保障覆盖面和保障水平，缩小与城镇社会保障的差距，并在适当的时机实现城乡社会保障体系的接轨。

（3）继续深化土地管理制度改革，建立健全城乡统一的土地市场。第一，要建立保护农民土地权益的有效机制，依法保障农民土地权益。非农建设占用的农村土地，不论是经营性用地还是公益性用地，都应按市场价格公开出让。第二，要加快农村集体土地交易市场建设，允许农民在符合土地利用规划和用途管制的基础上，进行土地使用权转包、出租、入股等形式的土地经营性交易。第三，加强农村集体建设用地管理，提高小城镇和农村社区建设的土地集约利用水平。在强化耕地保护严格执行土地利用规划和土地整治规划的基础上，按国家有关规定推行城乡建设用地增减挂钩。

（4）继续深化公共财政体制改革，建立覆盖城乡的公共服务供给体制。加大财税体制改革力度，改革现行财政体制向上和向城市倾斜的制度安排。按照财权与事权相对应的原则，改变城乡之间、不同等级城镇之间财政投入不均衡的状况。统筹安排城乡财政支出，建立完善的农村公共财政体制。加强农村交通、供水、供电、通讯等公共设施的建设，完善教育、医疗、社会保障等基本公共服务体系，逐步提高农村公共服务供给标准，使农民享有同城镇居民相对均等的基本公共产品和公共服务。

2. 城乡协调发展的问题

城乡差距过大是影响我国城镇化健康发展的最大障碍。在我国城镇化快速推进的同时，农村发展相对缓慢的城乡二元结构问题一直十分突出。从世界各国的发展经验来看，城乡发展是否协调，是城镇化和经济社会发展成功与否的关键。推进新型城镇化，必须加大城市对农村发展的支持力度，发挥城市对农村发展的带动作用，缩小城乡发展特别是基本公共服务的差距，实现城乡经济社会的协调发展。由于农业、农村和农民的天然弱势地位，城乡的协调发展需要依赖于相关制度安排和政府强有力的政策引导，在城镇化进程中采取支持农业与农村发展的扶持措施。

（1）从破除城乡分割的二元体制入手，通过体制改革和政策支持，建立城乡地位平等开放互通的新型城乡关系，改变城乡分割、相互脱节的发展模式，形成以城带乡、以乡促城、城乡互动的发展机制。

（2）制定城乡一体的发展规划和布局，引导城乡发展的良性互动。推进新型城镇化，必须把城市和乡村作为一个有机整体统一规划和建设，以区域整体发展的视角统筹考虑和协调安排城乡发展，使城镇化成为城乡之间互相吸收发展要素、相互融合、共同发展的过程。

（3）加大对农村的财政支持，特别是要加大对农村公共产品和公共服务领域的投资建设力度，推动城镇基础设施和公共服务体系向农村延伸。实施统一的城乡建设规划，统筹考虑城乡公共产品供给，在道路、通讯、电力、环保等基础设施建设和教育、文化、医疗卫生、社会保障等社会服务方面统筹安排，构筑农村公共产品的有效供给机制。

3. 城市社会融合的问题

规模庞大的城市外来人口和农民工群体的存在，使社会整合成为我国城镇化过程中必须解决的一个重大的现实问题。由于农民涌入城市所形成的新城市移民问题则是世界各国城镇化过程中出现的普遍现象。其中既有失败的教训，如印度和拉美国家；也有成功的案例，如英国、德国等早期工业化国家以及韩国等新兴工业化国家的经验。对比国外正反两方面的例证，如果农村人口不能很好地融入城市社会，则会形成规模庞大的城市贫困群体和贫民窟，在城市内部形成明显的二元结构，加深社会矛盾并产生严重的社会问题。而通过全国性、普惠制的社会保障制度解决城市外来人口的市民化工作，则是由农业社会向现代城市社会成功转型国家的普遍经验，这也是推进我国城镇化健康发展的客观要求。

在推进新型城镇化的过程中，要兼顾经济发展与社会进步，加快社会融合，推动社会和谐发展。要尊重城乡居民在城镇化中的主体地位，以人为本，民生优先，及时化解城镇化过程中的各种问题和矛盾，如农民土地权益保障问题、失地农民就业问题、城镇居民拆迁问题、城市贫困问题、农民工市民化问题等，保障城乡居民的各项权益。要加快推进农民工市民化进程，促进城市社会群体的融合发展，解决"城市社会二元结构"问题。对城市外来常住人口实行市民化管理，切实解决进城农民工的就业、居住、医疗及子女教育等方面的实际问题，积极探索建立与当地市民平等的医疗、养老、教育、住房等社会保障体系，使新老市民平等享有基本公共服务和社会保障。

4. 城市现代化的问题

推进新型城镇化，必须着力提高城市的现代化水平。我国城镇人口比重已超过一半，城镇的数量和规模有很大提高，城市形象也有很大改观，但基础设施和公共服务体系的保障和承载能力差、服务水平低的问题也凸显出来。近年来，日益严重的交通拥堵，频繁发生的城市内涝，以及优质低价的教育、医疗、文化、体育、养老等社会服务稀缺，都说明我国城镇发展的质量还不高、功能还不完善，现代化水平较低。我国已进入城市型社会，一方面，需要完善城市功能，提高城市的服务保障能力，提高城市综合承载能力；另一方面，社会需求正在由过去单纯的数量型向数量与质量并重转化，需要提升城市服务的水平，满足居民对高品质生活的需求。

城镇基础设施和社会服务设施是满足城镇居民生活的基本保证，也是城市系统高效运转的基础。推进新型城镇化，必须提高公共服务设施的保障能力和服务水平。要完善市政基础设施建设，加大城镇基础设施建设的投入力度，提高建设标准。推动市政公用设施供给能力不断增加，保障水平不断提高。着力抓好城镇交通、水、电、气、热、环保、信息等基础设施的建设和完善。尤其是要重视防灾减灾设施建设，提高城市安全的保障能力；加强城镇垃圾处理和污水处理设施建设，增强城镇环境污染防治能力。要提升社会公共服务的质量和水平。加大社会服务设施和能力建设的力度，不断完善教育、科技、医疗、卫生、文化、体育等公共服务网络，特别是要重点加强基层社区公共服务设施的建设。

第四章 美丽城市：政策保障

建设美丽城市是建设美丽中国的重要内容，是人们对更加美好、更加人性化、更富于自然气息的城市生活的向往和追求，是传统城市的升级版。要实现这一目标，需要创新现行的城市发展政策和思路，积极发挥政策的导向、调控和保障作用，打破传统城市建设的路径依赖，推动城市建设与发展向着更加生态化、低碳化、循环化、人性化的方向发展，实现城市的华丽转身，铸就美丽城市的辉煌。

一、我国美丽城市政策的演变历程

在我国美丽城市建设和发展的历程中，随着不同时期我国经济社会发展的特点，我国城市建设和管理的重点也存在比较大的差异。根据不同时期我国城市建设和管理的主要任务，结合我国城市发展的政策目标，可以将我国美丽城市建设政策大致分为三个时期。

（一）控制城市建设规模时期（1949 年—1978 年）

新中国成立后，中国共产党工作的重心开始从农村转移到城市。随着我国经济的恢复，饱受战争创伤、百废待兴的旧城市发展迅速，尤其是大量农村人口不断向城市集聚。据统计，在 1949 年，我国有市镇人口 5765 万，城镇化率为 10.6%，到 1957 年市镇人口达到 9949 万人，年平均增长率为 7%。从 1958 年到 1960 年，城镇人口比重年增长率分别达到 16.25%，18.41% 和 19.75%。[①] 这种城

---

① 张康清、周海旺：《论中国的城乡政策与城市化发展》，见 http://www.39.net/HotSpecial/people/rkll/25681.html。

市人口的快速发展显然违背了城市经济发展规律，导致工农业不协调发展。因此，在这一时期，我国城市建设和管理政策的主要目标是控制城市发展和建设的规模，推动城市有序发展，主要的政策体系有以下三个方面。

一是提高了市镇规模标准，控制城镇数量。1955 年，国务院规定常住人口在 2000 人以上，其中非农人口占 50% 强的居民区或人口在 1000 人—2000 人之间，其中非农人口在 75% 以上的居民区都为城镇。1963 年，中共中央、国务院出台了《关于调整市镇建制、缩小城市郊区的指示》，《指示》中提高了我国建镇的人口标准，规定常住人口在 3000 人以上，其中非农人口占 70% 强的居民区或人口在 2000 人—3000 人之间，其中非农人口在 85% 以上的地区才算城镇。这种建镇人口标准的提高直接导致我国城镇数量的大幅减少。到 1965 年，我国镇的数量从 5402 个急剧减少致 2902 个，减少了 46.28%。

二是制定了户籍政策，限制人员自由流动。1958 年 1 月 9 日，全国人民代表大会常务委员会通过了《中华人民共和国户口登记条例》，《条例》规定："公民由农村迁往城市，必须持有城市劳动部门的录用证明，学校的录取证明，或者城市户口登记机关的准予迁入的证明，向常住地户口登记机关申请办理迁出手续。"1964 年，国务院批转了公安部《关于户口迁移政策的规定》，对人口城镇化严加控制。这样，除了极少数招工、升学和解决两地分居、照顾生活等特殊情况外，农民进城和人口流动被严格控制。另外，就业和社会保障方面的制度化歧视也限制了农民向城市的流动，在这些限制之下，我国形成了在福利、机会和风险诸方面泾渭分明的城市和乡村的"二元城乡"格局。①

三是制定了城市建设规划，探索性地指导城市建设。新中国成立后，在苏联的支持下，我国开始了城市建设规划方面的探索。尤其是 1952—1954 年，苏联支持我国建设的工业项目较多，仅 1953 年就有 141 项，1954 年有 146 项。为了使这些项目能够均衡地分步实施，我国开始在全国一些主要城市开展试点，包括北京、西安、兰州、太原、武汉等。由于当时我国缺乏城市建设的经验，工业项目在城市中如何布局，成为了城市建设的难题。于是一些城市开展了城市规划的探索。1953 年年底，西安市编制了《1953—1972 年西安市城市总体规划》。对城市农业用地、城市发展保留地、市政工程实施、郊区等土地使用进行了规划，对城市如何建设开展了有益的探索，有效推动了城市的建设与发展。

总之，新中国成立后由于我国城市建设基础比较薄弱，城市建设处于一种

---

① 钱振明、吴祖麒：《中国农村城镇化政策的历史演进》，见 http://rurc.suda.edu.cn/ar.aspx?AID=386。

无序发展的探索时期。因此，这个时期的城市建设政策才刚刚起步，城市政策主要侧重于城市规模控制，城市管理政策更是鲜见，处于萌芽的探索之中。

（二）完善城市基础设施时期（1978年—2000年）

1978年，党的十一届三中全会打开了我国改革开放的大门，尤其是在以经济建设为中心的发展方针指导下，城市经济迎来了快速发展的春天，城市在整个经济和社会发展中的地位凸显，发挥着愈来愈大的作用。为了发展城市经济，1980年以后，我国明确地提出了"控制大城市规模，合理发展中等城市，积极发展小城市"的城市发展方针。国家和地方各级政府愈来愈重视城市建设，使得城市的基础设施的建设与管理逐渐走上正轨，与生产和生活息息相关的道路、桥梁、供水、供电、排水、供气、供热、环卫和城市防灾等基础设施相继建成。因此，在这个发展时期的城市建设和发展政策的主要目的是侧重于城市基础设施的完善和管理，不断增强城市服务、集散、生产等基本功能，主要表现在三个方面。

一是对城市基础设施建设进行了中长期规划。为了使城市建设有条不紊、有章可循，推动城市建设有序发展。1978年3月，国务院召开了第三次全国城市工作会议并下发了《关于加强城市建设工作的意见》。《意见》强调要认真抓好城市规划工作，全国各城市都要认真编制和修订城市的总体规划、近期规划和详细规划。1980年12月9日，国务院批转的全国城市规划工作会议纪要中指出："国家有必要制定专门的法律，来保证城市规划稳定地、连续地、有效地实施。""尽快建立我国的城市规划法制。"1984年1月5日，国务院颁布了《城市规划条例》，这是中华人民共和国成立后第一部关于城市规划、建设和管理的基本法规。在这种背景下，我国各个城市也纷纷开展了城市规划的制定和实施，对城市建设进行了中长期规划，以指导城市基础设施的建设和管理。例如武汉市经过实施《武汉市城市总体规划（1980—2000年）》，使武汉的旧城改建和新区建设取得了较大的进展，规划的城市重大基础设施和主要目标已基本实现，城市面貌有了显著的改观，城市功能和整体环境得到了相应的改善。杭州市于1978年7月编制了《杭州市城市总体规划（1981—2000年）》，对指导杭州市的城市建设，完善城市功能，促进经济和社会全面发展起到了积极的作用。

二是对城市各种基础设施的建设和管理进行了规范。为了加强城市基础设施的建设和管理，1982年8月21日，城乡建设环境保护部颁发了《市政工程设施管理条例》，对城市道路、桥梁涵洞、排水设施、防洪设施、道路照明设施等基础设施的建设和管理进行了规范。要求各级市政工程管理部门建立健全具体的管理、养护、维修实施办法，保证所管理的工程设施经常处于完好状态。在这种文件精神的支持下，各城市政府积极制定了相应的条例，对城市市政工程设施进行规范管理。例如，1981 年 1 月 15 日，成都市第八届人民代表大会常务委员会第七次会议通过了《成都市市政工程设施管理办法》，并在 1995 年 10 月对此进行了部分修改和完善，以对成都市市政工程设施进行规范管理。郑州市于 1990年 12 月 28 日通过了《郑州市市政工程设施管理条例》，并于 2005 年进行了修订。西安市于 1992 年 5 月 13 日通过了《西安市市政工程设施管理条例》，并于 2004年进行了修订。通过这些相关条例的实施，对城市基础设施建设进行了规范和管理。

三是对城市各种基础设施实施了细化管理。为了将城市建设规划落实到实处，我国还细化了城市基础设施的建设和管理，不断制定和完善了各种基础设施的建设和管理规定。例如，为了促进社会主义精神文明建设，加强城市公厕管理，提高城市公厕卫生水平，方便群众使用，建设部于 1990 年 12 月制定了《城市公厕管理办法》。1994 年 7 月制定出台了《城市供水条例》，对我国城市供水水源、城市供水工程建设、城市供水经营、城市供水设施维护等做了详细说明。为了推动城市道路设施与社会经济发展协调发展，减少城市道路被人为擅自占压和挖掘，及时对城市道路设施进行维护等，建设部于 1996 年 6 月制定出台了《城市道路管理条例》。为了加强城市燃气管理，维护燃气供应企业和用户的合法权益，规范燃气市场，保障社会公共安全，提高环境质量，促进燃气事业的发展，1997 年 12 月建设部制定出台了《城市燃气管理办法》。在这种背景形势下，我国各城市结合自身基础设施建设情况也纷纷制定了相应的基础设施管理的政策规定。例如，郑州市于 1994 年 6 月通过了《郑州市城市供水管理条例》。为了加强城市机动车辆的管理，成都市于 1994 年制定出台了《成都市非机动车管理暂行办法》。上海市于 1997 年制定出台了《重庆市建筑管理条例》，1999 年 11 月出台了《上海市公路管理条例》等等。随着这些政策的制定和实施，我国城市基础设施建设逐渐完善，城市功能不断提升。

（三）美丽城市建设时期（2000 年至今）

进入 21 世纪之后，随着我国整体经济实力和城市经济的快速发展，城市居民生活日益丰富，城市居民已经不仅仅满足于日益增长的物质生活，对城市的生态环境、生活的便捷化、享受服务的优质化等提出了更多更高的要求。尤其是在

"城市病"、城市生态环境日益恶化的背景下，如何构建美丽城市已经成为各级城市政府追求的目标。因此，这一时期城市建设和发展政策的主要目标更加注重改善和美化城市居住环境，建设宜居、低碳生态、便捷化的美丽城市，主要体现在以下几个方面。

一是创新了建设美丽城市的宏观指导性政策。为了加强城乡规划管理，协调城乡空间布局，改善人居环境，促进城乡经济社会全面协调可持续发展，2007年，我国制定出台了《城乡规划法》。在此基础上，各个城市政府不断修订了地方城乡规划，将建设美丽城市的主要目标细化到了区域城乡规划之中。例如，2010年12月，杭州市政府制定通过了《杭州市城乡规划条例》，《条例》明确要求市政府应当加强对城乡规划确定的生态带的保护，确保区域社会、经济与环境的可持续发展。县级以上人民政府应当加强对风景名胜区、自然保护区、生态绿带、森林公园、湿地等关键性生态基础设施的保护，妥善处理近期建设与长远发展、自然资源保护与合理开发利用的关系。此外，为了积极推动生态园林城市家建设，我国在开展创建国家生态园林城市活动的基础上，于2004年制定出台了《国家生态园林城市标准（暂行）》，建立了一套国家生态园林城市评价指标，以指导生态园林城市建设。2005年，我国又修订了《国家园林城市标准》，为开展国家园林城市建立一套基本的标准。2007年制定出台了《国家生态工业示范园区管理办法（试行）》。这些政策成为美丽城市建设提供了基本指导。

二是完善了城市生态环境保护的政策规定。进入21世纪之后，为了保护城市生态环境，各级政府不断出台了生态环境保护的系列政策。2000年5月，国家建设部、环保部联合出台了《城市生活垃圾处理及污染防治技术政策》（建城〔2000〕120号），以引导城市生活垃圾处理及污染防治技术的发展，提高城市生活垃圾处理水平，防治垃圾污染城市环境。2006年1月，为了加强城乡环境卫生体系建设，强化环境卫生管理，提高环境卫生质量，建设部又制定出台了《中国城乡环境卫生体系建设》。2007年4月，出台了《城市生活垃圾管理办法》。2010年7月，制定出台了《城镇污水处理工作考核暂行办法》。在治理城市垃圾污染的同时，为了改善城市生态环境，保护城市生态绿地，2002年建设部制定出台了《城市绿地系统规划编制纲要（试行）》（建城〔2002〕240号）以及《城市绿线管理办法》。2005年又指定出台了《国家城市湿地公园管理办法（试行）》，2006年3月，出台了《国家重点公园管理办法》（试行）。在这种系列政策出台的背景下，各个城市相继出台了相关政策。例如，北京市相继出台了《北京市湿地保护条例》《北京市绿化条例》《北京市环境监测管理办法》《北京市森林资源保护管理条例》等。上海市也相继制定出台了《城市市容和环境卫生管理条例》

《上海市市容环境卫生管理条例》《上海市城市生活垃圾收运处置管理办法》《上海市餐厨垃圾处理管理办法》《上海市植树造林绿化管理条例》等。

三是基础设施管理规章更加细化。为了更好地发挥城市基础设施的作用，规范城市基础设施建设和管理，我国各级政府不断细化了城市基础设施的建设和管理。例如，为了强化城市公共交通的管理，2005 年 3 月，出台了《城市公共汽电车客运管理办法》。为了更好地指导各城市做好城市综合交通体系规划编制工作，国家住建部于 2010 年制定出台了《城市综合交通体系规划编制导则》。为了加强城市照明管理，促进能源节约，改善城市照明环境，严格控制公用设施和大型建筑物装饰性景观照明能耗，2010 年 7 月，住建部出台了《城市照明管理规定》。针对城市下雨积水问题，2013 年，住建部制定了《关于印发城市排水（雨水）防涝综合规划编制大纲的通知》《住房城乡建设部关于进一步加强城市窨井盖安全管理的通知》。在这系列政策文件精神的指导下，各个城市结合自身发展实际相继细化了城市基础设施的建设和管理政策。例如，北京市制定了《北京市城市基础设施特许经营办法》。重庆市于 2007 年制定了《重庆市建筑节能条例》。上海市于 2005 年 10 月制定出台了《上海市道路运输管理条例》，2011 年 7 月制定了《上海市集中空调通风系统卫生管理办法》等。

二、当前我国美丽城市政策的特点及问题

美丽城市是传统城市的一种升级版，是在传统城市建设和经济社会发展到一定程度的基础上，通过不断改进、调整和协调各方面的关系，使城市中的政治、经济、社会、文化和环境建设更加和谐，生活空间更加宜居，居民生活更加便捷、舒适，城市环境更加优美。因此，美丽城市政策有其自身独特的特点。

（一）当前美丽城市政策与传统城市政策的差异

由于当前美丽城市政策和传统城市政策制定和实施的时代发展背景不同，其政策的价值取向和政策目标存在较大差异，政策体系和政策内容等也存在差异。

1. 政策目标的差异

在传统城市建设时代，整个社会经济发展相对缓慢，综合经济实力不强，

城市发展经济的压力和任务较重。因此，传统城市政策制定的主要目标以经济发展为中心，着力改善经济发展环境，推动经济快速发展。随着时间的延续，城市经济实力的不断增强，城市经济社会发展的重点发生了变化，城市发展不仅重视经济的发展，而且更加注重生态环境的美化，空间结构的人性化、便捷化。在这种背景下，美丽城市政策在注重经济社会发展的同时，更加关注城市生态环境的承载能力，重视美化城市居住环境、优化城市空间结构，使城市空间更加人性化、便捷化、生态化。

2. 政策体系的差异

城市政策是一个系统，涉及政治、经济、社会、文化和生态各个方面。在传统城市政策体系中，由于社会发展的侧重点不同，各个系统之间的相互分割比较明显，经济、社会、环境等各个方面具有独立的发展目标。这种背景下，传统城市各个方面政策的单一性、片面性较强，彼此之间关联性较差，存在相互影响和相互制约的现象，甚至存在政策体系不完整的现象。在推进生态文明的建设时期，美丽城市建设必须立足于"五位一体"，将城市生态环境建设融入到政治、经济、社会和文化之中，建立完整的政策体系。使得政治、经济、社会、文化和环境等方面的美丽城市政策具有较强的整体性、协调性，各个系统的政策之间具有较强的关联性。只有这样，美丽城市建设才能全面协调发展。

3. 政策制定与实施之间的差异

在传统城市的建设中，由于政策制定的方法手段较少，科学化程度较低，管理意识较重，因此，传统城市政策的制定经验成分比较重，非理性因素较多，政策内容对环境因素的考虑较少。政策实施过程中管理思想较重，服务理念较轻，多重视强制性。在美丽城市建设时期，社会的管理水平有了较大的提高，政策科学化制定的手段较多。因此，美丽城市政策制定的科学化程度较高，理性因素较多，政策内容中环境影响考虑较多。政策的实施更加注重人性化，更加重视服务理念，将管理融入服务之中，在提供服务中实现政策目标。

（二）当前我国美丽城市政策体系的主要特点

纵览我国当前美丽城市建设的政策措施，和传统城市建设政策相比，具有以下几个显著的特点。

1. 生态化

保护城市生态环境是美丽城市建设的基本要求。在当前我国美丽城市建设的政策体系中，保护和美化城市生态环境已成为城市发展政策的重要目标，其生态化特点主要体现在三个方面。

（1）强化了城市生态空间的规划和管理

对城市生态空间的保护是美化城市的重要环节，已成为美丽城市建设的重要内容。例如，2012 年 5 月 1 日，武汉市政府实施了《武汉市基本生态控制线管理规定》，将基本生态控制线管理和实施纳入绩效考核体系，以政府考核促落实，严格实施武汉市基本生态控制线规划，防止城市无序扩展，维护城市生态安全。为保护城市生态绿化，2013 年 3 月 28 日，湖北孝感市也出台了《孝感市城市绿化管理办法》，严格规范城市绿化建设管理，实行城市绿化行政主管部门一家发放林木采伐许可证，禁止随意砍伐城市树木，较好地避免了城市树木移植砍伐中职能交叉的问题。

（2）强化了美丽城市生态环境建设的综合性指导政策

2004 年住建部出台了《关于印发创建"生态园林城市"实施意见的通知》，用于全面指导生态园林城市的建设。2008 年 12 月，国家环保部制定了《关于推进生态文明建设的指导意见》，这既是我国推进生态文明建设的总政策，也是建设美丽城市的总政策，其内容涉及生态文明建设的产业支撑、环境安全、社会道德文化等多个领域。此外，各级城市政府也在此基础上，完善了地方政府的宏观指导政策。例如，为了指导贵阳美丽城市建设，使美丽城市建设有章可循，2009 年贵阳出台了《贵阳推进生态文明城市建设的若干意见》。

（3）建立了城市生态环境恶化的应急处理机制

近几年来，我国一些城市发生了雾霾天气，在社会上引起了激烈的反响。为了应对雾霾天气，一些主要城市政府相继制定出台了应对雾霾天气的应急措施。例如，2013 年 1 月，为强化城市空气质量的控制，上海市环保局制定出台了两份通知：《上海市环境保护局关于近期做好本市电力、钢铁、化工企业大气污染应急工作的通知》和《上海市环境保护局关于近期做好本市空气质量污染应急工作的通知》，以此作为做好空气污染防治工作的重要举措。为了控制城市噪音，2013 年 5 月 1 日，重庆市制定施行了《重庆市环境噪声污染防治办法》。

2. 人性化

建设美丽城市，人性关怀、以人为本显得尤为重要。在现有美丽城市政策体系之中，无论是城市公共设施设计和建设，还是城市各种管理政策，都要体现城市的人文关怀。

（1）推动了城市基础设施的设计和建设的人性化

基础设施的基本功能就是要为社会居民服务，因此，基础设施的人性化是建设美丽城市的重要方面。例如，北京市为了保障残疾人、老年人、儿童及其他行动不便者在居住、出行、工作、休闲娱乐和参加其他社会活动时，能够自主、安全、方便地通行和使用所建设的物质环境。2004年5月。北京市制定实施了《无障碍设施建设和管理条例》，对城市公共场所的无障碍设施建设进行了规范，推动了城市建设的人性化。为了方便城市居民出行，天津滨海新区建设了专门的城市公交专线以及人行自行车专用道路等。

（2）重视了城市基础设施的精细化管理

城市基础设施的精细化管理是人性化的内在要求，更能体现城市的人文关怀。例如，为了加强本市城市道路人行道设置设施的管理，充分发挥人行道的通行功能，为行人提供安全畅通的通行条件。2010年4月1日起，上海市施行《上海市占用城市道路人行道设置设施管理规定》。针对近两年城市下雨内涝积水问题，2013年8月，住建部制定了《城市排水防涝数据采集与管理技术导则（试行）》（建城〔2013〕88号）和《城市排水（雨水）防涝综合规划编制大纲》（建成〔2013〕98号），对城市排水管道和泵站等基础设施改造和建设提出新要求。此外，住建部还出台了《住房城乡建设部关于进一步加强城市窨井盖安全管理的通知》，强化了城市道路井盖的安全管理细则。

（3）推动了城市政策的人性化服务

美丽城市政策的本身具有其刚性和严肃的一面，为了便于政策对象能够顺利接受并遵守政策，需要提供人性化的政策服务。例如，在政策执行过程中，需要政策执行者抛弃以"管理者"自居的特权优越感，杜绝训斥、辱骂等不文明行为，要注重行政执法语言，使用文明、规范用语，注意语言的亲情化。为此，各城市相继出台了相关政策法规。例如，上海市于2007年制定出台了《上海市行政执法过错责任追究办法》《上海市城市管理综合执法监察队伍考评办法（试行）》，以保障本市城市管理综合执法监察工作文明、健康、有序、高效地开展。

3. 民生化

关注和解决民生问题是建设美丽城市政策的重要内容。近年来，随着我国经济综合实力的增长，我国城市医疗、教育和住房等重大民生问题也受到较大关注，各城市政府出台了系列相关政策加以规范和解决。

（1）推进了城市居民医疗保险制度等多项改革

为加强惠民医疗服务工作，使医疗服务更加贴近群众、贴近社会，逐步解决群众"看病难""看病贵"问题。2000 年，国务院发布了《关于城镇医药卫生体制改革的指导意见》，强调逐步扩大基本医疗保险制度覆盖面，开展了"医疗、医保、医药"的三项医疗体制改革。2006 年我国各城市相继出台了《关于开展惠民医疗服务工作的意见》。对惠民医疗服务资金、医疗服务网络、医疗体制运行机制等进行了规范。另外，针对一些突发疾病，我国各城市也相继出台了一些针对性措施。例如，2006 年，北京市针对春季疾病传播，制定了《北京市春季传染病防控工作方案》，以强化春季传染疾病的防控等。

（2）规范了城市中小学教育的管理

城市中小学教育关系到城市居民千家万户。进入 21 世纪以来，我国各城市加大了中小学的基础设施、师德师风及教育收费的管理。例如，2004 年 4 月，武汉市制定出台了《武汉市教师职业道德规范（试行）》，对教师职业道德进行规范。2012 年 9 月，武汉市又制定出台了《关于印发武汉市基础教育设施建设管理办法的通知》，对全市中小学教育设施进行了规范化管理。另外，这对近几年学校乱收费等问题，自 2007 年开始，教育部等部位连续多年下发了《关于规范教育收费治理教育乱收费工作的实施意见》。各城市也依据该文件精神，对各城市教育收费等问题进行了集中整治，使乱收费现象得到有效控制。

（3）逐步改善了城市居民住房问题

近几年来，针对我国城市房价上涨过快等问题，我国相继出台了多项政策控制房价。2002 年下半年，国家九部委发布了《关于加强房地产市场宏观调控促进房地产市场健康发展的若干意见》，这是中央政府第一次采取抑制房地产过热的政策措施，从土地供应、金融信贷、住房结构等方面强调要对房地产市场进行宏观调控。2003 年 6 月又印发了《中国人民银行关于进一步加强房地产信贷业务管理的通知》，意在抑制房地产市场泡沫，通过"管贷款"的方式，以期达到对房地产市场降温的目的。2007 年 8 月，中央出台了《关于解决城市低收入家庭住房困难的若干意见》。将保障性住房被提到了前所未有的高度。2008 年 3 月，财政部、国家税务总局下发《关于廉租住房、经济适用住房和住房租赁有关税收政策的通知》。2011 年 5 月，国土部下发《关于加强保障性安居工程用地管理有关问题的通知》。通过这一系列政策措施的实施，房价过快上涨的势头得到有效控制。

4. 文明和谐化

文明、和谐、平安是美丽城市的基本要求，也是美丽城市建设重要内容。

近几年来，在推动美丽城市建设的过程中，各个城市相继出台了相关政策，推动了城市文明、和谐和社会安定。

（1）制定了争创全国文明城市的政策

全国文明城市是反映我国城市整体文明水平的综合性荣誉称号，是坚持科学发展观，推动城市物质文明、政治文明、精神文明与生态文明建设协调发展的重要举措，是提升城市居民整体素质和文明程度的重要途径。自2005年开展争创全国文明城市以来，我国多数城市都制定了相应的政策，推动了城市文明的发展。例如，杭州市先后出台了《杭州市创建全国文明城市五年规划（2006—2010）》和《杭州市创建全国文明城市实施意见》，为文明城市创建描绘了更加清晰的路线图，加大了文明城市的建设力度，规范了城市居民的文明行为和文明用语，最终在2011年被评为全国文明城市。

（2）完善了平安城市建设的政策

维护城市社会秩序，保持社会稳定是美丽城市建设的基本前提，也是我国各城市政府的重点工作。

（3）细化了和谐城市建设的政策

构建和谐城市既是构建和谐社会的重要内容，也是美丽城市建设的基本要求。为了强化城市流浪乞讨人员的管理，国家民政部于2003年就制定出台了《城市生活无着的流浪乞讨人员救助管理办法实施细则》，要求城市社会救助站能够及时救助流浪乞讨人员。为了树立良好的社会风尚，维护社会治安秩序，强化社会和谐，各城市相继出台了系列促进和谐社会建设的规章制度。

（三）当前我国美丽城市政策的主要问题

近几年来，随着我国城市经济社会的发展，城市居民追求高质量的生活和优美环境的要求越来越高，城市政府建设美丽城市的动力越来越强，不断出台和完善了城市建设的政策体系。尤其是在雾霾天气侵扰的背景下，一些大城市纷纷制定了应对城市雾霾天气的应急预案，强化了城市机动车尾气排放和工业废气排放的控制，使得城市生活和居住环境越来越优美。但同时，就现有美丽城市建设政策体系而言，还存在一些需要不断完善的地方。

一是城市建设政策体系不太规范。受城市传统行政管理的影响，我国的城市建设政策基本都是一种"政出多门"的制定模式，即城市政策基本上是由城市政府及其职能部门根据系统内存在的政策问题而制定的。这种政策制定模式使得城市政策制定缺乏统一的分类标准和规划，政策体系不太规范，政策之间存在

"相互打架""交叉重叠"等现象。例如，杭州市政府网站公布的城市建设和管理的相关政策法规有 18 大类：主要包括城市建设、公用事业、房屋土地、工业交通、农林水利、环境保护、科教文卫、劳动人事保险、工商行政贸易、技术监督、财政金融、物价审计、公安民政、邮电通信、涉外经济、执法监督、旅游园文及综合等。党的十八大报告明确提出"五位一体"的建设总布局，明确要求将生态建设融入到政治、经济、社会和文化建设之中，这就需要规范和健全美丽城市政策体系。

二是政策体系的目标与美丽城市建设的目标有所偏离。美丽城市建设涉及政治、经济、社会等多个层面，但各个层面的政策体系应该有一个核心目标，就是建设美丽城市。因此美丽城市各个领域的政策都应该围绕这一核心目标进行制定。然而，从杭州、成都、青岛、大连等现有的城市建设的发展政策来看，由于受制于传统城市考核目标及发展理念的制约，各个层面的发展政策虽然已经开始重视城市环境，但政策的制定主要目标依然是重经济、轻社会和生态，重管理、轻服务的现象依然存在，使得美丽城市的建设效果难以达到预期目标。

三是鼓励性引导和调节政策相对较弱。在建设生态文明的背景下，尤其是在雾霾天气的侵扰之下，各个城市纷纷加大了城市空气环境质量的控制，制定了一些限制高污染、高排放的企业的限制政策，关停并转了一些高污染的"五小企业"等。然而，影响城市环境质量的不仅仅是这些高污染企业，现有的经济发展方式、消费方式甚至城市居民的生活习惯等各个方面都会影响美丽城市的建设，需要积极制定引导和调节政策，使现有的经济发展方式能够向有利于美丽城市建设的方向逐渐转变，增强美丽城市建设的物质基础。

四是城市建设和管理制度有待于细化和完善。受制于我国经济社会的发展水平，城市建设的政策主要立足于城市建设的各个主要方面，解决的政策问题也是城市发展各个方面的主要问题，这就使得现有的城市建设政策比较粗放和宏观。然而，细节决定成败。建设美丽城市不仅需要解决这些主要问题，更要关注影响美丽城市建设的细小问题。所以，建设美丽城市需要将现有的城市建设和管理政策进行细化和分解，补充完善各个领域的细分环节的管理政策，丰富和完善美丽城市建设和管理的政策体系。

五是存在政策制定不科学、评估及终结不及时现象。在城市建设的过程中，一些城市建设的政策制定没有严格按照政策过程规定的程序进行制定，甚至没有进行科学论证，城市居民参与度不高，致使政策执行效果难以符合政策预期。同时，政策具有一定的时效性，需要及时对城市政策进行评估和调整，但由于政策制定者缺乏政策评估的理念和手段，致使传统政策实施过程中的政策效果评估不及时，政策调整不及时，使一些不合时宜的政策仍然在使用，最终使得一些政策实施的效果不理想。

除上述一些问题外，要实现现有城市的华丽转身，政策保障方面还有一些问题需要调整和完善，如创新城市政府考核体系问题等。这就需要各个城市结合自身特点和实际情况，有针对性的不断破解政策问题，丰富和完善美丽城市建设的政策体系。

三、完善美丽城市政策的对策思路

建设美丽城市需要一个过程，在这个过程中，需要不断调整当前的城市发展模式，这就需要积极调整城市发展政策，更加注重规范政策制定及执行，完善引导和鼓励美丽城市建设的基本管理制度，以夯实美丽城市建设的制度基础。

（一）完善美丽城市政策应把握的几个原则

美丽城市政策涉及各个层面，而且是一个持续不断完善的动态过程，调整美丽城市政策应该注意把握几个基本的原则。

一是多样性原则。美丽城市是一个相对的概念。不同城市有不同的历史，具有不同的特点，各个城市之间具有不同的美感。因此，对于美丽城市建设政策而言，最重要的是结合自身特点，通过城市政策凸显城市的特色，通过其区别于其他同类城市的特色来展现其自身美丽。因此，调整和完善美丽城市应该坚持多样性原则，不能整齐划一，需要结合各个城市建设过程中的实际问题而制定不同的政策。

二是动态性原则。美丽城市建设是一个动态变化的过程。在不同的发展时期，美丽城市建设的认知也存在差异，美丽城市的建设问题也不尽相同，而且在不断发生变化。因此，制定和完善美丽城市政策需要坚持动态性原则，结合不同时期美丽城市建设的问题，适时制定和调整美丽城市建设政策，保持美丽城市政策体系的动态性。

三是协调性原则。美丽城市之所以美丽，应该归于城市各个方面的协调。无论是政治、经济、社会、文化和环境之间，还是各种基础设施的建设及城市管理，都应该协调发展。因此，美丽城市政策，包括政治、经济、社会、文化和环境等各个方面的政策都应该相互协调，只有政策的协调才能有助于推动美丽城市建设管理的协调，推动美丽城市建设。

四是创新性原则。美丽城市的美在于它的创新和独特。每一个城市的美丽都体现在其独居的特点。不管是在城市发展的历史上、文化上，还是城市建设以及经济发展上，都应该努力保持独具特点的创新性。因此，美丽城市政策应该具有创新性，只有这样，才能保持和增强城市的美丽，才能加快推进美丽城市建设。

（二）创新和完善美丽城市的政策体系

建设美丽城市需要各级城市政府结合自身政策问题，有针对性地制定和完善美丽城市政策。就当前我国城市建设政策问题而言，需要从以下几个方面重点突破。

一是强化积极的财政引导政策。财政政策是政府进行宏观调控、合理配置资源的重要手段之一。建设美丽城市需要创新城市政府的财政政策，积极发挥财政政策的引导作用，加快建设美丽城市的建设。美丽城市的财政政策主要是围绕美丽城市建设目标，积极创新政府财政预算支出政策，加大城市环境美化、治理方面的支出和资金投入，为美丽城市建设的节能减排项目、清洁能源开发等提供财政资金保障；创新政府财政贴息政策，引导城市产业结构调整，吸引美丽城市建设项目集聚，对城市清洁能源的开发和利用、废物综合利用等资源再生产业项目进行财政贷款贴息，引导城市金融机构加大对美丽城市建设项目的贷款支持，增强美丽城市建设市场主体的信心，推动城市产业生态化、低碳化、循环化。设立美丽城市建设的专项基金，可以从城市政府财政资金按比例中抽取一部分资金，专门为美丽城市建设的项目提供资金支持，强化财税政策的激励和约束作用。

二是强化积极的税收调节政策。税收政策是政府进行宏观调控、合理配置资源的另一个重要手段。美丽城市的税收政策是通过调节增值税、营业税、消费税、所得税和出口退税等税种，鼓励有利于美丽城市建设的企业发展、低碳环保产品的生产和引进，限制不利于美丽城市建设的企业发展、产品生产和引进等。一是健全鼓励企业参与美丽城市建设的税收政策，强化税收政策的激励和约束作用。对从事生态环保产品生产的企业给予一定额度的税收优惠或减免，从而吸引更多的低碳环保企业进驻。抑制高能耗、高污染和资源型企业发展。二是创新促进低碳生态环保技术研发的税收激励政策。通过对低碳生态环保技术的研发、引进和使用予以税收减免，加大城市积极引进国外的先进低碳环保技术，提高城市的低碳环保技术水平，为美丽城市建设提供技术支撑等。三是健全城市环境税收政策，加快开征城市环境税、碳税、资源税等税种，确保环境资源的有偿使用，减少城市环境污染和资源消耗等。

三是严格美丽城市的政府绩效考核体系。政府绩效考核和干部考核是建设美丽城市的"风向标"和"方向盘"。目前，尽管十八大明确提出了大力推进生态文明建设，但是城市建设的过程中，经济发展与生态环境建设的协调问题依然存在，尤其是发展相对滞后的中西部地区的城市，重经济轻环境的现象依然普遍。因此，大力推进美丽城市建设，需要积极创新政府绩效考核，将美丽城市建设的指标纳入到政府绩效考核和干部领导班子考核之中，严格执行考核标准。通过考核，彻底扭转城市政府及职能部门建设美丽城市的积极性。例如，2012 年 5 月 1 日，为推进武汉市美丽城市的建设，武汉市政府实施了《武汉市基本生态控制线管理规定》。为了确保城市建设中严格执行该规定，严格实施武汉市基本生态控制线规划，防止城市无序扩展，维护城市生态安全，武汉市政府将基本生态控制线管理和实施纳入绩效考核体系，以政府考核促进落实，有效地推行基本生态控制线规划的实施。

四是细化和完善美丽城市的基本管理制度。建设美丽城市，需要积极调整现有城市建设管理制度，以美丽城市建设理念为指导，细化各个领域的制度。一是细化城市生产、生活和生态空间的布局规划，合理布局城市三大功能区空间布局，严格规划三大功能区的面积，确保不因城市经济的发展而压缩城市生态空间和生活空间。二是细化城市生态环境管理制度，对城市企业污水排放、废气排污以及垃圾处理等制定严格的标准，对公共场所的生态环境绿化、垃圾处理等细化责任，严格管理，确保城市拥有优美的环境。三是健全城市机动车辆出行管理制度，建立城市雾霾应急处理机制，严格控制城市机动车辆的尾气排放和城市噪音控制等。四是健全城市居民美丽城市长效宣传教育机制，引导社会居民树立生态环保理念，培养爱护环境、美化环境的良好习惯，为美丽城市建设奠定坚实的社会基础。

（三）提高美丽城市政策制定的科学性

美丽城市的政策制定是美丽城市政策过程的首要阶段，是美丽城市政策的核心。美丽城市政策制定是一个复杂的过程，应该严格按照政策制定的程序提高其科学性，主要包括三个环节：政策议程、政策方案规划、政策合法化。

美丽城市政策议程是指将美丽城市建设的问题提上政府议事日程，这是解决美丽城市建设问题的第一步。美丽城市建设的问题，只有以一定的形式、经过一定的渠道纳入政府议事日程，才有可能成为政府决策者研究和分析的对象，才有可能纳入到决策领域，美丽城市问题才有可能得到解决。美丽城市政策议程主要包括社会议程和政府议程两种途径。社会议程即美丽城市建设中存在的问题，经过社会广泛的讨论，形成一股强大的社会力量，使政策制定者注意和认识到这些存在的问题，经过筛选和分析，将其列入议事日程。政府议程是政府在实际工作中遇到的问题，被一些政府官员密切关注且被提上政府的议事日程。例如城市交通拥堵问题，是城市政府官员密切关注的城市问题之一，通过不断完善城市交通管理方案，以缓解城市交通拥堵问题。

政策方案规划是美丽城市政策制定的一个重要环节。美丽城市政策问题一旦被提上议事日程，就要立即进行研究分析，并进行政策的方案规划。从方案规划的程序来讲，主要包括问题界定、目标确立、方案确定等。美丽城市政策问题界定就是要构建正确的政策问题，确定政策问题的性质及其解决问题的办法。包括构建政策问题的框架，确定政策问题的边界，并据此收集资料，整理数据，寻求政策问题的事实依据，明确政策的范围等。目标确立即确定美丽城市政策所要达到的目标，这是政策方案设计的第二个重要步骤，在政策制定中占据着不可或缺的重要地位。一般而言，建设美丽城市政策的目标具有较强的针对性，政策目标的确立既要考虑其追求的价值目标，也要考虑其追求的政治目标以及与其他政策目标的冲突等。方案确定就是围绕美丽城市的政策目标，确定解决政策问题的最佳方案。在美丽城市政策目标确定之后，需要针对美丽城市的政策问题，开展解决办法的搜索和设计。即通过"怎么做""如何做"，以破解政策问题，最终达到美丽城市政策目标。这样就会产生众多的政策问题解决方案，然后通过系统综合分析、多层次比较分析等多种方法，对设计方案及其后果进行预测，并加以提炼和修改，从中找出解决政策问题的最佳方案。

政策合法化就是法定主体为使政策方案获得合法地位而依照法定权限和程序实施的一系列审查、通过、批准、签署和颁布政策的行为过程。[①] 美丽城市政策合法化是美丽城市政策制定的一个必要环节。在美丽城市政策方案确定之后，只有将其合法化，美丽城市政策方案才能真正具有权威，才能得到有效执行。美丽城市政策合法化主要包括两类。一类是行政部门制定的美丽城市政策合法化。此类合法化的主要目的是宣示此类政策是正当的、合法的和适当的，但不一定要上升到法制层面。这种合法化的过程主要有三个：一是法制工作机构的审查，二

---

① 　陈振明主编：《政策科学》，中国人民大学出版社 2008 年版，第 228 页。

是领导决策会议讨论通过，三是行政负责人签署发布政策。另一类是需要立法机关审议上升为地方法制的美丽城市政策合法化。此类政策合法化需要按照专门的立法程序，包括：提出议案，审议议案，表决和通过议案，公布政策。只有顺利通过了这些程序，此类政策才可能公布实施。

（四）提高美丽城市政策的执行效率

提高美丽城市政策的执行效率，需要多样化选择执行手段。政策执行手段的恰当与否直接关系到政策目标能否顺利实现，关系到美丽政策的执行效率。一般而言，政策执行手段主要有以下几种方式。

一是行政手段。行政手段主要是指依靠行政组织的权威，采取命令、指示、规定及规章制度等行政方式，按照行政系统、行政层次和行政区划来实施政策的方法。[①]建设美丽城市是城市政府义不容辞的职责，因此，行政手段是执行美丽城市政策不可或缺的手段，它带有强制性，具有较强的约束力，能够做到令行禁止。上海市人民政府于 2013 年 4 月 1 日发布《上海市环境空气质量重污染应急方案（暂行）》。方案规定当上海是空气发生严重污染时，党政机关停驶 30% 公务用车。届时，有关部门将根据公务车尾号安排入库停用；并根据预警时段，派遣公务车车辆，进行派车记录检查，违规者将适时给予通报批评。

二是法律手段。法律手段是指通过各种法律、法令、法规等行政立法和司法方式来调整政策执行活动中各种关系的方法。建设美丽城市涉及各种利益的调整，尤其是城市发展的经济利益与环境利益之间的协调难度较大，经常出现重经济轻环境的现象。运用法律手段执行美丽城市政策，不仅具有较强的权威，而且具有稳定性和规范性的特点。它对于所有政策对象都具有较强的约束力，而且能够保持政策的稳定性，任何组织或个人都不可能随意更改。目前，我国的《环境保护法》就是美丽城市政策执行的法律依据和重要保障。

三是经济手段。经济手段是指利用价格、税收、资金等各种经济杠杆，对美丽城市政策执行过程中不同利益主体之间的关系进行调节，以推动美丽城市政策顺利实施的方法和手段。执行美丽城市政策需要按照经济规律办事，这就需要运用经济手段来调整各经济主体之间的利益，将推进美丽城市政策的任务和责任与经济利益挂钩，以责、权、利相统一的形式激发各执行主体的积极性，间接规范市场主体的行为，增强美丽城市政策的效力，推动美丽城市政策顺利实施。

---

① 陈振明主编：《政策科学》，中国人民大学出版社 2008 年版，第 266 页。

四是思想教育手段。美丽城市政策执行的思想教育是用生态文明理念对政策执行对象进行有目的、有计划的说服教育，以督促政策执行者和政策对象能够自觉地遵守美丽城市的相关政策，自觉参与美丽城市建设的实践活动。美丽城市政策执行涉及社会大众的广泛参与，通过思想教育引导社会大众正确执行美丽城市政策具有重要意义。思想教育不同于行政手段、法律手段和经济手段，它不具有强制性，当思想教育通过循循善诱，以引导政策对象能够在潜移默化中改变自身行为，自觉遵守和执行美丽城市政策。

（五）强化美丽城市政策的评估及调整

美丽城市政策制定的目的就是要解决美丽城市建设中的存在问题，随着美丽城市政策的实施，美丽城市的政策问题解决的如何，需要对其进行评估。只有通过评估，才能判断美丽城市政策是否达到了预期效果，从而决定美丽城市政策是否应该继续，是否需要调整或终结。美丽城市政策评估是一个有计划、有步骤的活动，主要包括政策评估准备、评估实施和评估结束三个重要阶段。政策评估准备是评估工作的开始，首先需要确定评估对象，即要清楚评估什么问题。美丽城市建设成效可能是多种政策共同作用的结果。因此，首先需要弄清楚哪些是政策评估的对象。其次要结合政策内容，确定评估方案，包括确定评估标准、评估操作办法、评估指标数据等。最后要确定评估人员或机构等。评估的实施主要是按照评估方案，利用各种调查和分析手段，有评估机构或人员开展系列评估指标数据的收集等。评估结束主要是在分析收集到的评估数据的基础上，撰写评价报告，确定美丽城市政策实施的结果，以提供给政策决策者作为政策延续、调整和终结的参考。

总之，建设美丽城市，政策保障是基础。在不同的发展时期，美丽城市建设会遇到不同的问题，这就需要各个城市不断完善和创新推出新政策，破解美丽城市建设中的新问题、新情况，进而推动美丽城市建设的可持续发展，为建设各具特色的美丽城市提供坚实的保障。

第五章　美丽城市：科学规划

一、生态城市规划的起源、内涵与目标

（一）生态城市理念的源起

近几十年来，随着全球城市化进程的加速，人口过度密集、居住条件恶化、交通拥挤、资源短缺、环境污染、生态恶化等问题十分严峻。在可持续发展普受关注的今天，国际社会相继开展了对"未来城市"的研究，从生态学的角度提出了面向未来的城市发展概念和发展模式——生态城市。

生态城市的概念第一次被定义是在 1971 年，联合国教科文组织（UNESCO）发起的"人与生物圈计划"（MAB）在巴黎召开第一次国际协调理事会，提出了 14 项研究计划，其中一项为城市及工业系统中能量利用的生态学影响。1987 年，前苏联言尼斯科（Yanitsk Y.O.）出版了《城市生态学》（The City and Ecology），第一次提出了生态城（Ecopolis）的思想。他认为生态城是一种理想城市模式，其中技术与自然充分融合，人的创造力和生产力得到最大限度的发挥，居民的身心健康和环境质量得到最大限度的保护，物质、能量、信息高效利用，是生态良性循环的一种理想环境。1987 年，美国生态学家雷杰斯特（R.Regester）系统地提出了创建生态城市的理论。这些都成为城市生态规划这一概念被明确提出的先行者。

综合国内外多方面的研究成果，可以给生态城市下这样一个定义：生态城市是根据生态学原理，综合研究社会、经济、自然复合生态系统，并应用生态工程、社会工程、系统工程等现代科学与技术手段而建设的社会、经济、自然可持续发展，居民满意、经济高效、生态良性循环的人类住区；其中人和自然和谐共

处，互惠共生，物质、能量、信息高效利用，技术与自然充分融合，创造力和生产力得到最大限度的发挥，而居民的身心健康和环境质量得到最大限度的保护。

生态城市是人类理想的住区，是生物圈与社会圈的完整统一，是社会、经济、自然相互协调发展的生态系统。生态城市的核心思想是它的整体性与和谐性的统一。生态城市应以社会生态、经济生态、自然生态三方面来确定，具体有以下十方面标准。

1.广泛应用生态学原理建设城市，城市结构合理、功能协调，所在区域对其有持久支持能力，与区域的可持续发展能力相协调。

2.保护并高效利用一切自然资源与能源，产业结构合理，实现清洁生产。

3.采用可持续发展的消费发展模式，实施文明消费，物质、能量利用率和循环利用率高，消费效益高。

4.有完善的社会设施和基础设施，生活质量高。

5.人工环境和自然环境相结合，环境质量高，符合生态平衡的要求。

6.生态（健康）建筑得到广泛利用，有宜人的建筑空间环境。

7.保护和继承文化遗产并尊重居民的各种文化和生活特点。

8.居民的身心健康，生活满意度高，有一个平等、自由、公正的社会环境。

9.居民有自觉的生态意识和环境道德观，倡导生态价值观、生态哲学和生态伦理。

10.建立完善的、动态的生态调控管理与决策系统，自组织、自调节能力强。

（二）生态城市规划的内涵

生态城市规划是联系城市总体规划和环境规划及社会经济规划的桥梁。它不同于传统的城市环境规划只考虑城市环境各组成要素及其关系，也不仅仅局限于将生态学原理应用于城市环境规划中，而是致力于将生态学思想和原理渗透于城市规划的各个方面和部分，并使城市规划"生态化"。

它是从城市生态可持续发展的角度，对资源合理利用、生态平衡、防范生态风险、实现生态补偿所进行的宏观控制性规划。规划成果要能够成为计划部门确定城市重点生态建设内容的基础，能够为城市规划部门和其他管理部门编制控制性规划提出生态方面的控制要求，从生态政策上提供宏观指导；同时，生态城市规划在应用生态学的观点、原理、理论和方法的同时，不仅关注城市的自然生态，而且关注城市的社会生态。此外，生态城市规划不仅重视城市现今的生态关系和生态质量，还关注城市未来的生态关系和生态质量，关注城市生态系统的持续发展。

（三）生态城市规划的目标

联合国人与生物圈计划第 57 集报告中指出："生态规划就是要从自然生态和社会心理两方面去创造一种能充分融合技术和自然的人类活动的最优环境,诱发人的创造精神和生产力,提供高的物质和文化生活水平。"

这与生态城市实现整体性与和谐性统一的核心思想是一致的,生态城市规划应致力于城市、人类与自然环境的和谐共处,建立城市人类与环境的协调有序结构;致力于城市与区域发展的同步化;致力于城市经济、社会、生态的可持续发展。生态城市规划就是要通过规划来缓解城市生态环境为城市发展带来的压力,为在城市中实现人与自然的和谐共存奠定基础,最终实现可持续发展的生态城市模式,具体包括以下七个方面的目标。

1. 实现适度的经济增长。
2. 控制人口的合理规模和优化利用人力资源。
3. 保持合理的城市用地结构,优化配置土地资源,使城市功能获得其合理的生态区位。
4. 保护环境和维护生态平衡。
5. 科学引导城市发展,满足就业和生活的基本需要,建立公平的分配原则。
6. 城市空间与其承载的城市功能相适应,具有高效、低耗的空间分布特征。
7. 推动技术进步和对环境污染等的有效控制。

二、生态城市规划的原则与重点

（一）生态城市规划的原则

1. 总体原则

生态城市是联合国在"人与生物圈"计划中提出的概念,旨在城市的可持续发展。联合国在该计划中提出了生态城市规划的五项总体原则:（1）生态保护战略——包括自然保护、动植物及资源保护和污染防治;（2）生态基础设施——自然景观和腹地对城市的持久支持能力;（3）居民的生活标准;（4）文化历史的保护;（5）将自然融入城市。

根据上述五条总体原则，结合实际提出我国生态城市规划的七条具体原则。

2. 具体原则

（1）控制城市人口规模

我国是一个城市化水平不高的农业大国，城市化的快速进程决定大量农业人口会进入城市，如不控制城市人口规模，势必造成城市超负荷运行。确定城市人口容量时，既要考虑人口规模的合理性，又要满足未来人口增长的可能性。合理性与可能性的交叉点即是最佳人口规模。

（2）控制城市用地规模

土地生态是城市生态的最基本内容，它兼具自然生态与经济生态两重属性。我国人均耕地面积只有世界平均的30%，合理使用和节约土地对于城市生态建设具有重大意义。必须科学制定城市土地利用发展战略，从生态学角度分析研究城市各地块的最佳利用功能，合理规划工业用地、居住用地、农业用地和其他用地，为城市发展提供良好的土地支撑。

（3）合理布局城镇体系

要按照区域协调发展的要求，进行以中心城市为基础的城镇布局，确定区域内各城镇的规模、等级、地位、作用和职能分工，以中心城市繁荣发展，辐射带动区域内各城镇和广大农村的发展，促进区域发展生态平衡。

（4）实施生态产业与循环经济相结合的生态经济发展战略

生态城市要求城市主导产业应当是代表现代文明潮流和先进生产力发展方向的生态产业。因此要调整产业结构，大力发展生态产业，形成自然生态、经济生态、社会生态的和谐统一。循环经济也就是生态经济。只有大力发展循环经济，才能从根本上解决城市发展过程中遇到的经济增长与资源短缺之间的尖锐矛盾。

（5）将自然融入城市

"绿色城市""山水城市"不等同于生态城市，但生态城市一定是"绿色城市""山水城市"。因为自然生态是城市生态的最基本层次，自然山水与绿色是城市生态环境中最有生机的要素。

（6）发展生态住宅小区

生态城市强调"以人为本"，生态住宅小区是生态城市的最基本内容，它用生态学原理去协调小区内部结构与外部环境关系，为市民创造一个安全、清洁、美丽、舒适的居住环境。

（7）建立以法规为核心的生态城市管理系统

生态城市建设是一个巨大的复杂的社会管理工程，法规要素在生态城市建设管理中有举足轻重的作用。建立生态城市管理系统应重点突出立法、守法和司法三个方面的管理。

（二）生态城市规划的重点

1. 构建平衡与安全的生态空间格局

规划必须充分调查生态本底与资源环境条件、把握存在的问题、科学分析资源环境承载力，基于"生态型的发展观和发展型的生态观"，预留生态安全裕度与城市发展空间，构建平衡与安全的生态空间格局。

构建平衡与安全的生态空间格局，首先要保护生物多样性与生态原生性，保护山水自然格局，保护生态系统和栖息地的完整性，重点保护自然保护区、风景名胜区、森林公园、重要湿地、饮用水源保护区等主要生态空间资源，基于生态环境关键性要素与基本单元进行区域生态功能区划与功能构建，确保可持续发展的生态环境"底线"，保障最小生态绿地要求；其次是确定可承载、可持续的开发建设强度、密度及建设方式，设定由生态经济指标、生态环境指标和生态社会指标等构成的社会经济发展与环境保护目标及指标体系，按控制型和引导型分别控制，并注重指标的可达性和管理上的实用性与依托性；再次是实行开发管制，根据对生态环境保护严格程度的不同，划为严格保护区、控制性保护利用区、引导开发建设区，作为区域生态保护管制和产业发展布局的基础。

2. 构建全面与系统的生态卫生体系

按照合理有效、经济适用原则，经过技术经济比较，综合运用政策、管理、工程等手段，确定城市各类环境污染削减与控制的总体方略，采用生态导向、经济可行和环境友好的工程方法处理、回收生产生活废弃物，并制定分期实施对策。

构建全面与系统的生态卫生体系，首先是采取严格的管理手段与有效的工程措施，控制与安全处置对人类生存与发展威胁最大的有毒有害危险废弃物与放射性污染物及辐射污染源；其次是构建有效、经济的城市污水与垃圾收集处理工程体系，加快城市集中污水处理厂和垃圾无害化处理设施建设，完善城市污水和垃圾的收集系统，不断提高污水的集中处理率和生活垃圾的无害化处理率；再次是管理手段与工程措施相结合，源头控制与末端处理相结合，控制与削减工业、交通、生活等各类大气污染与噪声污染；最后是合理选址与布局环境工程设施，确保环境工程设施与居住区及敏感设施的卫生隔离距离，确保环境工程设施及其卫生防护用地需求，并分别划为城市黄线及绿线严格保护与管制。

3. 构筑美丽与宜人的生态景观体系

加强区域生态修复与重建，加强城市绿化景观体系建设，大力建设生态基础设施，优化生态配置指标、完善区域景观格局，提升生态承载力与安全度，构建复合多维的生态景观体系，营造美丽宜人优良的人居环境。

构筑美丽与宜人的生态景观体系，首先要优化调整城市用地结构，扩大绿地比例，科学规划绿化用地，合理划定绿地范围，并重视立体绿化，鼓励引导居民绿化阳台、屋顶，培育和种植区域适应性强、体现本地特色的绿化植物种类，逐步恢复或增强城市生态功能和植物的生态多样性及景观多样性，不断提高城市自我净化能力；其次是优化区域生态服务功能，切实预防和治理城乡环境污染，加强区域生态系统恢复和环境培育，要着重加强自然保护区、森林公园、水源保护地及风景名胜区等重要生态功能区建设，要以城市内湖、山体等重要生态要素为重点，开展城市生态环境综合整治，控制湖泊富营养化和有机污染、控制山体乱采乱挖乱建乱伐，构建具有生机与活力的生态功能体系；再次要结合区域风景道或绿道体系建设，沿主要道路和河湖沿岸建设重要的生态廊道与靓丽的风景线，建成生态道路、生态水岸，加强道路沿线和河湖沿线生态保护，以及沿线镇村环境整治与污染控制；最后是严格执行《城市绿线管理办法》，切实保证生态绿化用地的功能及空间需求。

4. 推进低碳与生态的生产生活方式

城市文明发展与生态文明建设相结合、政策引导激励与管理约束控制相结合，逐步推进与实现高效低耗的生产生活方式，构建低碳生态型工业、城镇、家园健康发展的生态经济体系及社会结构，实现区域资源的永续利用、生态环境的保护优化、社会经济的发展进步。

推进低碳与生态的生产生活方式，首先要加快产业结构调整，产业发展实现"用地集中集约、工业生态循环、污染集中治理"，废物"减量化、资源化、无害化"，从注重经济增长总量逐步转向提高经济增长质量，加快产业结构调整；实行清洁生产，节能降耗，污染物排放最小化，建设生态工业园，构建新型经济发展模式，建立城镇低碳、清洁、循环的产业发展体系；其次是建立以清洁能源为主体的城市能源体系，改善城市能源结构，鼓励、推广使用清洁能源，提高城市天然气、煤气、液化气、电等能源的使用比例，未来城市建筑的屋顶和墙壁的设计应充分考虑到周围的生态环境，最大限度地利用太阳能、风能和水能等可再生能源；再次是开展全民生态文明教育和试点示范推进、构建低碳生态型发展新机制，逐步对生活垃圾实行分类收集和处理，回收各种可利用的资源，尽量变废为宝，建设生态环保、节地节水、节能减排、美丽宜居、自然和谐的人居环境的人居环境。第四是采取"生态优先、发展驱动，部门协同、项目支撑，循序渐进、重点突破，软硬兼施、机制长效"的总体策略；由点到线及面，突出重点，注重近期，强调规划的实施与可操作性。第五是以实现人与人和谐共存、人与经济活动和谐共存、人与环境和谐共存为目标，综合运用生态经济、生态社会、生态环境、生态文化的新理念，从政策法规研究、组织系统构建、融资平台建设、科技支撑保障、公众参与机制、监管体系构建六大方面进行探索与研究，如科学合理地制定符合生态城市建设的配套政策和产业准入门槛，禁止生态型产业、高新技术产业和无污染产业以外的产业进入，制定有利于绿色交通发展的小汽车拥有与使用政策，提升城市绿色交通系统的公益性法律地位，形成政府定期资金投入制度，推行企业污染零排放制定、清洁生产制度、循环经济奖励制度、制定阶梯水价、征收节水税，实施绿色建筑制度等等，为城市生态保护与建设及后续发展提供政策保障、制度支撑、发展导引。

三、生态城市规划的实施及其应注意问题

规划只有通过实施管理引导直接的建设行为才能实现其构想。同样，对于生态城市规划而言，也是一个在实践中不断探索、总结、完善的过程。

（一）我国生态城市规划建设发展历程

从 1971 年联合国教科文组织在第 16 届会议上发起的"人与生物圈"（MAB）计划研究中首次提出"生态城市"概念至今，已逾四十年。四十年来，从对生态城市的认识探索，到单纯的生态环境整治，再到如今生态城市示范建设全面开花，生态城市的理念不断深入，我国城镇化在进入高速发展阶段的同时，已经有越来越多的城市将"宜居、可持续、和谐"作为城市的发展目标。就我国而言，生态城市的规划建设实践大致经过了以下几个阶段。

1.认识深化与理论发展阶段

改革开放初期，百废待兴，中国的城市化水平还很低，城市化过程中的生态环境问题还未显现，但是学术界已经开始了对城市生态的系统研究。1979年中国生态学会成立；1981年著名生态学家马世骏结合中国实际情况，提出了自然—经济—社会复合生态系统的思想，对城市生态学研究起到了极大的推动作用；1982年在首届城市发展战略思想座谈会上，提出了"重视城市问题，发展城市科学"的重要思想，北京和天津的城市生态系统研究被列入国家"六五"计划重点科技攻关项目；1984年12月，在上海举行的"首届全国城市生态学研讨会"，则被认为是我国生态城市研究的一个里程碑；1984年中国生态学会城市生态专业委员会成立。

20世纪80年代后期，我国部分城市开始对生态城市建设的研究和探索，并制定了生态城市建设规划和目标。1986年我国江西省宜春市提出了建设生态城市的发展目标，并于1988年初进行试点工作，这被认为是我国生态城市建设的第一次具体实践。1987年，四川乐山市人民政府进行"天人合一：乐山绿心环形生态城市结构新模式"的规划与实践，而这次实践的成果《论生态城市概念与评判标准》在1992年召开的世界环境与发展大会"未来生态城市"的非政府高峰论坛展览会上，受到了国内外的广泛好评。

这一时期，对生态城市的探讨更多的停留在理论研究层面，但正是这些未雨绸缪的研究，为后来应对经济迅速发展时期逐步凸显的生态环境问题奠定了基础。宜春和乐山的实践，也对后来我国的生态城市建设产生了直接的影响。

2.城市生态环境整治阶段

如果说宜春是激起生态城市在中国付诸实施的一颗小石头，那么对城市生态环境问题的整治可以说是向周边泛开的涟漪。1988年7月，国务院环境保护委员会发布《关于城市环境综合整治定量考核的决定》，将城市环境的综合整治纳入城市政府的"重要职责"，实行市长负责制并作为政绩考核的重要内容，制定了包括大气环境保护、水环境保护、噪声控制、固体废弃物处置和绿化五个方面在内共20项指标进行考核。可以说，"城市环境综合整治考核"是我国城市建设思想发生转变的开始，开始认识污染防治以及生态环境建设在城市发展过程中的重要作用。正是由对具体生态环境问题的整治，我国开始了全国范围内对生态城市建设的实施探索。

在《国家环境保护"九五"计划和2010年远景目标》中，提出城市环境保护"要建成若干个经济快速发展、环境清洁优美、生态良性循环的示范城市，大多数城市的环境质量基本适应小康生活水平的要求"。1996 年至 1999 年期间分四批开展 154 个国家级生态示范区建设试点，其中生态省 2 个，生态地、市 16 个，生态县（市）129 个，其他 7 个。1997 年之后，先后有 30 多个城市被命名为国家环境保护模范城市，为全面推进生态城市建设打下良好的基础。

这个时期，基于生态原理的规划实践在我国逐步展开，生态城市建设在我国的实施已经做好了从单纯的环境问题整治向较为全面的城市生态环境建设转变的准备。

3. 生态城市规划建设全面推进阶段

进入 21 世纪以后，国务院和有关部门相继发布了《全国生态环境保护纲要》《生态县、市、省建设指标（试行）》《全国生态县、生态市创建工作考核方案（试行）》《国家生态县、生态市考核验收程序》，不仅明确提出要大力推进生态省、生态市、生态县和环境优美乡镇的建设，对生态城市的考核指标体系也逐步完善。在各级政府的积极参与下，生态城市建设在全国全面展开。根据中国城市科学研究会学术交流部所作的一项统计表明，截至 2011 年 2 月，中国 287 个地级以上城市提出"生态城市"建设目标的城市有 230 个，所占比重为 80.1%；提出"低碳城市"建设目标的城市有 133 个，所占比重为 46.3%。

2005 年展开的上海市崇明岛东滩生态城规划代表了我国在生态城市规划发展的一个里程碑。有别于常规城市规划使用的方法和流程，通过科学的综合资源和可持续发展框架，"以最小的社会、经济成本保护资源和环境，探索一条经济发展、社会进步、资源节约、环境优美的东滩可持续发展之路"。

这一时期，生态城市的实践已经从绿地建设和空间优化，走向经济蓬勃、环境友好、资源节约、社会和谐的全面协调，内容越来越丰富。而在指导这些实践的过程中，随着对生态城市内涵的理解越来越深刻，以贯穿生态思想的城市总体规划为核心，以各种生态专项规划为主体，并依靠控制性详细规划为落实生态理念的生态规划体系也逐步建立和完善。

（二）生态城市规划的实施保障

生态城市规划最终得以转变为生态城市建设的现实，不仅依赖于新技术、新理念和资金的投入，同时也依赖于观念的转变、法制的保障和实施机制的创新。

1. 出台促进生态城市建设的法律法规

2008 年 1 月 1 日起实施的《中华人民共和国城乡规划法》明确规定了城乡统筹、合理布局、节约土地、集约发展和先规划后建设的原则，体现了生态城市建设中对人的充分尊重，对于克服以往建设中的好大喜功等资源浪费现象、片面求新的错误观念都提供了法律的依据。无锡市颁布了国内第一例生态城地方性法规。其他地方政府及相关部门也积极制定相关政策，对生态建设、产业结构转型、环境保护、低碳节能新技术应用给予扶持和奖励。

2. 创新制定因地制宜的生态城市指标体系

生态城市是要建设一个人与自然社会和谐发展的城市，不仅要顺应自然生态系统的要求，构建符合生态特征的城市空间，同时也要满足人类自身发展的需求，为人类提供适宜的居住环境，并提供高效的经济流及物质流的运转平衡。中新天津生态城、无锡太湖新城、曹妃甸生态城等均结合自身实际，制定了相应的生态指标体系及实施导则。中新两国政府经过多次磋商才在中新天津生态城建设的指标体系上达成了一致，从生态保护与修复、资源节约与重复利用、社会和谐、绿色消费和低碳排放等角度出发，提出了指标26项，其中控制性指标22项，引导性指标 4 项，而这些指标不仅体现了科学性、先进性，又注重可操作性、可复制性。无锡太湖新城制定了两套生态指标体系及实施导则，一套为整个太湖新城 150 平方公里的指标体系；另一套为 2.4 平方公里中瑞低碳生态城的指标体系，更偏重于对建设过程实施引导和管控。可见，合理的指标体系对生态城的规划建设起着指导和评价的重要作用。

3. 探索生态城市规划管理方法和机制

生态规划要落到实处，就必须与现行的管理体制相结合，尤其是与直接指导建设的规划管理体制相融合，为了满足生态规划的需要要对现行的制度环境和管理程序进行调整。以深圳光明新区建设为例，法定图则是深圳规划法定化、管理法制化的核心载体，新区规划管理部门尝试将能耗指标、透水率、地表径流系数、再生水利用率等上述绿色指标同容积率、绿地率等常规指标一并纳入用地开发建设指标，纳入制度化管理，同时将鼓励和引导绿色建筑发展、低冲击开发模式等要求纳入规划设计要点中，并与土地出让挂钩，将有效规定市场行为，严格保证绿色理念的落实。太湖新城在控规的各个地块导则、地块规划设计要点中增加生态低碳的控制内容；曹妃甸生态城构建了"三图两表一要点"设计和管理机制。

（三）促进生态城市规划实施的国家政策

2011 年 6 月，中国城市科学研究会推出城市生态宜居发展指数，对城市的生态建设从软（行为过程）、硬（结果成效）两方面进行全过程的考核，为被评估城市寻求合理的发展路径。指数显示，目前我国 72% 的城市发展模式较为粗放，尚处于城市化的起步阶段，提高生态宜居建设的潜力十分大。作为生态城市的倡导者和推动者，住房和城乡建设部于 2011 年整合资源，成立了由住房和城乡建设部副部长仇保兴任组长的低碳生态城市建设领导小组，推动了一系列有关生态城市的研究，相继出台了促进生态城市建设的文件，配套了国家财政补助资金，有效推动并引导了我国生态城市建设。

从全球来看，工业能耗占 37.7%，而交通能耗占 29.5%，建筑的能耗也在不断地攀升，已经达到 32.9%；从发达国家的工业化指标来看，最后演变成交通能耗和建筑能耗占三分之一。中国目前正处于建筑能耗各交通能耗突飞猛涨的时候，而工业能耗则在逐年有所下降，显而易见，绿色建筑和绿色交通是当前我国生态城市建设的重要切入点。

1. 大力推行绿色建筑

在当前，绿色建筑的推行是实现生态发展模式转型的重要途径。一方面，国家通过财政补助鼓励可再生能源的应用、建筑节能改造以及绿色建筑、超低能耗建筑的发展。例如，北方地区建筑总面积仅占全国城镇建筑总量的 10%，但是能耗却占全国建筑能耗的 40%，国家财政对严寒地区既有建筑节能改造补贴 55 元 /m²。另一方面，通过对政府投资、政府补贴的国家机关、学校、医院、博物馆、科技馆、体育馆等公共建筑全面执行绿色建筑标准，有效降低大型公共建筑的能耗。大型公共建筑能耗巨大，单位面积耗能是民用建筑的 5—10 倍，建筑节能必须从大型公共建筑开始。

2. 积极倡导绿色交通

城市交通作为一项重要的基础设施，与人们生产生活息息相关。但是，随着城镇化进程加快，交通拥堵现象日益明显、交通能耗急剧上升、城市公共交通发展滞后、步行和自行车等绿色交通方式日益萎缩，城市交通压力越来越大。针对这些问题，国家确立了优先发展公共交通的城市交通发展战略；已连续六年组织开展"中国城市无车日活动"，参加活动的城市已达到 152 个；加快发展大运量快速城市公共交通系统，已有 35 个城市轨道交通建设规划获得国家批复，规划线路总里程 4500 余公里，预计 2015 年全国建成城市轨道交通线路的城市将超过 20 个，通车总里程将超过 3000 公里；"城市步行和自行车交通系统示范项目"已在 12 个城市开展。

3. 规范生态城市试点

2013 年，住建部印发了《"十二五"绿色建筑和绿色生态城区发展规划》，规划提出"十二五"时期，将选择 100 个城市新建区域（规划新区、经济技术开发区、高新技术产业开发区、生态工业示范园区等）按照绿色生态城区标准规划、建设和运行，并对这些生态示范城区给予一定的财政补助资金。

（四）生态城市规划实施注意的问题

1. 注重城乡统筹

2011 年，我国城镇化率达到 51.27%，首次超过 50%，已进入城市化发展阶段。但与此同时，大量农业转移人口难以融入城市社会，市民化进程滞后；土地城镇化快于人口城镇化，城镇用地粗放低效；城镇空间分布与资源环境承载能力不匹配，城镇规模结构不合理等等问题严重阻碍了城镇化健康发展。党的十八大提出"城乡发展一体化是解决'三农'问题的根本途径；加快完善城乡发展一体化体制机制，要着力在城乡规划、基础设施、公共服务等方面推进一体化"。随着城镇化进城的加快，城乡之间的联系日益密切，城乡二元分割的规划已经不能适应当前城乡统筹的需要，影响了城乡协调健康发展。生态城市的本质是自然、社会的可持续协调发展，要更加注重城乡统筹。要通过统筹城乡的生态城市规划的实施，来推动城市对乡村的辐射带动作用，促进产业、城镇、生态、交通等各类空间要素在城乡的整合，引导基础设施、公共服务设施向农村地区延伸。

2. 注重凸显特色

生态城市是与自然和谐共生的，是以自然资源为建设本底的。我国幅员辽阔，每个城镇的地形地貌、文化积淀、风土人情和经济发展水平都不尽相同，在生态城市建设中理应是风格各异的，这种风格的不同不是为了标新立异，而是为了能够更充分突出本地优势，扬长避短。但在现实中，崇洋媚外的建筑风格、盲目追求的大马路大广场，不切实际的建设目标，都造成了千城一面的现象严重，特色不明显，不但浪费大量的人力、物力和财力，而且与生态城市建设的初衷背道而驰。

3. 注重发展时序

生态城市规划是要通过规划来缓解城市生态环境为城市发展带来的压力，为在城市中实现人与自然的和谐共存奠定基础，最终实现可持续发展的生态城市模式。而这个目标不是一蹴而就的，就像社会发展所必须经历的各个阶段一样，是一个复杂的、长期的、系统的工程。因此，必须按照分步实施、循序渐进的原则，科学合理地做好近期建设规划，实事求是地安排建设时序和重要的建设项目。不能为了眼前的短期利益而损害了长远的整体利益，更要避免出现领导干部急于在任期内取得短期效果的面子工程，忽视了生态城市经济、社会和环境协调发展的真正内涵。

4. 注重严格实施

在生态城市规划制定的时候，都有明确的发展目标、发展思路、建设原则、实施措施等一系列的要求，为生态城市建设提供了行动指南和实施路径。而这些规划的最终出台不仅要参与者深入研究，还要经过多渠道反复征求意见，具备较强的科学性和可操作性。即便是比较普通的规划，只要持之以恒地贯彻落实，也会起到积极的发展效果。但是如果规划朝令夕改，不断地推倒重来，除了浪费有限的资金，不仅很难起到指导建设的根本作用，甚至有可能适得其反，造成极大的浪费。只有维护生态城市规划高度的权威性和严肃性，才能保证规划有效而规范地执行。

四、生态城市规划典型案例评价

（一）库里蒂巴："最适宜人居的城市"与"世界生态之都"

1. 基本概况

库里蒂巴（Curitiba）是巴西东南部的一个城市，巴拉那州首府。人口 210 万（1990 年），其中 42% 的人口不足 18 岁，是联合国命名的"生态城市"。那里的居民和历届政府都极其重视保护环境，给外地游客留下深刻的印象。库里蒂巴是全球十大最"精明"城市之一。该市以可持续发展的城市典范而享誉全球，也受到世界银行和世界卫生组织的称赞；还由于垃圾回收项目（联合国的环境项目）、能源保护项目（国际能源保护协会的项目）而分别获奖；并因其公交导向式的交通系统的革新成就而获奖。

加州大学伯克利分校的规划教授阿兰·杰库布斯（Alan Jacobs）认为，库里蒂巴有着世界上最好的规划和开发计划，这得益于库里蒂巴连任三届的市长杰米·勒纳（Jaime Lerner）在过去 20 年中把城市设计规划和管理合为一体。库里蒂巴通过追求高度系统化的、渐进的和深思熟虑的城市规划设计，实现了土地利用与公共交通一体化，取得了巨大的成就。尽管城市有 50 万辆小汽车，但目前城市 80% 的出行依赖公共汽车。其使用的燃油消耗是同等规模城市的 25%，每辆车的用油减少 30%。尽管库里蒂巴人均小汽车拥有量居巴西首位，污染却远低于同等规模的其他城市，交通也很少拥挤。此外，其垃圾回收项目和众多的以公共汽车文化为核心的各类社会项目也具有鲜明的特色。

2. 规划理念与途径

（1）立足长远的城市规划

"城市规划是龙头"——这句在国内城市耳熟能详的响亮口号，在库里蒂巴得到了不折不扣的贯彻落实。并且"城市"与"交通"这对令大多数城市管理者头痛不已的矛盾，在这里却以低廉的代价得到了出色的解决。为宜居城市奠定了坚实的基础。

1934 年法国建筑师阿尔弗雷德·阿加什（Alfred Agache）为库里蒂巴制订了第一版总体规划，将城市确定为环形 + 放射状发展的空间结构，并确定了城市中心区以及行政、居住、体育、工业等功能分区。但随着城市的经济快速发展和规模扩大，环形 + 放射状的空间结构存在的问题日益显现。首当其冲的便是中心区的密集和交通的拥挤。为此，1966 年市政府通过设计竞赛的方式，征集并最终确定了来自圣保罗的巴西建筑师霍赫·威廉（Jorge Wilhelm）的城市总体规划方案。

规划致力于通过一体化的原则将库里蒂巴建设成为现代化大都市，为市民提供更多福利。规划改变了过去环形 + 放射状的空间模式，代之以有助于城市社会和商业设施布局的沿轴线空间发展，并将城市公共交通系统、道路系统和土地利用做了一体化的统筹布局。

库里蒂巴城市总体规划最大的亮点是基于公交优先原则的城市开发。总体规划确定城市沿着几条结构轴线向外进行走廊式开发。不仅鼓励混合土地利用开发的方式，而且以城市公交线路所在道路为中心，对所有的土地利用和开发密度进行了分区。这些轴线在城市中心交汇，城市轴线构成了一体化道路系统的第一个层次；拥有公交优先权的道路把交通汇聚到轴线道路上，而通过城市的支路满足各种地方交通和两侧商业活动的需要，并与工业区连接。城市外缘则布局大片的线状公园绿地。

库里蒂巴市沿着 5 条交通轴线进行高密度线状开发。5 条轴向道路中的 4 条所在地块的容积率为 6，而其他公交线路服务区的容积率为 4，离公交线路越远的地方容积率越低。城市仅仅鼓励公交线路附近 2 个街区的高密度开发，并严格抑制距公交线路 2 个街区外的土地开发。在道路系统方面，每条轴线都含有 1 个由 3 条平行大道组成的三元结构。其中 1 条大道通向城市中心，另外 1 条背离城市中心。而第 3 条大道则是处于以上两者之间的中央大道。大道之间以标准的城市街块（Block）隔开。中央大道本身又由 3 条道路组成。这有点像我国城市普遍使用的三块板结构，只不过它中间的 1 条道路是公共交通专用道，两侧的道路供私人小汽车和其他车辆使用。在这样的意义上说，公共交通从一开始就在城市规划中被赋予了优先地位。为改进公共交通。从方便乘客快速上下车的管状站台，到站点周边多样化的城市公共空间，再到残疾人乘车的专用设施等等，从系统到细节的周密安排使公交优先意图真正落到了实处。

一体化道路系统提供的高可达性促进了沿交通走廊的集中开发，土地利用规划方法也强化了这种开发。轴线开发使宽阔的交通走廊有足够的空间用作快速公交专用路。显然，正是由于早期的远见，才使得库里蒂巴具备了低成本的交通方式，取得了骄人的成绩。尽管库里蒂巴人均轿车拥有量并不低，但发达的公交系统以及优质的服务吸引了城市超过 75% 的市民日常出行都使用公共汽车，并且做到公共汽车服务无需财政补贴。

总体规划的框架确立后至今，一直未发生大的变化，历届政府均致力于严格实施规划，仅结合不同历史时期的实际情况在局部作出调整与完善。为保证规划得到持续实施，市政府还于 1966 年成立了库里蒂巴规划研究院，一直负责城市总规以下各层次规划的深入编制、技术维护与实施协调，使得政府各部门的分目标能够符合城市总体规划的同一要求。相比于规划的制定，市政府更看重规划在政治、经济与实施条件等限制因素下能够得到始终如一的贯彻执行。

在此方面，建筑和规划师出身的库里蒂巴市长杰米·勒纳功不可没。他连任了三届市长与两届州长，致力于研究经济社会与环境一体化的综合规划，并持续推进落实。他总是强调："我们不能为了解决一个问题，而引发更多的问题，要努力把所有问题连接成一个问题，用系统的眼光去对待，用综合规划的办法去解决。"其名言"城市不是难题，城市是解决方案"（"City is not a problem, city is solution"）传遍了世界。

（2）和谐的生态理念

第一，城市水患的治理

宜居的城市应该是人与环境友好和谐的城市。这方面库里蒂巴做得十分出色。首先值得一提的就是库里蒂巴成功根治了20世纪五六十年代不断出现，并一再袭扰着市中心的水患。

库里蒂巴位于两条大河流之间，另有5条小河流经该市。由于当时城市人口的快速增长，人与河水争地的矛盾加剧，沿着河流两岸修建的大量房屋和其他建筑加深了水患的影响。市政工程师也曾采取过填盖河道等办法，却使城市排水更加困难。政府不得不耗巨资开挖新的排水管渠。同时，开发商在城市外围修建居住区和工业区时没有对排水间距给予必要关注，导致洪灾越来越频繁。市政府花费数百万美元建造分洪工程也无济于事。

为此，市政府转变了治水思路。1966年初，政府制订了新的排水规划，并划定低洼地区禁止开发以专供排洪使用。1975年通过了"保护现行自然排水系统的强制性法令"，为了有效利用上述防洪区域，库里蒂巴市政府在河岸两旁建成了有蓄洪作用的公园，并修建了人工湖。公园里大面积种植树木，废弃的工厂和河两岸其他建筑物则改造成体育和休闲设施。公交线路和单车道把这些公园与城市交通系统连接起来。

为了切实保护自然生态，市政府不搞城市截弯取直的"整治"工程，也不铺设硬质化的河床与河道，而是顺其原貌，听其自然。因此，流经库里蒂巴的河流是天然弯曲的，保持着自然的韵律和美。市政府还禁止在公园和广场的空地上铺设硬质化的路面，公园里的步行道多为可渗水的土路；在游人集中的景区、景点，用来远眺的平台则使用架空的网状金属装置，可透光、透水、透风。所有这些措施，既是为了保护自然系统的健康性和完整性，也是为了维护城市的水资源循环，使雨水落下后能够在原地浸润。

通过上述措施，库里蒂巴不仅根治了水患，而且避免的了庞大工程设施带来的参政负担，还极大地提升了城市的环境品质。

第二，城市绿化建设

库里蒂巴是世界上绿化最好的城市之一，人均绿地面积从1970年的0.5平方米增加到今天的52平方米，是联合国推荐数字的4倍。其独到之处是在防洪禁建区内大量建设湿地生态公园，增加植树150万棵。公园和绿地网络受到专职人员和志愿者的保护与维修。此外，库里蒂巴还拥有德国森林、意大利森林、葡萄牙森林等10个森林区。目前，城市拥有30个大型公园和森林公园，街心公园和绿地多达200多处。

库里蒂巴的每个公园都非常有个性。自 20 世纪 70 年代以来，为了调动民间积极性，市政府出台了一项政策，即由政府免费提供绿地，供来自不同国家的移民社团进行保护性开发，建成各具特色的主题公园。公园完全是公益性的，突出的是文化多样性和生物多样性两大主题。市政府要求公园内的建筑面积不得超过三分之一，建筑风格要突出各自国家和民族的特色，设计图纸还要经有关部门审批，以使多样文化与城市的整体风格保持内在的一致性。世界各地风情在此得以尽情展现。

不仅如此，过去洪水淹没的采石场被改建成了城市公园和歌剧院；废弃的垃圾填埋场被改建成漂亮的植物园；在旧矿坑上，还建起了爱护环境免费大学。类似的许多生境遭到破坏的地方，后来都得到了进一步修复。

第三，城市垃圾的分类收集

库里蒂巴市政府为有效解决城市垃圾污染问题，自 1988 年起实施了名为"垃圾不是废物"的垃圾回收项目。由政府出资，积极鼓励市民用可再生利用的垃圾换取食品、日用品。贫穷的家庭可以用装满的垃圾袋换取乘坐公共汽车的代用车票、生产过剩的食品和小孩上学用的笔记本。儿童和家庭把分拣出来的废品送到超级市场，可以换回卷心菜和洋葱等蔬菜，使贫民得到实惠。

通过上述鼓励措施，已吸引了超过 70% 的家庭将可回收利用的物质分类以便于收集。使得垃圾的循环回收在城市中达到 95%。每月有 750 吨的回收材料售给当地工业部门，所获利润用于其他的社会福利项目。同时垃圾回收利用公司提供了就业机会。这些简单实用、成本低廉的社会公益项目成为库里蒂巴政府环境治理项目的一部分，并使得城市在环境和社会方面走上了一条健康的发展之路。

（3）城市特色的保护与发扬

库里蒂巴的历史仅仅三百多年，比起国内的许多城市来说可谓资历浅薄，可这座城市对历史与文化的尊重与传承值得我们敬佩。

自 1972 年开始，在许多其他城市还在为日益增长的私家小汽车不断新建城市道路的时候，市长杰米·勒纳却发起了一场保护历史街区，开辟步行空间的保卫战。在他的推动下，6 个街区在短短 3 天内被改造成步行街区。而此前 6 年时间，已经过市政府批准的步行街区的改造计划还因为商人们的重重阻挠而迟迟无法实施。市长采取措施迫使抗议者最终放弃行动。在随后的短时间内，城市商业零售额的节节攀升和市民对步行街区的喜爱，使那些最初的抗议者转变为老街区保护的支持者。由最初的 6 个步行街区扩大到了现在的 15 个。城市环境得到显著改善的同时还保护了中心区的文化遗产。城市里的许多广场和历史建筑也因此重新焕发生机，并被改造为新的用途。许多业主受到财政资助，将以前出售的开发权赎回，使古老的工业建筑转变为商业中心、戏院、博物馆、音乐学院和其他文化设施。

（4）以人为本的文化教育

库里蒂巴市民良好的环境意识，与政府对文化教育的高度重视分不开。市政府为加强环境教育，特设了一座"爱护环境免费大学"，经常举办短期环保学习班，课程内容生动活泼又切合实际，市民们踊跃参加。

市政府将环保宣传的焦点集中在儿童身上，由儿童扩展到家庭，使儿童和家长都养成保护环境和废物再生利用的习惯。在电视广告里，首先是告诉儿童保护绿化和资源再生利用的重要性，并随时播放爱护地球环境的歌曲，号召从垃圾中分拣出各种可利用资源。还组织身穿绿叶装的演员到各个学校去巡回演出。甚至在小学的教科书上也渗透了环境教育的内容。对年龄大的孩子，组织他们到公园绿地实习，学习庭园管理和植物栽培技术，提高他们对环境保护的兴趣，使他们对自己劳动过的公园产生眷恋感。

目前库里蒂巴正开展几百个社会公益项目，从建设新的图书馆系统，到帮助无家可归的人。在最贫穷的邻里小区，城市开始了"Line to Work"的项目，目的是进行各种实用技能的培训。4年来，该项目培训了10万人。库里蒂巴还开始了救助街道儿童的项目，把露天市场组织起来，以满足街道小贩们的非正式经济要求。公共汽车文化渗透到各方面。把淘汰的公共汽车漆成绿色，提供周末从市中心至公园的免费交通服务或用于学校服务中心、流动教室等。

与此同时，市政府把艺术归还人民，用音乐净化人的心灵。为了不让高昂的门票成为阻隔平民欣赏高雅艺术的藩篱，每个周末，市政府都请艺术家在歌剧院为市民免费演出。勒那相信，艺术对民魂的再塑如水滴石穿，持之以恒可以使人变得高尚和善良。

3. 启示借鉴

美国加州大学伯克利分校城市规划教授，旧金山市前规划局长阿兰·杰库布斯曾经这样说道："库里蒂巴的城市发展和规划可以说是世界上最优秀的，无论是谁都能够从中吸取有益的经验和教训。"目前，国内城市建设正在加速，库里蒂巴取得的成功，会给我们很多有益的启示。

（1）解决城市问题的系统化思路

城市的可持续发展，不仅仅是单纯物质环境的建设过程，因为城市本身就是一个复杂的巨系统。将城市的用地规划布局与城市交通、经济发展与劳动就业、环境保护与社会福利等问题联系在一起，在城市规划的有效协调下进行一体化的解决与应对，而不是孤立地应对每一个具体问题，这是库里蒂巴可持续发展取得成功的一条重要经验。

（2）对城市规划的重视和持之以恒的坚守与落实

"三分规划，七分管理"，再普通的规划只要得到持之以恒的贯彻落实也会起到积极的发展效果。而反过来说，再高明的规划如果朝令夕改，不断地推倒重来，而不认真加以实施，除了浪费宝贵的资金与时间，也很难起到指导建设的根本作用。正像当地一位居民所说的："我不觉得杰米市长的规划理念有多高明，我佩服的是几十年来我们历任的市长们在城市建设中对规划的坚持与落实。

（3）环境为本、公交优先的规划理念

解决困扰我国城市的交通问题，决不能再陷入"堵车—修路—再堵车—再修路"的恶性循环中。应该标本兼治，从政策、技术、措施和资金支持等层面尽快对城市空间结构与用地规划布局加以合理调整，使交通与用地功能相协调，并加快发展以地铁、BRT 系统为核心，多种交通方式相互配合的大运量城市公共综合交通系统。通过提高公交服务水平，引导鼓励公交出行，提高公交分摊率。这才是解决交通问题的根本对策。

在此基础上，以现代化大运量公共交通为骨干，配合建设人性化的城市慢行系统，即建设舒适便捷的步行街群、城市公共自行车系统和自行车专用道，并规划建设与之紧密联系的一系列宜人的城市公共空间。这是改善城市环境与提升城市特色的有效途径。

（4）因地制宜的技术与实施策略

解决城市问题，并不一定意味着要采用最先进的技术与最昂贵的设施，关键是因地制宜地采取适宜的解决问题的办法与措施。许多城市可以将一些传统意义上的问题根源转变成有益的资源。比如，公共交通、城市固体垃圾和失业问题等传统上被认为是城市所面临问题的根源，但它们又都是生成新资源的潜在因素，正如库里蒂巴所做到的那样。

（5）鼓励公众参与

库里蒂巴的管理者们知道，对于好的规划来说，好的机制和正确的激励措施同等重要。制定一个城市的总体规划有助于形成指导未来发展的设想和战略原则。然而把此设想变为现实，则必须依赖正确的机制和激励措施，而不仅仅是机械地按本本执行。坚持阳光规划，在城市规划的编制、讨论、修订与实施全过程中，鼓励社会公众积极参与，真正成为城市发展建设的主人，应该是今后城市规划变革的方向所在。

（二）香港沙田新市镇：高密度紧凑型生态新市镇

1. 基本概况

沙田位于九龙以北，坐落新界东部，面积约为 6940 公顷，东、南、西三面为马鞍山、水牛山、大老山、狮子山、笔架山、金山、针山和草山围绕，北面则以吐露港为界。城门河由西南流向东北，经沙田区，直达沙田海。河谷地区和位于低地的洪泛平原适合人类聚居。沙田由沙田区、马鞍山区和邻近的乡郊地区组成。沙田区位于低地和河谷地区，而马鞍山区则于大水坑与沙田区相连，并沿沙田海东岸向东北面延伸，直至泥涌。

当沙田于 1973 年进行发展时，人口约有 2 万。到了 2001 年 6 月，沙田新市镇的人口已增至约 61 万 7 千。

1972 年 10 月，当地政府负责人会同行政局批准一个大型的建屋计划，旨在于 20 世纪 80 年代中期提供足够房屋，供 180 万人居住。按照计划，这些新建房屋超过一半在新市镇兴建，而沙田、屯门和荃湾正是由政府指定发展的第一代新市镇。沙田第一份规划图则于 1961 年由城市规划委员会制定，其后经当时的当地政府负责人会同行政局批准。根据这份图则，沙田的人口可达约 36 万人，而人口密度最高为每公顷 750 人。虽然图则建议把少量土地划为工业用地，但当时沙田只被视作九龙一个近郊住宅区。

为了舒缓市区的拥挤情况，当局需要在沙田兴建大量徙置屋邨。因此当局对 1961 年的图则作出检讨，以容许在沙田进行较高密度的住宅和工业发展。经过进一步的规划和工程研究后，当局制定了一份修正分区计划大纲草图。在 1965 年当时的工务局拟备一个综合发展计划，建议在沙田发展一个新市镇，人口约为 100 万。根据这个计划而拟备的分区计划大纲草图最后于 1967 年获得通过。于 20 世纪 70 年代初，当局拟备一份经修订的发展计划草图，把沙田发展完成时的人口定为 50 万人。沙田于 20 世纪 70 年代初期开始大规模填海，人口不断增加。1979 年政府批准发展马鞍山，作为沙田新市镇的扩展部分。1983 年马鞍山运输研究获得通过。该项研究建议，沙田及马鞍山的整体人口界限共 70 万 4 千人，而马鞍山的人口界限为 15 万人。1986 年马鞍山发展检讨完成后，当局批准该次检讨的建议，同意沙田新市镇的人口总数应以 75 万人为限。1991 年 3 月 22 日，一份为马鞍山而拟备的分区计划大纲图首次公布。沙田及马鞍山的分区计划大纲图曾经数次修订，以纳入最新的建议，而住宅、乡村式发展、商业、工业、休憩用地、政府、机构或社区、绿化地带和其他指定用途等主要的土地用途，以及运输系统已纳入上述分区计划大纲图内。

2. 规划理念与途径

（1）构建均衡和自给自足的社区

沙田新市镇属带型发展，以城门河的天然河谷一带为重心，发展一个均衡和自给自足的社区，使区内居民可以在一个舒适愉快的环境中工作、休憩、成长和学习。

新市镇的规划大部分受到地形和铁路线的限制，在规划不同的土地用途时，当局考虑把河谷及填海区划作较高密度的住宅和工业用途，而地势较高的地方则规划作为较低密度的住宅用途。根据《香港规划标准与准则》，预留足够土地，发展教育、社区和康乐设施，为居民服务。

规划配置的房屋类型众多，适合不同收入水平和要求的人士居住。在全面发展后，新市镇的公共租住房屋、资助出售房屋、私人永久性房屋（包括乡村房屋）及其他私人临时房屋及非住宅用房屋的整体房屋组合比率将会是27：34：36：3，而新市镇的人口约为73万人。

城门河是沙田休憩用地的中枢，两岸设有公园、长廊、自行车径和其他康乐设施。占地九公顷的沙田公园，则是休憩用地的中心。马鞍山乌溪沙西面海旁的休憩用地已发展为马鞍山公园。当局亦计划兴建一条附设自行车径的海滨长廊，由南面的大水坑通往北面的马鞍山公园。当局亦已规划及提供康乐设施，这些设施如沙田运动场，多是位于城门河两岸的。乌溪沙青年新村是马鞍山著名的康乐区之一。新市镇多个地点均设有游泳池场馆、网球场、壁球场和室内康乐中心，供居民使用。

九广东铁沙田站附近一带已发展为沙田市中心，作为旧墟镇的扩展区。这处亦为新市镇提供了一个购物中心和主要的公共交通交汇处。文娱馆与商业楼宇及沙田车站相连，是沙田市中心的焦点。文娱馆提供全面的设施，包括图书馆和大会堂。沙田法院位于文娱馆旁。沙田公园位于文娱馆与城门河之间，是市中心的一项主要发展。沙田公园是城门河两岸休憩用地的中心。市中心亦设有商店、办公室、电影院和其他商业及康乐设施。马鞍山的市中心包括一个商业中心区，为住宅发展所围绕，外层为政府及社区设施用地、马鞍山公园和吐露港长廊。

（2）构建空间分离和联系便捷的职住关系

工业分布于四个主要地区，即大围、火炭、石门及圆洲角。当局并为这些工业区提供方便的交通设施，多以快速公路连接主要干线，减少对市民的影响。沙田新市镇的工业以制造业、货仓和贮物为主。

九广铁路对于新市镇的发展至为重要。新市镇共有五个九广东铁火车站，即大围、沙田、火炭、马场和大学站。马鞍山铁路连接沙田大围及马鞍山乌溪沙（利安邨东北面），全长约 11.4 公里，共有九个车站及一个维修中心，这条铁路于大围设有转车设施，连接现有的东铁。沙田新市镇设有多条巴士路线，由各个人口聚点直通都会区，亦有部分巴士路线由这些人口聚点接驳火车站。除巴士服务外，亦有绿色专线小巴行进于人口较少的住宅区。

3. 启示借鉴

有人反感香港高容积率的住宅模式，认为香港高容积率住区（特别是旧区）的居住环境恶劣。香港人多地少的矛盾较为极端，1099km² 的土地面积，其中约 17% 为开发密集区，人口约为 677 万。在如此先天不足的情况下，香港政府为解决民众的居住问题及保持城市在国际上的竞争力，善用土地资源是城市开发的基本原则之一。与香港比较，内地大城市的先天条件好得多，但是，高人口密度下以多层为主的住区发展消耗了应有的优势。而且国内在提及香港住宅区高层高密度时，都忽略了一个前提，就是整个香港土地开发的低密度。在对于土地与人口问题达成共识后，重新审视香港模式，很容易发现香港模式的真正意义在于：高效的交通体系支持下的分布式高密集城市，具有很低的土地开发率和很高的资源利用率。

（1）大量的城市开敞空间

香港整体城市开发密度极低，这原本是香港的大部分山地不适合建设造成的，但这促成了生态学上的意义。科技发展有能力改造地形，但在可持续发展观下，香港 80% 的土地是自然郊野区，并且在新界留有可观的适合开发的土地作为维护环境平衡的需要和土地战略储备的需要。

城市开敞空间，指城市一些保持着自然景观的地域，或是自然景观得到恢复的地域，也就是游憩地、保护地、风景区，或是为调节城市建设用地而保留下来的土地，强调的是有自然特征的环境空间，常理解成城市的空地率。而国内常谈的低密度是指开发小区内的指标，与城市开敞空间的指标是两个完全不同的概念，其对于生态系统的修复能力不可同日而语。绿化与基地保水设计是缓和都市气候的必要手段，所以有一种误解是住区绿地要尽可能是林木而非铺地，其实小区绿地的功能主要是休憩活动和美化小环境，城市的生态功能主要由开敞空间担当。

根据香港 2001 年的人口普查，香港的城市化人口接近 100%。但是，香港陆地面积的 67.4% 是林地、灌木林和草地，被政府划为保护区的郊野公园和生态特殊地带占全港土地的 38%，而住宅用地仅占 6.1%。

（2）土地的高强度利用和住宅发展密度控制

在香港的规划标准与准则中有一章专门阐述"住宅发展密度"。该章开宗明义："由于人口的分布情况对公共设施（例如运输设施、公用设施及社区基础设施）有重大的影响，所以管制住宅发展密度是有效规划土地用途的基本工作。"

规划标准与准则中明确规定，"住宅发展密度"管理的目的在于：环境和市容均可接受，居住人口与应付该区所需的现有和已规划的设施及基础设施之供求情况均衡，维持有效的土地使用密度，对于不利发展地区的安全（发展及人口）控制，提供不同的城市设计形式，有关地区（郊区）的发展配合该地景观。

具体原则为：①住宅发展密度分级架构，以满足市场对各种房屋类别的需求。②住宅发展密度配合现有及已规划基础设施的容量和环境吸纳量所能负荷的水平。③发展项目所在的位置应可鼓励市民使用公共交通工具，以减低交通需求。基于这个原则，较高密度的住宅发展应尽可能建于铁路车站及主要公共交通交汇处附近，以期善用发展机会，并减低对路面车辆交通的依赖程度。④住宅发展密度应随与铁路车站及公共交通交汇处的距离增加而渐次下降。⑤在高容量运输枢纽附近进行高密度的住宅发展，意味易受环境问题滋扰。因此，进行规划时，必须周详考虑环境事宜，以确保符合环境目标，在适当时候更须纳入环境舒缓措施。⑥避免城市形式单调乏味，塑造更有趣的城市面貌，应考虑规划不同密度的住宅发展。⑦位于环境易受破坏（如湿地、自然保护区、郊野公园和具特殊科学价值地点等）附近地区，以低密度住宅发展较为适宜，确保这些地区环境受到保护，尽可能避免受人类滋扰。

规划目的明确、条理周详，形成了香港土地的高强度利用、开发区高楼林立和大量自然郊野共存的特殊城市景观。

（3）公共交通体系和配合公共交通体系的综合社区

高密集综合开发需要良好的管理秩序相配合，在规划的层面上就是要求有良好的交通模式和完善的城市基础设施的支持。香港在如此高密度下仍然能够保持城市交通的通畅，与其极高的公共交通使用率分不开，而公共交通的 1/3 是依靠地铁，不仅快捷可靠，而且舒适环保。香港以公共交通为导向发展，围绕交通枢纽站开发土地综合利用的社区。香港高效率的交通运输网络和运输体系，有效地配合了土地使用和日常运作。其公共运输体系承担了全港 90% 的客运出行量。香港地铁是世界上少数充分利用且盈利的地铁之一，围绕交通枢纽站高聚居人口密度的规划政策与之相适应，使基础设施得到充分利用，交通十分便捷，同时大量的乘客需求又促使了公共交通运输系统的发展和效益回报。从几个发展相对成熟的地区及国家的比照中可见，按千人指标，香港的道路长度、车辆数及道路交通意外的伤亡数都非常之少，基于交通十分便利的前提，反映出香港道路及车辆的利用率高及良好的运作状况，充分显示了香港交通运输网络的效率。

高密集、混合住区是香港居住的特点之一。整个社区内有居住、商业、教育、娱乐、工作场所和开敞空间等多种功能用地。当一个街区中有足够的购买力以及日常消费可以在步行范围内解决时，就可以建成有效的混合功能并降低机动车辆的交通。这就充分利用了土地和基础设施，降低了这两方面的投资成本。

高度密集的城市的生态效益不仅仅反映在土地资源和基础设施的高效利用上。人均 CO_2 排放量是环保的重要指标，1995 年，美国的人均 CO_2 排放量是 20.7 吨，德国是 10.3 吨，日本是 9.0 吨，中国内地是 2.7 吨，中国香港在 1995 年的人均 CO_2 排放量（总温室气体加权当量）是 6.5 吨，在 2001 年为 5.9 吨。相对于澳大利亚、日本、中国内地、马来西亚、新加坡、英国和美国，以每单位及人均本地生产总值计算的 CO_2 排放量衡量，中国香港是其中一个最具能源效益的城市；以本地生产总值每港元所消耗的能源计算，也是其中一个最具能源效益的经济体系。这种情况很大程度是由于香港城市高度密集所促成。

（4）高密度开发的合理限度

高密度开发有合理的限度，但也因地区而异。在香港，提倡低密度的业内人士的理想住区地积比率（容积率）一般在 5～6，仍然是国内城市无法想象的。城市建筑生态学（Arcology）理论的先驱之一的鲍罗·索勒里（Paolo Soleri）所设想的巨构建筑——可以容纳 10 万永久居民的竖向社区，大概是高强度开发的极限。高密度开发的合理限度是基于可持续发展理念的一种人与自然的平衡。

在香港，由于土地的匮乏，公众已经认同高密集的城市模式，而且大部分公众基于环保意识反对政府填海造地。从香港政府为大型规划研究进行的公众咨询中可以看出公众对居住环境的反映。如《香港 2030：规划远景与策略》进行了两轮公众咨询，有些公众和团体出于商业贸易活动的考虑要求提高地区密度；也有公众和团体提出香港不需要这么多的绿地和土地储备，可以借此降低密度。但是较多公众和团体提出了改善方法，如"只有倚重铁路系统，才可以带来优质的高密度发展"；"都市设计是（高密度住区）优质生活环境的关键"；"若有充分的（公共）空间供居民享用，楼宇之间又有足够的观景廊及通风间隙，则高密度的发展仍可为市民提供舒适的居住环境"；等等。

毋庸置疑，良好、完善的社区配套设施和优良的城市设计使高密集的居住环境得以改善。香港的地下空间、近地空间、立体交通、立体广场、立体绿化共同作用，联成一体，成为城市公共生活密不可分的组成部分，所以基底密度已不完全等同国内的密度指标的控制意义，常提及的建筑密度实际上是指开发密度，用"地积比率"即容积率来控制。有关部门制定开发密度时一定要配合的是：排污及交通基建、社区设施、学校、康乐及休憩用地等，这些指标主要是按人口计算的，由于居住是向高空发展的，所以这些主要反映在平面上的指标实际上控制了住区的上盖基底密度。从香港的经验看，基础建设、社区设施和基本设施齐全，经过审慎的城市设计，地积比率为 6.5 左右或以下的社区效果较为理想；而当地积比率在 8 或以上，建成的效果则与设想的相差较远。

国内借鉴香港模式有很大的改进余地，所谓高密度开发的限度均应该根据各个城市的实际情况经过周密的规划研究制定。与香港相比，国内生态城市建设的最大优势在于城市群和经济合作区域的概念。可以在更大的区域内对发展密度分级构架，引导不同的城市风格，形成经济发展、人口流动、交通组织及生态建设上的互为补充、相对平衡的城市网络。

（三）中新天津生态城："两型"低碳典范新城

1. 基本概况

中新天津生态城坐落在天津滨海新区，距离滨海新区核心区 15 公里、距离天津中心城区 45 公里、距离北京 150 公里，规划面积约 30 平方公里。规划区域内现状三分之一是废弃盐田，三分之一是盐碱荒地，三分之一是有污染的水面，土地盐渍化严重。在这样一个资源约束条件下建设生态城，符合中新两国政府确定的不占耕地、在水资源短缺地区选址的原则，充分体现了两国政府节约资源能源、保护生态环境的决心。

中新天津生态城是中新两国政府应对全球气候变化，加强环境保护、节约资源和能源，构建和谐社会的战略性合作项目。2007 年 11 月 18 日，中国和新加坡两国领导人共同签署了中新两国政府关于在天津建设生态城的框架协议。按照协议，生态城将实现"人与人和谐共存、人与环境和谐共存、人与经济活动和谐共存"，建设方式要"能实行、能推广、能复制"，探索资源约束条件下城市可持续发展的模式，成为中国其他城市发展的样板。

生态城重点构建循环低碳的新型产业体系、安全健康的生态环境体系、优美自然的城市景观体系、方便快捷的绿色交通体系、循环高效的资源能源利用体系以及宜居友好的生态社区模式，积极探索新型城市化和新型产业化道路。

生态城规划面积约为 30 平方公里，建设用地约为 25 平方公里。规划常住人口控制在 35 万人。计划用 10 至 15 年时间建成。

2. 规划理念与途径

（1）构建技术创新和应用推广的平台

生态城将致力于建设成为综合性的生态环保、节能减排、绿色建筑、循环经济等技术创新和应用推广的平台，国家级生态环保培训推广中心，现代高科技生态型产业基地，"资源节约型、环境友好型"宜居示范新城，参与国际生态环境建设的交流展示窗口。

（2）采取集约紧凑型的用地空间布局

生态城坚持集约节约利用土地原则，采用紧凑型城市布局，将津滨轻轨向北延伸，结合两侧地块的开发，集聚现代服务业、居住、休闲等多种功能为一体，轨道沿线建设大面积开敞绿化空间，形成生态谷，成为生态城的发展主轴，并将生态城土地划分为四个综合片区。在中部片区结合生态谷建设生态城的城市主中心，在南北两个片区依托轻轨站点分别建设城市中心，形成"一轴三心四片"的布局结构。在蓟运河故道围合的区域大面积实施水体治理、土壤修复，形成湿地景观效应，建设生态岛。将营城污水库、蓟运河和蓟运河故道三大水系连通，加强水体循环，构建景观优美、循环良好的水生态环境。以蓟运河和蓟运河故道围合区域为中心，构建六条以人工水体和绿化为主的生态廊道，加强与区域生态系统的沟通与联系，构成生态城绿化体系的骨架，建成以景观、环境、休闲等功能为主的城市"绿脉"，形成"一岛三水六廊"的生态格局。

（3）建构宜居生态的社区模式

生态城借鉴新加坡"邻里单元"的理念，优化住房资源配置，混合安排多种不同类别住宅形式，形成多层次、多元化的住房供应体系，全部采用无障碍设计，构成包括生态细胞、生态社区、生态片区 3 级的"生态社区模式"，居住用地内绿地率不低于 40%，政策性住房比例不低于 20%。

结合城市中心构建全方位、多层次、功能完善的公共服务体系，按照均衡布局、分级配置、平等共享的原则，建设社区中心；按照人口规模配建文化教育、医疗保健以及其他生活配套设施，保证居民在 500 米范围内获得各类日常服务。

（4）循环低碳的新型产业体系

生态城根据发展定位，努力转变经济发展方式，探索低碳城市建设模式，重点发展节能环保、科技研发、总部经济、服务外包、文化创意、教育培训、会展旅游等现代服务业，形成节能环保型产业集聚区，努力构筑低投入、高产出、低消耗、少排放、能循环、可持续的产业体系，形成"一带三园四心"的产业布局，为生态城发展提供有力的经济支撑。

一带是指生态城的发展备用地，将建成生态科技产业带。

三园是指国家动漫产业综合示范园、生态科技园和生态产业园。

四心是指城市主中心、南部中心、北部中心和特色中心。

（5）循环高效的资源能源利用体系

生态城以节水为核心，建立循环利用体系，建设污水处理、中水回用、雨水收集系统，多渠道开发利用再生水和淡化海水等非常规水源，实行分质供水，非传统水源使用率要达到50%。建设城市直饮水工程，人均生活用水指标控制在120升/日。

生态城注重产业节能、建筑节能和交通节能，积极开发应用风能、太阳能、地热、生物质能等可再生能源，优化能源结构，提高利用效率，形成可再生能源与常规清洁能源相互衔接、相互补充的能源供应模式，构建清洁、安全、高效、可持续的能源供应系统和服务体系，建设节能型城市。2020年，生态城要全部采用清洁能源，100%为绿色建筑。可再生能源利用率要达到20%，达到世界先进国家的同期水平。人均能耗比国内城市人均能耗水平要降低20%以上。

（6）构建安全健康的生态环境

生态城坚持生态保护与修复相结合，充分尊重自然本底，划定生态保育区及候鸟栖息地为限制建设区，对蓟运河沿岸和永定河口湿地实施严格保护，确保自然湿地净损失为零。

启动污水库的底泥、水体及蓟运河、蓟运河故道水体（一泥三水）的治理工作，使生态城地表水水质达到国家Ⅳ类环境水体标准，变污水库为清净湖。通过水系连通，加强水体循环，提高自然净化功能。采用生物技术对盐碱土地进行处理，逐步降低土壤盐碱度，修复自然水系、湿地和植被，建立以本地植物为主的植物群落，本地植物指数不低于0.7。

（7）打造方便快捷的绿色交通体系

贯彻城市可持续发展的理念，建设以绿色交通系统为主导的交通发展模式；以津滨轻轨延长线串接生态城主次中心和各片区，形成生态城对外大运量快速公交走廊。即满足生态城内部长距离交通需求，又连接生态城与周边重要区域。

在生态城内部，构建以轨道交通为骨干、以清洁能源公交为主体的公共交通系统，轨道站点与公交线路无缝衔接，轨道站点周边1公里服务范围覆盖80%的片区用地。

结合社区建设和滨水地区改造，建立覆盖全城的慢行交通网络，采用无障碍设计，创造安全舒适的慢行空间环境，引导居民的绿色出行，实现人车分离、机非分离。结合公共交通站点建设城市公共设施，使居民在适宜的步行范围内解决生活基本需求，减少对小汽车的依赖。80%的各类出行可在3公里范围内完成。2020年，生态城内部出行中绿色交通方式不低于90%。

3.启示借鉴

中新生态城将是面向世界展示经济蓬勃、资源节约、环境友好、社会和谐的新型城市典范，它将为今后国内外更多的生态城市建设与管理提供宝贵的经验。

在"建设生态文明"的宏观背景下，生态型规划理念已不仅是规划学科中的一个流派，而是整个规划理念与方法转型的必然趋势。中新生态城规划立足特有环境资源约束条件，借鉴了国际先进理念、方法和技术，总结出"指标体系建立——定位与产业选择——规模确定——空间布局理念与模式确立——配套政策制定"的一套能复制、能实行、能推广的生态型规划步骤、理念与方法。作为"先行先试"的生态城规划，它将对国内外其他地区的规划实践具有重要的示范意义。

（四）曹妃甸国际生态城："共生城市"

1.基本概况

曹妃甸位于河北省唐山市南部沿海，毗邻京津冀城市群，北距唐山市80千米，距北京市220千米，西距天津120千米，东距秦皇岛170千米，产业布局集中，经济腹地广阔，物产丰富，物流发达。"面向大海有深槽，背靠陆地有滩涂"，是曹妃甸最明显的特征和优势，岛前西南及南侧水深条件良好，距岸600米处即为渤海湾主潮流通道的深槽海域，为大型深水港口和临港工业的开发建设，提供了得天独厚的条件。为给工业区提供居住配套服务，实现港口、港区、港城三位一体协调发展，支撑曹妃甸新区高速的产业和人口聚集，迫切需要一座功能齐全的港口城市与之相配套。唐山曹妃甸生态城规划和建设充分吸取瑞典"共生城市"方法经验，在城市土地利用、可再生能源利用、交通结构、城市生态市政等各个方面创造循环模式。

2.规划理念与途径

（1）共生城市理念

可持续发展城市背后的一个基本原则就是环境的可持续发展必须与社会、经济、文化方面相平衡。共生城市方法是瑞典对于生态城市或可持续发展城市的一种理解和对策，出发点是共生共赢，着眼点是环境的可持续发展。这种方法鼓励整体的、可持续的城市发展，在城市功能和技术系统之间发掘可能的协同。其重点强调三点：在规划阶段整合各个子系统，以求达到协调整合与环境、经济、社会以及文化方面的利益；规划构建一个以人为本的，提倡健康生活方式城市结构和形态；引进当前优秀的环境技术。后续编制的曹妃甸生态城生态指标体系、一期 30km² 概念规划及控规等一系列工作中所涉及的规划、设计、建设可持续发展城市的具体方法便是共生城市方法。

（2）系统的规划体系

曹妃甸生态城的规划站在了世界生态城市建设理论的最前沿，立足于曹妃甸生态城的建设实际，用世界的智慧、开放的视野、系统的思维，吸收城市规划相关领域最优秀的成果，在世界范围内整合资源，以颠覆传统的规划手法，打破传统的惯性思维，创造了崭新的规划理念。按照生态指标体系、生态城市总体规划、控制性详细规划整体协同、系统推进的方式制定了完善的城市规划体系。

一是生态指标体系。曹妃甸生态城指标体系是曹妃甸生态城的核心内容，是曹妃甸生态城生态理念和生态规划的量化体现。曹妃甸生态城指标体系与传统生态指标体系的不同之处在于它并不是简单的目标型指标，它结合规划与当地实践情况，形成包括城市功能、建筑与建筑业、交通和运输、能源、废物（城市生活垃圾）、水、景观和公共空间七个子系统，共 141 项具体指标，基本涵盖了生态城市建设的各方面。它除包含一般生态城市指标体系中"经济、社会和环境"三方面外，还将规划方案的先进理念和技术具体化，形成可操作性强、可指导规划和实施全过程的生态指标体系。

二是生态城市总体规划。2007 年 1 月，组织国际规划设计国际咨询，最终确定由斯维寇（SWECO）公司与北京清华城市规划设计研究院组成设计联合体，借鉴瑞典马尔默新城、哈马碧生态城等"共生城市"（SYMBIO—CITY）的成功经验，引进成熟的生态技术、经验和系统解决方案。完成曹妃甸生态城总体规划（2008—2020），确定了曹妃甸生态城规划用地 74.3km²，人口 80 万人。在总体规划层面满足生态指标体系的相关量化要求。

这版以"共生城市"理念为原则的总体规划具备如下两大特点。

（1）慢行交通线路为城市骨架，混合上地功能提高利用率

曹妃甸生态城构建绿色公共交通和慢行系统为主导的城市土地利用与绿色交通体系，规划以构建城市骨架的快速公交系统（BRT）、斜穿城市的单轨系统、连接周边区域的轻轨系统、京秦快速铁路、300 米站点覆盖率 100% 的木地公共交通系统和海上公交轮渡共同形成多层次的公共交通网络，实现公交分担

率60%。

创新地规划了以次干道、BRT线路和主干道三条道路为骨架的交通带，高密度建设区、城市公共服务中心、商业核心区、行政办公等交通量大的城市主要功能区沿此交通带布置，BRT线路禁止小汽车通行，保证了公共交通和非机动车交通的优先和可达性；220米乘以220米的小尺度街坊，构建了高密度、窄断面的道路系统，有利于以建设交通宁静区、自行车推广运动、新型邻里的城市设计方法以及低污染公共汽车、无轨电车、现代有轨电车、轻轨为导向的公共交通运输等措施，构建公共及慢行优先的城市。

（2）构建城市生态水系统，打造优美滨海城市景观

曹妃甸生态城规划了外海、内海、内湖、城市毛细水网的多层次水生态格局，距城市8千米的外海堤阻挡风暴潮威胁，保障城市安全并控制在退潮时留有一定海水，形成26km²的海滩休闲区，以营造内海稳定水文环境；内海堤分隔咸淡水，形成内海及内湖各具特色的景观环境；内湖储存青龙河和溯河入海的淡水资源形成城市内部淡水环境；城市内部现状毛细水网缓释冲刷盐碱土壤，通过建立多层级生态缓释系统，逐步实现用地中盐碱地淡水涵养及绿色环境的生态修复，构建城市内部全淡水环境生态系统，在盐碱荒滩上实现35%的绿地率。外海、内海、内湖构建了咸水、淡咸水和淡水两种不同的城市风貌和生态系统，实现"推窗见海"的优美景观。

三是核心生态专项规划。为了进一步使曹妃甸生态城生态指标体系（共141项）更具可操作性，先后与多家国内外知名机构合作编制了一系列专项规划并分别制定实施导则，包括生态产业发展战略、绿色建筑实施导则、可再生能源利用规划与皆则、绿色交通规划与导则、水环境管理概念规划和实施导则。

（1）生态产业发展战略

为增强城市发展动力，委托日本野村综合研究所编制生态产业发展战略规划，并最终确定五大主导产业为：低碳环保产业、旅游休闲产业、国际教育产业、生活文化产业、未来战略产业。

（2）可再生能源规划

能源系统是城市碳排放的主要载体，如何降低城市能源的碳排放是低碳城市的关键所在。为达成低碳城市的宏观目标，落实城市可持续性的能源发展，规划以保证生态城市能源需求为基础，以坚持区域可持续发展为指导，注重节能技术的研究和推广，并因地制宜充分考虑曹妃甸当地产业特色，确定了科学合理的能源利用形式，实现了多元化可再生的能源供给方式，提出以可再生能源，包括风能、太阳能、地热等非传统能源和附近的油田采出水、工业余热等可回收能源

作为唐山湾生态城的能源供给，通过经济合理手段确定能源配置方案以及布局方式，并最终建立多元安全高效的能源体系。并提出可再生能源利用率近中远分期目标 20%、45% 和 70%。

（3）绿色建筑专项研究

绿色建筑作为生态城建设的落脚点，是生态城市建设的主要载体。为此，开展了曹妃甸生态城绿色建筑项口研究工作，制定相关的专项规划与导则。共形成五项成果，包括《规划地块资源与环境开发控制性要求》《规划地块绿色建筑实施手册》《公共建筑绿色设计导则》《居住建筑绿色设计导则》和《绿色建筑验收与评价技术异则》。这些成果从地块规划阶段、建筑设计阶段和验收评价阶段较为完整地为地方绿色建筑管理提供了技术支持。

（4）绿色交通规划

为了进一步深化和实施生态城总体规划，实现环境友好、资源节约、安全畅通、以人为本的城市绿色交通系统，制定曹妃甸生态城总体规划的基础上，结合城市用地布局，构建以公共交通为主体、以步行和自行车为主要辅助交通手段，实现多种交通方式高效合理衔接的绿色城市交通模式。

（5）水环境管理规划

唐山湾生态城因其地处渤海湾潮间带，地下水位较高、四季风速较大，淡水资源缺乏，土壤含碱量高，且易受地下海水、风暴潮和盐雾影响，因此被视为"绿色禁区"。按照水环境生态指标，着手生态城水系改造，创造一个可持续并清洁的滨海淡水之城，全面营造环境优美、宜居的生态型城市难度极大。为此曹妃甸生态城委托荷兰 DHV 公司编制水管理综合规划。规划仔细分析了生态城水量供需平衡，提出了可持续淡水系统概念设计，通过压盐排碱、水体置换、水质和藻类处理、抗盐碱植物种植等一系列技术手段，力求达到 SWECO 生态指标体系对水环境的要求，全面提升生态城环境质量。

3.启示借鉴

（1）强调绿色交通和高效土地利用模式

曹妃甸生态城构建绿色公共交通和慢行系统为主导的城市土地利用与绿色交通体系，规划以构建城市骨架的快速公交系统（BRT）、斜穿城市的单轨系统、连接周边区域的轻轨系统。同时，沿滨水地带及城市重要公共服务区建立高度便捷的步行和自行车系统，建立一系列建设和管理导则，保证公共交通和非机动车交通的优先和可达性。构建高密度、窄路面的道路系统，有利于以建设交通宁静区、自行车推广运动、新型邻里的城市设计方法以及低污染公共汽车、无轨电车、现代有轨电车、轻轨为导向的公共交通运输等措施，构建公共及慢行优先的城市。

（2）强调生态城市建设八大子系统

强调生态城市建设的八大子系统，将生态城市规划理念及技术与传统总体规划的编制要求进行有机结合，形成产业系统、土地利用及空间布局系统、绿色交通系统、水环境系统、能源系统、资源再利用系统等专项研究，突出了生态技术在城市建设中的应用。

（3）强调多学科合作，强调国际国内合作

不同于以往传统的单一机构、固定时间的规划编制模式，强调多学科融合合作，强调国际国内合作，邀请国内外产业策划、水环境治理、绿色能源、绿色交通、绿色建筑及建筑业等相关领域知名的设计机构，选取最优的设计方案，充分借鉴国内外先进经验，集众家之长共同编制完成。

（4）充分重视体制机制及政策建设

在规划实施过程中，以生态指标体系为核心，构建管过程的规划监督管理机制。并组建生态城市工程技术中心，为生态城开发提供技术支撑和智力支持。在城市建设和运行过程中，不断完善生态城市技术体系，为创新生态技术和理念提供孵化平台。

第六章　美丽城市：路径选择

一、促进城市产业结构生态化

20世纪90年代，随着可持续发展战略在世界范围内普遍实施，产业的生态化发展开始在发达国家渐成潮流，从宏观层面的国家产业发展的战略选择、管理立法，中观层面区域产业园区的建设布局，到微观层面企业的生产技术改造、管理实践，生态化的概念始终是贯穿其中的主线。这一发展趋势在三次产业的工业、农业和第三产业中都有所体现，如生态工业、生态农业、生态旅游业等。世界范围内的生态革命，促成了生态与产业成为一种新型的互动关系。这种关系一方面表现为产业绿色化含量不断提高，另一方面形成了广泛的生态产业化现象。以生态产品的生产、使用、回收再利用为基本内容的新兴生态产业不断发展，使生态环境和产业领域产生了全方位渗透与融合，产业生态化现象日渐明显。生态与产业的互动，最终形成生态产业一体化和复合化，传统的三次产业正在向生态化方向发展。生态化是人类构筑经济社会与自然界和谐发展、实现良性循环的新型产业模式，是产业发展的高级形态。

（一）产业结构生态化的概念

生态化是把生态学的原则渗透到人类的全部活动范围中，用人和自然协调发展的观点去思考问题，并且根据社会和自然的具体可能性，最优地处理人和自然的关系。产业结构生态化是按照生态经济的原理和生态规律构造高效和谐的产业结构，使多个生产体系或环节之间通过系统的耦合和物质能量的多级利用，实现高效的产出和资源环境的相互利用。产业结构的生态化是促进传统产业结构向着生态产业系统演进，进而带动整个经济结构生态化的过程。这一过程不仅以推进整个系统的优化为目标，而且包含在系统改进的基础上实现产业结构内在质量的提升。

产业结构生态化既是一个过程，更是一个结果，实现产业结构生态化一方面要求产业结构发展要与区域资源相协调，能充分有效地利用本地区的人力、物力、财力及自然资源和条件，获得比较利益，实现区域协调发展，另一方面要求各产业类型构成恰当，排放少，环保产业和节约、保护、高效利用资源的产业得到发展；高能耗、高污染产业比重小，能够实现良性循环和可持续发展。产业结构是城市经济结构的基本组成部分。产业结构发展状态与城市经济、社会和生态环境发展状况有着密切的关联。但是，长期以来，城市建设理论和实践往往片面地从经济效益的角度关注产业结构调整对经济增长的推动作用，而忽视了产业结构对城市综合生态环境的影响。

（二）产业结构生态化的途径

产业生态化作为获取和维持可持续发展的一种实践手段，旨在倡导一种全新的一体化的循环模式，即经济系统和环境系统具有高度的统一性，两个系统内各组成部分之间相互依存、不可分割。同时，产业生态认为物质和能量的总体循环贯穿于从原材料开采到产品生产、包装、使用以及废料最终处理的全过程。它的循环优化不仅仅局限于一个企业内部，而注重更高级别的区域系统乃至整个国家或地区的产业系统的优化，在一定区域内形成类似生态圈的产业循环系统，通过区际的产业生态系统的互动性依存，在全球实现产业活动与生态系统的良性循环和可持续发展。

产业生态化作为一种新经济形态或生态型循环经济，需要改变现有土地利用的思维模式，改变产业流程减少废物排放，使产业适应环境，而不是改变环境来适应产业。目前不可持续发展主要由人类社会经济系统与自然生态系统以不同的系统发展原理运作而导致。因此必须把人类活动、土地利用、自然循环和功能协调为统一的生态系统，通过改变新的组织形式、调整政策来恢复和保持各种形式的社会、经济和生态的调节能力。未来可持续能力决定于调节社会、经济与生态系统功能延续性及其相互关系的资源管理系统。产业生态将不可持续变为可持续发展，是通过经济与社会的转型，进化到一个新系统的状态，而不是依赖效率提高的发展模式来保留现有系统结构。产业生态化的本质目标就是在人类生存和发展的自然生态环境可再生的基础上，达到人—社会—

自然之间的协调持续的发展。具体说，就是在工农业生产中大力推广那些节约资源、环境负面影响小、经济效益高的技术，不断探索既有利于保护环境，又能提高企业效益的经营管理模式；大力调整产业结构，淘汰那些设备陈旧、高物耗、高能耗、污染严重的产业部门和环境负效应严重的产品，建立资源节约型的国民经济生产体系；在加快发展第三产业的同时，积极提倡适度消费、绿色消费的观念，加快建立具有"环境标志"的绿色产品制度。从大生态系统的角度看，实现产业生态化就是建立涵盖第一、二、三产业各个领域的"大绿色产业"。

1. 产业结构升级低碳化

针对我国产业结构中产值结构与就业结构不合理，产业总体素质，如信息化与知识化以及网络化与智能化程度不高、高污染与高能耗及高排放严重等主要问题，产业结构升级低碳化就是要朝地位协调化、结构知识化、排放低碳化方向发展。具体来讲，就要想方设法提高第一次产业的碳汇转化率；就要千方百计推动第二次产业内源自主创新与外源性扩散，把高加工度化、高知识密集化、高附加值化与低碳化贯穿在新型工业化的路径，就是竭尽全力在生活型服务业、生产型服务业与人力资本型服务业（教育、科学、文化、卫生与健康）三个方面增加产值份额且拓展就业空间，使之成为低碳技术、低碳产业、低碳管制的输出源。

2. 全面实行清洁生产

清洁生产是指将综合预防的环境保护策略持续应用于生产过程和产品中，以期减少对人类和环境的风险。清洁生产的定义包含了两个全过程控制：对生产过程而言，清洁生产包括节约原材料和能源，淘汰有毒有害的原材料，并在全部排放物和废物离开生产过程以前，尽最大可能减少它们的排放量和毒性；对产品而言，清洁生产旨在减少产品整个生命周期过程中，从原料的提取到产品的最终处置对人类和环境的影响。在产品服务中，持续地应用整合且预防的环境策略，以增加生态效益和减少对于人类和环境的危害和风险。清洁生产是通过采用先进的工艺技术与设备、综合利用、使用清洁的能源和原料、改善管理等手段措施，从生产的源头出发削减污染，提高资源利用效率，减少或者避免对生产的过程造成污染，以减轻或者消除对人类健康和环境的危害。清洁生产不是把注意力放在生产的最后阶段，而是将节能减排的压力消解在生产全过程。

（1）清洁生产的目标

首先，清洁生产可以达到自然资源和能源利用的最优合理化：通过资源的综合利用，短缺资源的代用，二次能源的利用，以及节能、降耗、节水，合理利用自然资源，减缓资源的耗竭。其次，清洁生产可以达到对人类和环境的危害最小化以及经济效益的最大化：通过减少废物和污染物的排放，促进工业产品的生产、消耗过程与环境相融，降低工业活动对人类和环境的风险。

（2）如何实现清洁生产

第一，相关部门要加快制订重点行业清洁生产标准、评价指标体系和强制性清洁生产审核技术指南，建立推进清洁生产实施的技术支撑体系；第二，要进一步推动企业积极实施清洁生产方案。同时，"双超双有"企业（污染物排放超过国家和地方标准或总量控制指标的企业、使用有毒有害原料或者排放有毒物质的企业）要依法实行强制性清洁生产审核。

清洁生产审核是实施清洁生产的前提和基础，也是评价各项环保措施实施效果的工具。我国的清洁生产审核分为自愿性清洁生产审核和强制性清洁生产审核。污染物排放达到国家或者地方排放标准的企业，可以自愿组织实施清洁生产审核，提出进一步节约资源、削减污染物排放量的目标。国家鼓励企业自愿开展清洁生产审核，而"双超双有"企业应当实施强制性清洁生产审核。

3. 建设生态工业园区

从国家发改委组织专家论证的山东东营经济技术开发区等四个国家生态工业示范园区建设规划来看，更加突出了"低碳、创新、高端"的特点，强调发挥高新区的产业集聚优势、科技创新优势、投资环境优势，加快转变经济发展方式，以循环经济理念和生态工业原理为指导，大力推行企业清洁生产，构建基于市场机制的区域工业共生体系，实现区域层次的资源高效利用，最大限度地减少污染排放，改善区域环境质量，提高经济增长质量。我国目前12个国家生态工业示范园区在充分发挥龙头企业带动作用的基础上，拓展和优化行业内部及行业间的产品链和废物链，促进主导行业的产品升级和生态化发展。通过加强环境准入和污染控制，制订和落实政策保障措施，积极推进可持续消费，加强生态文化建设等措施，引导、扶持工业园区的生态化发展，构建高质量、高速度、高效益和低污染的园区发展模式。这一发展模式对于解决结构性污染和区域性污染，调整产业结构和工业布局，实现节能减排，建设资源节约型、环境友好型社会具有十分重要的意义。

（三）产业结构生态化的范例

苏州科技学院教授王旭章解析了苏州高新区通过引进高新技术，实现城市产业结构的生态性转型的成功范例。

案例解读：苏州高新区的产业结构生态性转型表现在四个方面。首先，通过招商引资、技术创新，加快低端劳动密集型制造业向高端低碳先进制造业转型，成为全国首批生态工业示范园区和国家级循环经济标准化试点园区。其次，加快以物流、外包、软件等现货服务业发展，调整"二三产业"比例结构，服务业增加值连年达到20%。再次，大力推进以文化为载体的工艺美术传统文化产业、旅游业和会展业的发展，形成新的增长点。最后，突出表现的是推进西部生态城的建设，以太湖湿地公园为"绿心"，把太湖大道生态走廊、滨湖景观、镇湖绣品街联成一体，形成融现代与传统、经济与文化于一体的绿色产业带。

高新区推进的产业结构绿色转型，似乎与各国采用的"转移"和"创新"方式没有什么不同，但却赋予了新的内涵。"转移"不是简单的"非绿色"输出，而是无论"转移"和"创新"，都必须符合生态化持续化原则，都是转型升级的转移和创新。另外，在发展思路上，一方面，依然利用外向经济优势，通过"创业园""示范园"方式引进外部力量；另一方面，充分利用内部自身的文化、区位、技术、人才和环境优势，形成以内生性为主的能量提速机制。外生性力量通过内生性力量发挥作用，摆脱以往过度依赖外生性因素，而导致产业结构和发展方式在资源、技术、市场等方面受制于外的弊端。近年来，高新区有一批人默默无闻地在进行地域环境资源、工艺美术产业、文化遗迹遗产以及历史文化的研究和调查，而这种调查研究最终都在发酵，为推动和形成以内生性能量机制打下了基础。这种以内生性力量为基础的产业结构和发展方式的缔造，是最具有贴地经济性的，因为这种经济结构和发展方式率先植根于这块独特的江南鱼米之乡的土地里，形成安全可靠的良性循环的生态体系，具有强大的生命力、竞争力和不可替代性。

点评：苏州高新区产业结构生态性转型的有一个最大的"亮点"，就是"创新"。"创新"贵在其充分利用内部自身的文化、区位、技术、人才和环境优势，形成以内生性为主的能量提速机制，进行地域环境资源、工艺美术产业、文化遗迹遗产以及历史文化的研究和调查，为推动和形成以内生性能量机制打下了基础。高新区闯出的这条依靠内生性力量实现产业结构和发展方式生态文化的道路，是不可逆转，也不容逆转的，它也是苏州未来实现转型升级的必由之路。这是一个工业化城市产业结构生态转型的成功范例。

二、建设节约型城市

（一）什么是节约型城市

节约型城市是指在城市生产、流通、消费的各个领域和环节，通过采取综合性措施，运用经济、法律、科技、教育和必要的行政手段，提高自然资源利用效率，以最小的资源消耗获得最大的经济和社会效益的城市发展理念和发展形态。建设节约型城市，构建节约理念是先导，重塑体制和机制是关键，加强节约型城市建设的规划与评估是保证。构建节约理念，就是提高市民的节约意识，培养节约习惯，更新政府的政绩观念，发展循环经济；重塑体制和机制是关键，就是建立目标责任体系，完善管理体制，发挥经济杠杆的作用，形成激励和约束机制；加强节约型城市建设的规划与评估，就是以规划为龙头，布局节约型城市；用指标来检验和评估节约型城市。

（二）为什么要建设节约型城市

1. 经济社会发展趋势和资源约束的客观要求

从目前全球社会发展状况看，地球上的资源已经无法支撑消费型工业社会的进一步发展，人类要避免出现资源短缺危机，就必须寻找新的经济增长模式、生活方式和社会再生产方式。资源短缺成为一个摆在全人类面前的全球性危机。解决这个问题的根本出路在于寻求新的发展战略、新的经济增长方式、生活方式和社会再生产方式。尤其是在我国人口规模庞大、人均资源拥有量少、自然资源紧缺的情况下，节约型社会更是必然的选择。

（1）这是由中国基本国情决定的。能源短缺、淡水和耕地紧缺是中国经济社会发展的"软肋"。这种基本国情，决定了我国必须走建设节约型社会的道路。

（2）这是贯彻科学发展观的必然要求。在节约资源、保护环境的前提下，实现经济较快发展，促进人与自然和谐相处，提高人民生活水平和生活质量。在发展经济的同时，加强环境保护和治理，让人民群众喝上干净的水、呼吸清洁的空气、吃上放心的食物，在良好的环境中生产和生活。

（3）这是全面建设小康社会的重要保障。中国在全面建设小康社会进程中，经济规模将进一步扩大，工业化不断推进，居民消费结构逐步升级，城市化步伐加快，资源需求持续增加，资源供需矛盾和环境压力将越来越大。解决这些问题的根本出路在于节约资源。加快建设节约型社会，既是当前保持经济平稳较快发展的迫切需要，也是实现全面建设小康社会宏伟目标的重要保障。

（4）这是保障经济安全和国家安全的重要举措。解决中国现代化建设需要的资源问题，着眼点和立足点必须放在国内。近年来，中国石油、矿产等重要资源进口越来越多，对国外市场依赖程度越来越大。过多地进口资源，不仅耗费大量资金，而且会加剧国际市场供求矛盾，带来一系列经济、政治、外交方面的问题。加快建设节约型社会，控制和降低对国外资源的依赖程度，对于确保经济安全和国家安全有着重要意义。

2. 建设节约型社会成败的关键

（1）节约型城市是建设节约型社会的主体

人类虽然已经拥有一个富裕的物质生活，但人类所处的生态环境却急剧恶化；同时，人文关怀和自然生态也更成为城市生活环境的需求。这种强烈需求结合知识经济时代的到来，凝聚成人们建设人与自然、人与社会双重和谐的新型城市的美好愿望。而对投资建设新一代城市的全球性浪潮，世界各国都在紧急行动。对于刚好处于城市化进程中的中国来说，更是以举办 2008 年北京奥运会为契机，掀起了一场翻天覆地的新筑城运动。以北京奥运村为代表，由南向北，由东向西，势不可挡。上海的浦东新区、天津的滨海新区、沈阳的沈北新区、重庆的北部新城、郑州的郑东新区、广州的珠江新城、深圳的莆田新城市中心、杭州的东部新区、成都的人民南路沿线等，新造城运动不断涌现。

随着我国经济的稳定持续增长，城市化的快速发展，自然资源、能源开发与利用的压力日趋加大，资源保障程度不断下降，对外依赖程度不断提高。未来20 年内，石油、天然气、铜铝矿产资源累计总需求量，将是目前国内探明储量的 2 至 5 倍。城市是资源消耗的大户。而且，城市建设中的奢侈铺张浪费现象十分严重。因此，建设节约型城市是建设节约型社会的主体。

（2）节约型城市是现代化城市发展的重中之重

毋庸置疑，城市为人们生活品质的提升和社会经济的快速发展作出了巨大贡献，但是世界各国在城市化进程中出现的问题更不能忽视。特别是在中国，破坏生态、毁坏土地、乱拆民居、污染环境；城市体系的宏观布局、规模、结构与经济发展不相适应；城镇密集地区各类城市功能分工不明确，结构趋同；广大中西部地区中心城市不足，现有城镇的要素聚集、辐射和带动能力弱；城镇质量和管理水平不高，小城镇数量偏多、规模偏小等等诸多问题，亟待解决。若不能合理规划、有序推进、适度控制、城乡互动，不能有效节地、节水、节材、节约能源，就难以实现人与自然的和谐共处的环境生态平衡，也无法保持能社会经济的可持续发展。

在建设超大城市和大城市的过程中秉承节约、集约的理念，尤其要突出集约化的特征，而中小城市的建设更需要以节约型城市为主，这已是中国城市化进程中最急迫的问题，也是现代化城市发展的重中之重。

3. 中国城市发展的内在要求

正处于工业化和城市化快速发展阶段的中国城市除了资源短缺等外部压力外，至少还有四个方面的内在要求。

第一，规划滞后，加大了城市发展与运行的资源环境压力。由于现行城市圈、城镇体系以及城市总体规划中，对于城市间及城市内部功能缺乏互补性协调，并且盲目追求城市规模，加大了城市发展与运行的资源环境成本。

第二，体制障碍，影响了城市资源的循环高效利用。资源节约工作缺乏统一管理与协调，加之资源管理部门的垄断性以及既得利益一定程度上妨碍了城市资源的综合利用。

第三，机制缺陷，制约了城市资源节约产业的发展。现行资源环境要素高效、集约利用机制还处于探索之中，资源环境利用的外部性成本较大。

第四，认知不足，难以形成建设资源节约型城市的社会氛围。政府形象工程、企业的产品过度包装、居民尤其是高收入群体追求大面积住宅、大排量轿车等，都带来了资源的过度占用与浪费。

（三）怎样建设节约型城市

十八大提出科学规划城市群规模和布局，增强中小城市和小城镇产业发展、公共服务、吸纳就业、人口集聚功能。坚持节约资源和保护环境的基本国策，坚持节约优先为主的方针，着力推进绿色发展、循环发展、低碳发展，形成节约资源的空间格局、产业结构、生产方式和生活方式。

面对我国当前城市化高潮中资源浪费、耕地占用过快、资源能源供求矛盾突出和生态破坏、环境污染日益加剧等现实问题，我们必须吸取世界上先行国家城市化的成功经验和失败教训，坚持"五个统筹"，走一条节约型的发展道路，即走一条"高密度、高效率、节约型、理性增长"的道路，要着力构建具有特色的资源节约、环境友好的城市化发展模式。

1. 建立节约型城市发展体系

（1）从宏观上要坚持"紧凑型""高密度"城市化发展方向

我国现正处于城市化发展的关键时刻，必须坚持正确的城市化发展方向，即走"紧凑型""高密度""组团式"的城市发展道路。据中国科学院可持续发展研究组的研究成果，城市发展成本的高低，与城市的经济实力具有明显的相关性。城市实力越强，城市规模越大，城市财富聚集能力越高，城市发展成本也越低。充分发挥中心城市的带动辐射功能，发展区域性的城市群，是提高我国城市发展效率，节约资源，保护生态环境，走可持续发展的必由之路。因此，走中国特色的资源节约、环境友好的城市化之路，就是要进一步优化大城市与超大城市的空间结构，按照大中小城市与小城镇协调发展的方针，构筑开放、流动、有序、互补的中国城市体系，实施"组团式"城市群战略。

（2）构筑"组团式"城市群，最大限度地提高资源综合利用效率

在现行行政区划条件下，由于行政边界"硬"约束，在很大程度上阻碍了城市"集聚功能"和"辐射功能"的正常发挥。一方面，极大地阻碍了我国城市化进程的步伐，更重要的是引发了同一经济区内不同城市间恶性竞争，造成重复建设，产业结构趋同，经济资源配置效率低，浪费极其严重。

构建资源节约、环境友好的城市体系，必须在城市发展的形态和战略上实现新的突破，优先培育我国三大"组团式"城市群，即珠三角城市群、长三角城市群和京津环渤海城市群，充分挖掘区域内城市统筹发展的"节约红利"。所谓"节约红利"，就是在发展过程中通过区域内的资源整合以及共建、共享，从而节约成本所获取的利益。区域整个范围越大，获取的红利也越大。如区域内机场、港口等大型公共设施的统一规划，减少重复建设，实施资源共享，这种节约下来的资源和资本就是"节约红利"。研究成果表明，当经济主体从一个低级平台向一个高级平台整合时，生产要素的组合趋好、资源配置趋优、专业化分工趋强、发展成本趋低，"节约红利"的"自发"获取将呈非线性增长。例如，地级市向省级规模整合时，"节约红利"在原有基础上平均提高 10 倍，但从省级规模向跨省级规模整合时，"节约红利"在原有基础上平均提高 100 倍。通过以上规律可知，人类长期以来一直追求在全世界筹划经济全球化的格局，其最高理想就是为了获取最大的"节约红利"。而"组团式"城市群则是目前得到"节约红利"的最有效途径。

据中国科学院可持续发展研究组对中国三大城市群"节约红利"的估算显示：珠三角区域内资源整合将带来 1.8 个百分点的"节约红利"，相当于 2100 亿元的固定资产投资；长三角区域内资源整合将带来 2.2 个百分点，相当于 2900 亿元的固定资产投资；京津环渤海区域内资源整合将带来 1.3 个百分点，相当于 1400 亿元的固定资产投资。三大组团式城市群发育成熟后，所获取的发展红利约为 6400 亿元（2001 年不变价）。

（3）把节约土地、淡水、能源和原材料作为重点突破

与城市化过程相伴随的是不可流动的资源或半流动性资源的大量需求，无论对全国的城市化过程，还是单个城镇的发展，都必须考虑当地这两类资源的约束。土地、水、能源、环境是城市可持续发展的重要保证，要以节能、节水、节材、节地、资源综合利用和发展循环经济为重点，建设节约型城市。

2. 从体制和机制上保障

（1）建设节约型城市的关键是科技创新和提高资源效率

建设节约型城市是一项复杂的系统工程，它涉及社会、经济、科技、生态、文化等多个方面。而关键又在于科技创新和资源节约。必须依靠技术进步、科技创新来挖掘资源潜力，坚持走提高资源利用效率和资源节约的发展道路。自然资源是国民经济和社会发展的重要物质基础，资源节约是经济社会发展的要素支撑。要紧紧围绕实现经济增长方式的根本性转变，以提高资源利用效率为主，以节能、节水、节材、节地、节人力、资源综合利用和发展循环经济为重点，真正做到物尽其用，人尽其用。将知识资源、创新技术引入生产体系，延长资源产业的生命周期，加快产业结构调整，拉动众多产业的发展，扩engthened延伸产业链条。

建设节约型城市，在经济发展过程中要避免重增量轻存量，重数量轻质量，重速度轻效益，重引资轻服务，重开发轻管理的粗放式发展模式。要加快节约资源的新技术、新产品和新材料的推广应用，坚持经济效益、社会效益和环境效益相统一的原则，使资源开发、保护和经济建设同步发展。

（2）建设节约型城市要有高效廉洁的善治政府

提倡建设节约型城市，首先要从政府做起。各级政府机构要率先垂范，大力降低行政成本。节俭是政府善治之本。政府要把管理城市、自我管理和勤俭善治纳入政府的施政纲领，纳入节约型城市建设的轨道。政府要通过改革，转变职能，成为有限政府、服务政府、善治为民的现代化政府。权力不是谋私的工具，权力是责任。建设节约型城市必须建立城市政府节约目标责任制体系，把资源节约，降低消耗等指标纳入城市经济社会发展指标体系，列入领导干部政绩考核的

重要内容。政府的主要领导应是第一责任人，要把解决与民生相关的问题放在预算的首位，各级财政预算要充分体现科学发展观的精神。

（3）建设节约型城市要动员全社会共同参与

勤劳节俭是中华民族的传统美德，贯穿于中华文化发展的全过程。《墨子》中说："圣人之所以节俭也，小人之所以淫佚也，节俭则昌，淫佚则亡。""去无用之费，圣王之道，天下之大利也。"资源是有限的，人类却需要永久地可持续发展。所以，任何时候都要崇尚节俭。要强调适度消费，合理消费，反对过度消费、浪费型消费。人人从我做起，形成制度和风气。

建设节约型城市从本质上讲，就是要处理好人与自然的关系，人与人之间的关系。要提倡尊重他人，珍惜财富，要动员全社会共同参与，建立良好的生活方式和生活习惯。从而实现建设和谐社会的目标。

3. 经济社会发展与自然资源消耗实现脱钩转型

同济大学诸大建教授提出，"未来的城市发展的关键是城市转型与绿色创新"。在谈到自然资源已经成为制约上海经济社会发展的关键因素时，诸大建教授认为，上海的城市创新，实质上应更多地面向资源节约和环境友好的绿色创新，而不是一般意义上的节约劳动与节约资本。

诸大建教授在对当前上海人均资源消耗已达到了国内的较高值的情况做了分析思考，并根据对欧盟、日本等国家 20 世纪 80 年代的经济社会发展状况的研究得出结论，建设资源节约型城市的目标，正是要实现经济社会发展与资源环境消耗的脱钩，即在资源消耗的规模低增长甚至趋于稳定的状况下，保持经济增长和社会发展。进而明确提出绿色发展的本质是经济社会发展要与自然资源消耗实现脱钩。

他认为，这种脱钩发展有两种方式。一种是绝对意义上的脱钩，即在资源消耗总量规模趋于稳定，甚至减少的状况下，实现经济增长和社会发展。目前，这主要是对发达国家的要求。例如，欧盟许多国家的绿色发展就用此目标进行定位。另一种则是相对意义上的脱钩。即在人口持续增长的情况下，资源消耗总量规模仍然是增长的，但是增长的速率低于经济增长率。这是对发展中国家先进城市和先进地区的要求。

因此，上海建设资源节约型城市，要有战略远见地研究国内外可参照的案例，从而推算出满足基本需求的人均资源消耗水平应该是多少，在此基础上进一步推算出，上海未来的资源消耗规模应该有多大（需求变化）、可以有多大（供给能力），以便在先相对脱钩、后绝对脱钩的意义上，促进经济社会发展。

研究同时表明，在同样的资源消耗范围内，资源生产率的水平越高，经济增长的产出规模就会越大、效益就会越好，绿色竞争力就会越强。因此，以资源生产率提高为内容的资源需求管理，不但不影响经济增长，反而能够提高经济增长的质量，实现"又好又快"的发展。

当前，已经有越来越多的人认识到，能源、土地、水资源等自然资源和二氧化碳吸收能力等环境容量，已经成为制约我国城市经济社会发展的关键因素。但是，趋向于将资源节约被动地看作影响经济社会发展的制约因素，而不是更积极地看作驱动城市经济增长模式转型和提升城市发展质量的动力因素，这种认识和观念应该转变。因为，只有这个转变才能实现经济社会发展与自然资源消耗脱钩的转型。

三、形成城市绿色交通系统

绿色交通是获得持续的经济发展和提供人性化的生存空间的必然选择，其核心是交通的通达有序，参与交通个体的安全和舒适，尽可能少的土地和能源占用，与生活环境和生态环境的协调统一，以及交通系统的可扩展性。绿色交通是一个系统工程，涉及交通运输的每一个环节和相关要素，从车、路、交通环境、交通组织、交通管理到其所处的整个社会系统。绿色交通是实现健康、可持续发展的现代城市交通体系的必由之路。绿色交通的核心是资源、环境和系统的可扩展性，是交通系统内部优化及交通系统与外部系统的协调共生。

（一）城市绿色交通理念

绿色交通是一个新理念，也是一个发展目标。绿色交通是指适应人居环境发展趋势的城市交通系统。它是以建设方便、安全、高效率、低公害、景观优美、有利于生态和环境保护的、以公共交通为主导的多元化城市交通系统为目标，以推动城市交通与城市建设协调发展、提高交通效率、保护城市历史文化及传统风貌、净化城市环境为目的，运用科学的方法、技术、措施，营造与城市社会经济发展相适应的城市交通环境。其核心是交通的通达、有序，参与交通个体的安全和舒适，土地和能源占用的最小化，与生活环境和生态环境的协调统一，以及交通系统的可扩展性。

绿色交通是一个涵盖了城市交通的政策制定、城市总体规划、交通设施建设以及科学、先进的交通管理方式的综合系统。绿色交通首先要满足交通的基本目的，即人和物的位移，同时它也要满足城市交通发展的基本要求，即政策的可行性、财务的可承受性、社会的可接受性和环境的可持续性。

绿色交通不仅是政府行为，它也在逐步变为交通参与者自身的行动。对于各级政府来说，其核心的问题是如何建立科学合理的交通项目规划决策程序和监督制度，建立有效的适用于当前和未来交通要求的交通法规体系，以及保证法规体系正常执行的强大机制。对于交通参与者来说，绿色交通是与人们的出行服务质量和生活环境质量密切相关的，通过合理节制的出行选择，公众可以通过绿色交通理念规范自己的交通行为。公众绿色交通意识的加强，直接关系到城市交通系统绿色化的进程。

（二）发展绿色交通的必要性

1. 绿色交通与资源利用

我国是土地资源缺乏的国家，城市用地资源紧缺，发展以公共交通为主导的多元化绿色城市交通系统是必然的选择。据统计，中国 12 个大城市平均每人占有道路面积仅为 5.7m²，而伦敦的数字为 28m²，纽约为 26.3m²，甚至连 2640 万人口的东京也达到了人均 10.9m²。因此，中国的城市道路利用更需要合理的规划和决策，而大容量和快速的公共交通方式可以有效地利用尽可能少的资源实现交通效率的最大化。

中国的能源消耗总量已经排在美国后面，占据世界第二的位置。如果中国采用与发达国家同样的能源消耗方式，则将消耗世界能源的 60%—70%。以小汽车为交通主体的模式（美国）的年平均能源消耗量是以公共交通为主体模式（日本）的四倍左右，中国采用美国的模式是不可行的。中国第一个《节能中长期专项规划》提出，特大城市要加快城市轨道交通建设，提高公共交通效率，抑制私人机动交通工具对城市交通资源的过度使用。从节约能源的角度出发，选择紧凑型的城市布局，采用以公共交通为主导的城市交通发展模式无疑是正确和理想的。

2. 绿色交通与环境影响

城市交通对环境的影响主要包括三个方面：一是汽车尾气中有害气体对大气污染的影响；二是交通噪声污染已经仅次于生活噪声，排在城市人口所受声环境影响的第二位；三是不断增加的城市交通设施建设对生态环境的破坏。研究人员经过长期调查，发现空气污染最严重的城市与污染最少的城市相比，其居民的死亡率要高出 26%。另一方面，随着人们生活品质的提高，对交通噪声污染越来越重视。而机动车保有量的增加，交通拥堵情况日益严重，大气和噪音污染呈上升趋势，政府为缓解这一情况，采取扩建道路、停车场的应对措施，从而又鼓励了小轿车交通量的增加，由此陷入一个恶性循环的怪圈。解决这一问题的唯一途径是发展城市公交系统，推行绿色环保交通工具的使用。如鼓励发展节能车型，取消限制低油耗、小排量、低排放汽车使用和运营的规定；公共交通推行运量大、速度高、低能耗、低污染的轨道交通方式；在城市公交汽车、出租车中推广燃气汽车等。

（三）城市绿色交通实现的途径

1. 制定交通发展策略，为城市交通提供必要的管制和调控

交通系统的规划是城市规划的有机组成部分，在确保环境质量的前提下，优化利用现有交通资源和保证公共交通的通畅。如今中国的大中城市，随着人口、车辆的骤增，交通堵塞、拥挤现象愈来愈严重，而城市的地理条件也决定了不可能通过扩充面积来适应不断增长的交通需求。只有通过充分发挥现有土地与交通资源的潜力，合理控制交通需求的增长，才有可能用有限的资源保证道路交通战略基本目标的实现。基于这种思考，交通发展策略应主要考虑以下两点：一是整合土地使用和交通规划以充分提高土地利用的效率，减少路网建设的盲目性，建立完整有效的道路交通网络，包括普通道路、城市快速路、地铁系统、轻轨系统等。二是发展以公共交通为导向的交通系统。与使用私人汽车相比，公共交通系统节约道路资源，减少环境污染，调节都市发展，因此，成为现代都市实现可持续发展的自然选择。通过交通需求管理限制私人汽车和中心商业区道路资源的使用，促使出行人选择公共交通系统，从而达到节约资源、提高效率的目的。

2. 实现土地使用与交通规划的有效整合

城市交通系统的主要任务是服务于人和货物商品在城市不同地区之间的运输，这就使得交通规划必然是城市规划、土地使用与交通技术相结合的产物。因此，在城市发展的初期就利用土地使用规定城市地区功能，从而有计划地引导未来的运输，这是保证交通系统持续发展和快捷高效的基本措施。土地按照宏观功能应划分为以下五类：工业用地、空白用地、居住用地、交通用地、中心商

业区。除了利用土地使用政策，还要通过整合交通规划和城市规划来管理交通
需求。

3. 建立快捷高效的城市公共交通运输体系

所谓可持续发展，即在满足当前需要的同时，不损害后代子孙在未来追求
自身需要的能力。因此，建立一个快捷高效的城市公共交通运输体系是实现可持
续发展的内在要求。

从现代城市看，公共交通运输体系应包括城市捷运系统、城市轻轨系统、
公共汽车系统、出租汽车系统四部分。城市捷运系统主要承担连接主要地区间频
繁交通干线上的大部分客流，保证整个交通系统宏观运行的效率和稳定；城市轻
轨系统主要用于连接捷运站与主要居住区和商业区，从而实现真正的门对门交
通；公共汽车系统主要承担区域内部和相邻区域间的近距离交通；出租汽车系统
主要填补公共交通与私人交通间的空白。通过采取一系列的措施限制私人汽车的
使用，公共交通系统的运行效率将会得到显著提高。虽然公共汽车系统的运行不
如轻轨系统稳定可靠，但数量庞大的公共汽车和星罗棋布的车站仍然可以保障系
统的整体效率。

4. 控制交通需求，促进城市可持续发展

经济发展必然刺激人们对私人汽车的消费愿望，利用一系列政府行为和政
策手段调控交通需求和实现平衡发展是十分必要的。可以通过静态的车辆配额系
统与动态的电子道路收费系统两种主要方式对交通需求进行管制。车辆配额系统
是通过限制车辆年增率和增加机车拥有人的负担，有效控制长期范围内车辆数量
的增加，促使人们选择公交系统。电子道路收费系统是通过对用户实施电子收费
来降低高峰时段交通拥挤。通过额外的收费，它使用户在不必要的时候避免进入
控制区域以降低交通成本，从而达到减缓阻塞的目的。总而言之，车辆配额系统
增加用户购车的固定成本，道路收费系统则增加使用车辆和道路的动态成本。通
过两者的结合，有效地进行了对交通需求长期和短期、静态和动态的调控，有力
保证了以公交系统为导向的交通发展战略的实施。

5. 广泛开发应用智能交通系统

智能交通系统主要通过实施动态的组织管理策略，并提供及时全面的交通
信息来引导交通流的合理分布，最终优化系统的运行效率，提高交通服务水平。
因此，智能交通系统已经成为现代城市交通管理的发展方向。如可利用城市快速

路监控信息系统，在高速路边用电子公告板的形式为用户提供及时的交通状况信息，以避免用户进入过分繁忙或有事故发生的路段；利用车速信息系统，使安装在出租汽车上的全球定位系统接收器获取不同道路上的平均行驶速度，以此了解区域内的整体交通状况；利用路口监测系统监控路口的运行状况，一旦有事故发生，交通控制中心可以及时采取措施调整交通流量。最后通过整合交通管理系统把从以上系统中收集和处理的交通信息进行数据采集，提供给出行者，从而实现对都市交通系统的智能管理和调控，确保良好的交通服务水平。

（四）创建城市绿色交通系统需要解决的问题

1. 城市轨道交通建设的理性化

轨道交通以其大运量、高效率等优势，成为大城市城区公共交通骨干系统的发展方向。但必须注意到，就我国当前的经济发展状况来说，拿出大量资金建设成规模、成系统的高投入交通项目还需根据各城市情况量力而行。以地铁、轻轨为主的城市轨道交通系统不仅建设费用昂贵，而且运营后基本无盈利，普遍需要给予一定比例的补贴。同时，要充分发挥轨道交通的优势，不仅需要构成轨道交通线网，还需要与常规公交、出租车、私人交通等各种交通方式合理的衔接和整合，避免无序竞争造成资源浪费。

在轨道交通的建设中，首先，要做好路网的规划，合理布局大型枢纽换乘节点和轨道交通的换乘节点，这两者是影响投资的重要部分，也是交通疏解人性化的重要表现。其次，轨道交通的建设要与周边的土地开发相结合，从而吸引投资，实现轨道交通先行，带动周边发展。最后，轨道交通建设中要避免盲目追求先进，应该以安全、可靠和适用为前提。总之，轨道交通有其作为公共交通方式的优越性，但建设应切合实际。

2. 新型公共交通模式的应用

现今世界上的交通方式以多样化的形式出现，它们各有优势。在我国加快公共交通建设的进程中，不妨借鉴他人的经验。

（1）直线电机轨道交通系统。介于传统轨道交通与磁悬浮铁路之间，技术比较成熟，在日本、吉隆坡、加拿大等地已有多年安全运营的历史。它具有造价低（为传统地铁的1/3左右）、振动小、噪音低、爬坡能力强（减少土地占用和拆迁工程量）、牵引能力优越、通过曲线半径小（可以更灵活地适应地形）、能耗低、污染小、安全性能好等诸多优点，非常适合大中城市的大中等运量发展的要求。

（2）美国的快速公共汽车交通（BRT）。BRT系统在多个城市获得了极大的成功，它所提供的较快运行速度、服务可靠性、便利性等，可以与地铁系统相媲美。由于BRT系统相对其他交通方式可以运送更多的乘客，所以在整个交通系统中赋予其公交车辆优先权，从而提高旅行速度；同时通过先进的信号控制系统保证服务的可靠性，减少乘客的等候时间；而合理的线路布设和车站选择，使乘客步行或以其他方式到达BRT系统站点的走行距离最短。这种交通方式比较适合我国中型城市的交通系统。

（3）Metrobus系统。巴西库里蒂巴市采用的Metrobus系统，在实现轨道交通系统大容量、专有路权、水平上下车和车外售票等特点的同时，脱离固定轨道，线路可以即时修正，拥有了常规公交汽车方便灵活的特点，并采用先进的通信信号技术，充分体现出公共交通优先的理念，是一种造价低（为传统地铁的1/6左右）、建设周期短、速度快、准时性好、污染小、能耗低的新型高效公共交通方式。在我国有良好的推广使用前景。

3. 小汽车的重有轻用

以小汽车为主体的交通模式占用大量城市道路资源，能源消耗量大，运能低，环境污染严重，经证明是不符合我国国情的。截至2013年上半年，在北京市520万辆机动车中，私人机动车已经达到408万辆，占机动车保有量总数的76%，其中私人小汽车300多万辆。随着居民收入水平的增长，越来越多的人有能力拥有私人汽车。是否要限制小汽车的使用，是摆在城市管理者面前的一道难题。小汽车无节制的使用对城市的交通功能和环境影响都将带来灾难性的后果，这是被发达国家的教训证实的。我国政府在这方面采取的是"不限制，但不提倡"的做法。以北京为例，尽管拥堵作为城市机动车时代的通病日益为人们所关注，但政府还没有考虑通过采取限制私车发展的方式来缓解交通拥堵，对市民购买小汽车的政策是不限制拥有。但拥有并不意味着使用，从政策上，可以增加城市中心的停车费用，限制部分道路私人汽车的通行量；从技术上，整体提高公共交通的准点率和舒适性，节省出行时间，降低公交出行费用。唯有如此，公共交通相对私人交通才有优势，才可能实现小汽车的重有轻用。

4. 自行车的合理利用

自行车是一种绿色交通工具，但如果将自行车放进整个城市交通体系中整体考虑，其绿色性则值得质疑。自行车是否能担当起首推的绿色交通工具，还需要多方面综合考虑。自行车无污染、零排放，灵活性高、造价低，有利于身体健康和环境保护，这是公认的事实。但同时也要看到，正是城市中自行车与机动车组成的混合交通体系加剧了行人、自行车与机动车之间的冲突，不同车种、不同流向、不同速度的交通流在道路中交织，速度慢、交通路线随意、但数量占绝对多数的自行车对其他交通方式产生了较大干扰，大大降低了城市整体交通效率。据统计，北京、上海、广州等大城市主要干线高峰期的汽车时速仅为 16 公里左右，其中自行车干扰的因素很大。对于布局紧密的城中心区来说，大部分的出行可以通过步行和自行车实现，但对于城市功能区结构松散的城市来说，大量的自行车出行将严重干扰公共交通的效率。另一方面，从运能来说，自行车对道路的占用率也大大高于公共交通的道路占用率。对于北京、上海这样的大城市来说，自行车只能是公共交通的补充，而且随着公共交通的发展，应当吸引更多的人采用公共交通为出行方式，合理规范自行车的交通行为，建立自行车专用道系统，使其促进而不是影响整体的城市交通效率。

5. 绿色交通的公众参与

城市交通发展推行绿色交通的理念既关乎政府管理部门的政策制定，又与公众的行为息息相关。从出行选择来说，如果均采用追求自由，追求个人舒适的个体交通出行，将严重违背城市交通的发展方向，其后果只能是私人汽车的泛滥，道路交通功能的降低，城市环境的恶化。从交通行为来说，无节制、过分自由的交通行为，如不遵守交通规范、乱行乱抢、肆意横跨隔离护栏等现象将导致交通事故率的增加，道路通行能力的降低；反之，合理有序的交通行为，理性化的出行选择将为城市交通的绿色发展提供有力的支持。

四、建设智慧城市

借鉴国际智慧城市建设有益经验，以知识经济作为智慧城市经济发展的主导，建立长效机制，推动政府服务智能化、标准化、透明化的良性循环，促进社会进步，提高社会文明，为城市持续繁荣发展提供智力资源。充分发挥城市智慧型产业优势，各级党政机关、企业、中介、社区、居民共同推进，加快智能城市、幸福城市、和谐城市、环保城市、文明城市建设，用可持续发展的理论指导实现城市经济与城市资源消耗之间的有机匹配，经济发展与生态环境之间的合理平衡，人口发展与人居环境之间以及城市经济活动内部各要素之间的和谐发展。

（一）智慧城市的内涵

智慧城市是目前全球围绕城乡一体化发展、城市可持续发展、民生核心需求这些发展要素，将先进信息技术与先进的城市经营服务理念进行有效融合，通过对城市的地理、资源、环境、经济、社会等进行数字网络化管理，对城市基础设施、基础环境、生产生活相关产业和设施的多方位数字化、信息化的实时处理与利用，构建以政府、企效、灵活的决策支持与行动工具，为城市公共管理与服务提供更便捷、高效、灵活的创新应用与服务模式。

（二）智慧城市的实施策略

智慧城市是信息化与城市化、工业化融合发展的必然产物。我国从事数字城市的研究和实践已经超过20年，数字城市的发展从专业化、信息化，加速向智能化转变。为推进国内智慧城市的标准化建设，实现支撑城市经济运行基础设施智能化升级，提升政府服务功能快速、高效、透明化水平，促进先进文化传播，加速先进知识和技能学习，推动数字化、低碳生活方式的普及，促进新兴产业加速实现现代产业体系，实现城市经济发展模式转变和城市机构的进一步优化，国家有关部门应制定《中国智慧城市建设行动纲要》，并逐步组织不同条件的城市试点实施。

1.智慧城市实施策略的框架

智慧城市建设发展过程中，在其管辖的环境、公用事业、城市服务、公民和本地产业发展中，能够充分利用信息通信技术（ICT），智慧地感知、分析、集成和应对地方政府在行使经济调节、市场监控、社会管理和公共服务等政府职能的过程中所有的相关活动与需求，从而创造一个生活、工作、休息和娱乐的环境。在严格意义上，城市正在形成一个全球经济一体化的，以服务为基础的社会中心；在经济上，城市的职能也在变化，它有着更大的影响，同时也有着更大的责任；从科技角度说，先进的生产力正在为城市运营和发展提供更好的指导能力和管理能力。

2.智慧城市具体实施策略的四个要点
（1）提升城市幸福指数

幸福指数是衡量人民对自身生存和发展状况的感受和体验，属于强烈的个人体验。因此，人民对生活环境和生活质量相应有了更高要求，不但希望享受到健康的食品、健康的水、健康的宜居环境乃至健康的空气，而且希望城市的市容市貌也要更加美观一些、环境卫生更加干净一些、业余的文化娱乐生活更加丰富一些、公共设施更加完善一些，包括日常出行也能让人民更加方便一些等。满足人民追求幸福生活的公共供给，真正让人民生活得舒心、放心和安心。因此，提升城市幸福指数对于促进社会和谐、提升城市竞争软环境尤为重要。

（2）提高政府服务智能化

"智慧政府"是政府从服务型走向智慧型的必然产物。通过智能化公共服务平台建设，能有效提升政府决策水平、提高政府公共服务质量，加快推进智慧产业及城市发展，从而快速提高对"智慧"的全面感知，促进智慧政府发展战略的顺利实现。

通过信息技术手段，建设数字化、智能化政府是贯彻和落实国家信息化战略，提升政府执行能力，构建和谐社会的重要举措，政府机关要转变职能、转变工作方式、转变工作作风，提高工作质量和效率，加大办事高效、运转协调、行为规范的行政管理体制，让数字化、智能化建设成为服务型政府的重要环节，同时也是提升城市竞争硬环境的重要因素。

（3）政府引导企业参与履行社会责任

我国已进入经济战略转型阶段，节能减排、环境保护的重要性日益凸显，而在这些方面，企业能否履行自己的责任尤为重要。政府应积极引导区域内的企业履行其社会责任和义务，政府不仅承担着公共服务职能，更是一个强力领导型的管理机构，在很大程度上也决定着区域内企业社会责任的发展程度。

（4）坚持创新示范

智慧城市作为一种全新的城市形态，将全新地运用物联网、云技算、光网络、移动互联网等前沿信市的示范作用，分享和借鉴政府服务职能，提升智慧指数和理念、信息技术手段，对公众服务、社会管理、产业运作等活动的各种需求作出智能响应，构建起城市发展的智能环境。要借鉴国际经验，创新智慧城市推进机制和举措，打造良好的智慧城市交流合作平台。

（三）智慧城市的建设目标和任务

1. 五个建设目标

（1）智慧城市应注重以人为基础。城市应该有良好的就业和创业环境，适宜居住，社会居民购买力要随着经济增长不断提高。

（2）智慧城市应注重完善管理体系，包括智能交通、智能医疗、智能教育、智能服务、智能信息等。通过整合交通、医疗卫生、教育、环境、金融、工商、税务、财政等政府职能的资源化，形成统一的智慧化管理体系，促进各政府职能机构积极参与智慧城市建设。

（3）智慧城市应注重提高城市环境友好程度。城市的各类机构及社会居民在城市活动中，在追求自身利益的同时，应兼顾利益相关者和社会公共利益，构筑和谐工作和生活环境，实现可持续发展。

（4）智慧城市应注重发展信息技术，从而有利于加快经济转型升级，有利于提升人民群众生活品质，有利于创新社会管理方式，有利于提高资源配置效率。

（5）智慧城市应注重促进高新技术在自主创新、产业发展、公共服务、社会管理、资源配置等领域的广泛应用。

2. 六大建设任务

（1）树立智慧城市概念

智慧城市，一切皆有可能，而无数可能皆由科技创造。"智慧城市"就是打造符合中国特色的城市信息化样本。不仅如此，智慧城市建设同时还将促进新一代信息技术成长，智慧改变社区、智慧改变交通、智慧改变教育……智慧城市，就是让居住在其中的人们生活得更加舒适和美好。在城市区域范围内大力倡导和宣传智慧城市理念，引入先进智慧城市建设方案，培养和打造智慧城市的浓厚氛围。汇集智慧的人和具备智能的物两相结合，互存互动、互补互促，以实现经济社会活动最优化的城市发展新模式和新形态。

（2）打造智慧城市管理体系

打造智慧城市管理体系，是服务的标准化和规范化，使城市管理工作不因领导注意力变化而变化，不因人为因素变化而变化，从体制、机制和技术上建立长效机制，加快推进以数字化、网络化、智能化为特征的城市建设，提升城市信息化管理水平，在智能交通、智能医疗、智能教育、智能服务、智能信息等方面加强管理，形成统一的智能化管理体系，促进政府各职能机构积极参与智慧城市建设。

（3）构筑和谐劳动关系

劳动关系是最基本的社会关系。发展和谐劳动关系，是构建和谐社会的基础，是全面改善民生的重要举措，是加强和创新社会管理的重要内容，是推进经济社会转型升级的必要途径。我国处在经济社会发展的重要战略机遇期，构建和谐劳动关系，是各地政府管理职能的重要职责。通过加强对企业统筹管理、政府扶持等政策性指导，积极创造就业环境，解决就业供求。依托劳动关系三方协商机制，开展劳动保障诚信单位创建活动，坚持职代会制度，坚持工资平等协商，全面推进劳动合同与集体合同制度，建立企业正常的工资增长机制，重点做好企业内职工收入分配向一线生产人员倾斜工作，促进一线职工收入适度增长，引导企业提高劳动保障管理水平，推进劳动关系和谐企业、和谐工业园区建设。

（4）提高城市环境友好程度

认真把握科学发展观的新要求，按照全面落实科学发展观，构建社会主义和谐社会和友好型社会的要求，坚持环境保护的国策，在发展中落实保护，在保护中促进发展，着力构建以循环经济为主导的生态经济体系、可持续利用的资源支撑体系、与自然和谐的安全体系、优美舒适的人居环境体系、"以人为本"高度文明的生态社会体系和务实的科学管理体系。对区域内有污染源的企业，进行企业绿、蓝、橙、黑分类标色，推动区域内企业开展清洁生产第三方审计，重点污染源企业完成编制环境责任公报工作，推动重点骨干企业开展环境行为评估。

（5）强化企业产品质量

构建全社会共同参与的社会监督体系，全面落实企业质量主体责任工作是一项长期性、全局性、系统性的工作。充分发挥新闻媒体、网络平台和社会公众监督的作用，大力开展质量法律法规和相关知识的宣传教育活动，宣传先进典型，曝光违法违规行为，真正营造出"政府推动、舆论带动、企业主动、社会联动"的良好氛围和环境。建立健全产品质量保证体系，鼓励企业增创名牌产品和免检产品，不断满足消费者需求，提高顾客满意度，强化食品药品安全诚信建设，加大 ISO9000 系列、ISO26000、HACCP 体系等非强制性规范的推广力度，倡导实施缺陷产品召回制度。

（6）推动和谐社区创建

社区是社会基本单元，是人们生活的基本空间，特别是"十二五"期间，在经济转型时期，城市的改革发展都离不开城市社区，都依托城市社区，城市社区和谐是社会和谐的基础。强化社区服务能力，推动各职能机构、企事业单位、行业协会等组织积极参与和谐社区的创建工作，形成以社区、居民小区为单位的和谐社区创建示范窗口。

（四）智慧城市建设概览

国外已纷纷力推智慧城市。欧盟早在 2007 年就提出一整套智慧城市的建设目标，并付诸实施。欧盟的智慧城市评价标准包括智慧经济、智慧移动性、智慧环境、智慧治理等方面，2010 年 3 月，欧盟委员会又出台《欧洲 2020 战略》，提出三项重点任务，即智慧性增长、可持续增长和包容性增长。

日本政府 IT 战略本部于 2009 年 7 月制定了《i—Japan2015 战略》，旨在 2015 年实现以人为本、"安心却充满活力的数字化"的社会，让数字信息技术如同空气和水一般融入每一个角落，并由此改革整个经济社会，催生出新的活力，实现积极自主的创新。该战略包括电子商务、医疗和教育三大领域。

美国迪比克市与 IBM 在 2009 年 9 月共同宣布，将迪比克市建设成为美国第一个智慧城市。IBM 将采用一系列新技术武装迪比克市，将其完全数字化，并将城市所有资源都连接起来，可以检测、分析和整合各种数据，并智能化地满足市民的需求，降低城市的能耗和成本，更适合城市居住和商业发展。

韩国仁川市于 2009 年提出打造一个绿化的、信息化的、无缝连接的、便捷的生态型智慧城市。通过整合网络，市民不仅可以方便的享受远程教育、远程医疗、远程办税服务等，还可以远程控制家电，以降低家电能耗。目前韩国已逐步进入智能阶段，即利用无所不在的技术（u-IT），特别是无线传感器网络，以达到对城市的设施、安全、交通、环境等进行智能化管理和控制。

此外，在更早之前，马来西亚的"信息觉醒运动"，在 1995 年提出至 2020 年建设总面积 750 平方公里的涵盖吉隆坡城市中心、布特拉贾亚政府行政中心、电子信息城、高科技技术孵化创新园区和吉隆坡国际机场的多媒体超级走廊。2006 年 6 月，新加坡启动了一个为期十年的"利用无处不在的信息通信技术将新加坡打造成一个智慧的国家、全球化的城市"（iN2015 计划），均是"智慧城市"的雏形。

我国的智慧城市建设也已起步。上海借助世博会之机，将全球智慧城市最新信息科技率先应用于世博会的安防、服务、管理、交通等各个环节，使世博园成为智慧城市的样板；北京携手中国科学院等单位，正式签订"感知北京"合作协议，启动"感知北京"的示范工程建设；南京提出"智慧南京"构想，希望从交通、医疗和电力三方面入手，建设服务型政府；台湾在 2008 年将"智慧台湾"作为发展政策主轴重点，在安全防灾、医疗照护、节能永续、智慧便捷、舒适便利、农业休闲六大领域开展智慧生活科技创新应用的服务示范。

五、生态宜居城市建设案例

从 20 世纪 70 年代生态城市的概念提出至今，世界各国对生态城市的理论进行了不断探索和实践。目前，美国、巴西、新西兰、澳大利亚、南非以及欧盟的一些国家都已经成功地进行了生态城市建设，为世界其他国家的生态城市建设提供了范例。

而从宜居城市评价的国际权威机构评选结果来看，温哥华（加拿大）、新加坡城（新加坡）、维也纳（奥地利）、墨尔本（澳大利亚）、苏黎世（瑞士）、日内瓦（瑞士）、法兰克福（德国）等城市多次被评为宜居城市。其中温哥华地区自1996年来开始实施"宜居区域战略计划（LRSP）"，获得了较大成功，并在世界范围内产生了深远影响；新加坡以其"城市建在花园中"的绿化建设、"居者有其屋"的安居计划连续10年被评为最适宜亚洲人居住的城市。

尽管宜居城市作为一个新的发展理念已经对国内城市的发展与建设产生了很大影响，但国内目前关于宜居城市规划建设的实践仍处于刚刚起步的阶段。而在国外，不管城市规模的大与小，都有一批宜居性建设较好的城市值得借鉴。

生态城市和宜居城市是既有共性又有差异的两套城市建设评价体系，前者侧重于土地利用模式、交通运输方式、社区管理模式、城市空间的绿色发展等方面，而后者不仅重视自然环境、更关注繁荣的经济环境、高效的交通网络、完善的公共设施网络、丰富的文化娱乐设施、便捷的医疗健康服务体系架构、发达的科技教育架构等人文生活氛围等因素。研究这些生态宜居城市的规划和管理经验，无疑会对我国的生态宜居城市建设产生积极的指导意义。

但是，是不是只有小城市才能打造宜居城市呢？从欧洲和美国的情况看，从人口密度、交通畅通度和生活服务便利度等因素看，小城市的确有更多的有利条件。问题是从资源节约和集约利用的角度看，现在已有更多的人口开始涌向大中型城市，刚进入城市化时代的中国就有183个城市提出建设"现代化国际大都市"的目标，这里暂且不论这种城市化的趋势是否正确，事实上，据《中国城市报告蓝皮书》披露，截止到2010年，中国百万人口以上的城市已达到125个，其中200万以上的特大城市达到50个，预测到2020年百万人口以上的城市将达到220个。那么大都市能不能打造宜居城市？国外的"现代化国际大都市"中是否有宜居城市的样板？这些城市又是怎样应对各种挑战，尤其是如何兼顾生态环境的平衡？这里特别选择两个大城市的案例解读。

案例一：温哥华——打造大城市宜居的典范

温哥华是加拿大的工业中心，人口190万，是加拿大全国第三大、西部最大的城市，同时也是北美第二大海港和国际贸易的重要中转站。

温哥华是一个把现代都市文明与自然美景和谐汇聚一身的美丽都市，拥有很多大型的公园、现代化的建筑、迷人的湖边小路、保存完美的传统建筑。怡人的气候和得天独厚的自然美景，使它成为最适合享受生活主义者的乐园。1986年，温哥华在庆祝建城100年的同时举办了世界博览会，从此知名度扶摇直上，近年又多次被国际机构评为最适宜人类居住的城市——2003、2004年被美洲旅行社协会授予"美洲最好的城市"，2004年被国际城区协会授予"城区建设奖"，2005年被英国经济学家智囊团（EUI）授予"世界最适宜居住的城市"。

温哥华是加拿大西南的海滨城市，三面环山，一面傍海。人口的急剧增长曾给温哥华的城市发展带来结构上的转变，产生了各种各样的问题，包括：城市地域的蔓延迅速而又稳定地增加了汽车的使用，交通拥挤和空气污染连续增加等。为此，温哥华在城市发展建设中遵循"精明增长"的理念，走发展紧凑型都市区之路。市政当局通过刺激中心城区的人口增长、促进就业岗位和住宅数量之间达到平衡以减少对机动车交通的需求。这不仅有助于形成更加紧凑的城市形态，而且避免了低密度的城市扩散。

具体而言，温哥华注重营造多中心、多级别的都市中心：运用"集中增长模式"，在划定范围内统一公共基础建设及其他城市服务；增加公共交通，鼓励人们改变出行方式，劝诫单独使用交通工具；减少土地消耗，防止低密度扩张，集约和"精明"地使用土地。为营造亲切宜人的城市氛围，温哥华城区的设计指导思想是，通过贯穿整个地段类型多样的开敞空间体系，将建成区分为若干独立规划的居住组团，合理布置低层和高层住宅，在保持人性化尺度的同时，实现居住高密度。

对于高密度的中心城区，温哥华的城市设计注重规划、比例和色彩等。城市用地生态空间富裕，建筑物以花草树木作为屏障，控制商店店面宽度以适应行人的要求，加设遮蔽设施以避免天气变化的干扰。建筑的底层部分道路红线取齐，以加强街道上的城市气氛；所有的高层塔楼避免直接进入行人视觉范围，以提高街道的舒适宜人度，并保证街道上阳光充足，令现代化的城市设计与自然风光交相辉映。

温哥华的宜居建设的具体工作包括以下方面内容。

（1）保护绿色地带。保持大温哥华地区的生态特色，绿色地带主要包括公园、供水区、自然保护区和农业地区等。对绿色地区的圈定确定了大都市区长期发展的边界，同时为管理人口增长提供依据。

（2）建设完善社区。通过更多设施完善的社区的建设重塑区域增长。社区提供更多的多样性、机会和便利，使居民的工作、生活与娱乐无需长途旅行。通过都市区中心（Metropolitan Core）、区域中心（Regional Tow Centers）、自治市中心（Municipal Town Centers）三类中心组成的多中心网络促进经济与社区平衡发展。

（3）实现紧凑都市。将未来的发展集中在现有的市区中，支持社区容纳中高密度居住区，从而使得人们能够就近工作和居住，更好地利用公交系统和社区服务设施，避免蔓延。

（4）增加交通选择。鼓励人们使用公共交通系统，从而降低对私人汽车的依赖。交通发展的重点依次是步行、自行车、公交系统、货物交通，最后是私人汽车。

表6—1　20世纪70年代以来温哥华宜居建设的主要内容

活 动	时 间	主 题	内 容
多种宜居社区活动和计划	1970—1983年	宜居性	广泛协商和地区参与式规划进程介绍
			温哥华市抗议高速公路通过核心区
			1976年主办人类住区大会
英国哥伦比亚的"规划黑暗期"	1983—1989年	经济调控和政府精简	区域规划作为一个法定功能
			发展服务作为一项地区权力被许可
选择我们的未来	1989—1996年	宜居性	计划与协商得以恢复
			"创造我们的将来"
			地区发展策略在1995年被授权
宜居区域战略计划（LRSP）	1996年至今	宜居的区域	保护绿色的区域
			建立完全的社区

可以说，温哥华是在高密度城市环境下创造了宜居和充满活力的空间，树立了打造宜居大城市的典范。

案例二：新加坡——完善的规划体制为宜居城市建设提供保障

一提到"花园城市"，人们最先反映在脑海中的就是新加坡。新加坡之所以能够成为世界瞩目的"花园城市"，与人们对自然的关爱和人与自然的和谐共处、追求天人合一的观念是分不开的。"园林城市"和"花园城市"的本质应是"天人合一"，而非人为第一位，无限制地向自然索取。人类社会的繁荣发展应同自然界物种的繁衍进化协调进行，最终创造一个人与自然相和谐的城市。新加坡人深深感到，城市化高度发达的新加坡留给自然的空间越来越少，因此更要珍视自然，让他们的后代能够看到真正的动植物活体而不仅仅是标本。

新加坡是马来半岛最南端的热带城市岛国。新加坡发展最大的约束是土地资源，但城市的发展并未受其影响，其开发成功主要归因于有一个明确、清晰和强有力的政府控制体制。它依据坚实的政策环境，使专业规划者与企业很好地合作，它果断地执行了一些重大的政策和规划，才使新加坡有了今天的宜居环境。

新加坡最引人注目的是其良好的绿化环境，这是基于三方面的原因。首先，规划部门精心编制了《绿色和蓝色规划》，该规划为确保在城市化进程飞速发展的条件下，新加坡仍拥有绿色和清洁的环境，充分利用水体和绿地提高新加坡人的生活质量。在规划和建设中特别注意到建设更多的公园和开放空间；将各主要公园用绿色廊道相连；重视保护自然环境；充分利用海岸线并使岛内的水系适合休闲的需求。在这个蓬勃发展的城市，是植物创造了凉爽的环境，弱化了钢筋混凝构架和玻璃幕墙僵硬的线条，增加了城市的色彩，新加坡城市建设的目标就是让人们在走出办公室、家或学校时，感到自己身处于一个花园式的城市之中。

其次，新加坡在不同的发展时期，提出不同的绿化美化目标，保证与城市变化的方向相一致；此外，政府出台了诸如《公园与树木法令》《公园与树木保护法令》等一批法律法规，要求所有部门都必须承担绿化责任，对损坏绿化的行为实行严厉处罚。

新加坡政府充分发挥其职能，实现"居者有其屋"。首先，政府设有建屋发展局，专门解决经济适用房和廉租房的问题。新加坡的经济适用房称为"组屋"，政府对购买"组屋"人群的收入有一定限制。至于商品房，政府只根据政策批租土地。其次，为了让居民都能买得起房，新加坡政府推出了一系列优惠措施：制定公积金制度；坚持"组屋"小户型、低房价原则；对居民购买"组屋"实行免税优惠措施等。另外，为了保证居民的生活质量，建屋发展局在"组屋"的地址选择、样式设计及配套设施建设上都颇费心思。

此外，新加坡政府重视公共交通发展，制定和完善了城市交通总体规划，投入巨额资金，加快城市陆路交通网络的建设，并且通过将快速轨道系统延伸到新城镇和居住区中心，来获得一个整体有效的交通系统。

总之，新加坡政府完善的规划体制为宜居城市的建设提供了一个良好的保障，并有效避免了城市发展中缺少控制的问题。管理机制能保证不同的规划和执行部门间的紧密合作，保证公众充分参与规划进程并及时提供反馈意见，从而获得一个可信而可行的规划。公私之间的紧密合作，是成功开发中整合意见和资源的一条值得世人借鉴的途径。

第七章 美丽城市：有效治理

一、树立生态城市理念

生态城市（Ecological City）从广义上讲，是由于人类对人与自然关系有着更深刻认识而产生的新文化观，是按照生态学原则建立起来的社会、经济、自然协调发展的新型社会关系，是高速、有效地利用环境资源实现可持续发展的新的生产生活方式。狭义上讲，就是按照生态学原理进行城市设计，建立高效、和谐、健康、可持续发展的人类聚居环境。生态城市的建设理念顺应世界潮流，促进了城市的可持续发展，对区域生态系统整体优化、经济社会协调发展，人与自然的和谐发展等具有划时代的意义。

（一）生态城市理念的提出

城市生态学属于生态学（Ecology）的分支学科。生态学（Ecology）是由德国生物学家赫克尔（Ernst Heinrich Haeckel）于 1869 年首次提出并于 1886 年创立的，是研究生物之间以及生物与环境之间的相互关系的学科。从创立至今，生态学适应于运用环境，并与其他学科相互渗透，产生了许多分支学科，如农业生态学、城市生态学、人类生态学等，形成了庞大的综合性学科。

作为生态学的二级学科，城市生态学研究的是城市人口与自然环境和社会环境之间的相互关系，其系统理论是在人类文明的历程中发展起来的。从农业文明时期，城市诞生以来，人与城市环境关系的研究不断被深化和系统化。早期的城市是政治军事的中心，但在经济上却受制于乡村，技术水平也相对低下，人类对自然有所认识，但对自然的利用和改造能力还比较低，有局部的环境受到破坏。但整体上，人类城市社会对自然环境的影响较小，对自然世界充满敬畏、崇拜自然、依赖自然的思想占统治地位。随着18世纪西方工业革命带来的工业文明时代到来，城市工业经济高度增长，城市数量规模剧增。为满足发展的需求，在追求最大的生产和增长的过程中，长期掠夺消耗自然资源，且大量使用不可再生的能源，排放了大量的废弃物，引发了一系列全球性的环境问题。这威胁到了人类以及地球上其他生物的生存和发展，引起了人类的恐惧与反思。1971年，多国合作了"人与生物圈计划"（MABP），深入研究人和自然普遍的相互作用问题，开创了在全球范围内将城市作为生态系统来研究的新途径，"关于人类聚居地的生态综合研究"专题是该计划的重点研究内容，促使对城市生态学的研究达到了前所未有的广度和深度。在1971年联合国教科文组织的第16届会议上，在"关于人类聚居地的生态综合研究"中首次提出了"生态城市"理念。1990—2002年，分别在伯克利、阿德莱德、约夫、库里蒂巴和深圳召开了五次生态城市国际会议，使生态城市理念得到更为广泛的普及。至今，随着各国学者的不断地探索和研究，生态城市理念已具有广泛的外延和内涵，并应用于生态城市建设实践中。

总体来说，生态城市理念是人类社会文明进化的结果。为了改善人类以及地球生物整体的生存环境以及将来的可持续发展而提出的基于生态学的理论，适应于生态文明时代人类社会生活新的空间组织形式。生态城市理论也不是一个理想的终极目标，而是一个逐渐协调、和谐的过程。通过不断的发展，其提供一定空间内人与自然和谐、可持续发展的理论可能。并在其理论发展中，运用于城市生态改建的实践，创造了社会、经济、自然协调发展的新型社会关系和可持续发展的人类聚居环境。

（二）生态城市理念解析

由于生态城市理念是一个随着人类文明发展不断协调进化的过程，因而因不同的地域、不同的时期而有不同的标准和内涵。1971年"人与生物圈计划"正式提出了生态城市理念及五项生态城市建设的基本原则，即制定生态保护战略、建立生态基础设施理念、重建居民生活标准、将自然融入城市和保护历史文化。1984年前苏联生态学家杨诺斯基（O.Yanitsky）提出生态城市是一种理想的城市模式，其中，技术与自然充分融合、人的创造力和生产力得到最大限度的发挥。1987年美国生态学家理查德·雷吉斯特（Richard Register）提出，生态城市追求人类和自然的健康与活力，生态城市即生态健康的城市，是紧凑、充满活力、节能，并与自然和谐共处的聚居地。在我国，黄光宇教授于1989年提出，生态城市是社会和谐、经济高效、生态良性循环的人类居住区形式，具有自然、城市和人融为有机整体、形成互惠共生结构的特点。王详荣教授于2001年提出，生态城市是指社会、经济、自然协调发展，物质、能量、信息高效利用，基础设施完善，布局合理，生态良性循环的人类聚居地。2001年黄肇义、杨东振教授等认为，生态城市是基于生态学原理建立的自然和谐、社会公平和经济高效的复合系统，更是具有自身人文特色的自然与人工协调、人与人之间和谐的理想人居环境。但是，所有的观点都赞成，生态城市理念中关键的部分是涉及人与环境的关系、资源利用、社会经济发展、社区建设等方面的问题。

在生态城市理念中，运用了生态学的相关知识，把城市看成一个改变了自然结构、物质循环和部分能量转化的、受人类生产活动和消费需求影响的人工生态系统。该生态系统以人的生存、发展需求为核心，但不同于工业时代以"机械原理"装备和污染城市，而是回归生态本征，用"生命原理"规划和建设城市，坚持可持续发展，协同城市及区域内人与自然环境、人与人之间相互关系。因此，在对生态城市理念的理解中，有以下几个方面的共同含义。

1. 生态城市作为一个生态系统，其影响的不仅仅是城市这一个区域，而是一个中心城区与周围城镇和乡村紧密联系、与国内外都市相互竞争和补充的开放系统。在这个系统中，既需要以人口的适度聚集和持续宜居为基础，又需要以社会经济与科教文卫的高度发展及其较强的辐射力，以带动周边乡村与其他城镇的协同发展为宗旨。因此在生态城市的功能定位和建设中，需考虑到自然条件、经济区位和辖域内外物流、资金、人流的聚散，以及政治、文化、科技的凝聚与辐射，促进区域整体协调发展。

2. 生态城市中涉及区域内外的自然生态系统中的空气、水体、森林、能源等，更需考虑到城市所处的人工环境系统、经济系统和社会、文化系统。综合考虑人的发展、自然环境、资源流动、社会体制和管理体制的协调发展，促进区域内人与自然和谐发展。

3. 生态城市在保证协调发展的过程中，既要追求经济的增长，又要保障人们生活质量的不断提高。建设合理的生产力和人口格局，拥有优美的自然和人文景观结构、便利的交通和通讯网络，提供高效、和谐的服务，社会保障和调控体系。同时要正确处理好发展与稳定的相依关系，合理分配收益，加强法规体系建设，从而和谐人与人之间的相依关系，坚持以人为本。

（三）树立生态城市理念的意义

自 18 世纪中叶工业革命以来，使用不可再生能源和机器为主的工厂取代了手工工场，农业人口大量转移到城市，城市的规模急剧膨胀。尤其是 20 世纪后半叶的城市化浪潮，城市规模的无限扩张，给区域内乃至全球的自然生态环境带来了严重的负面影响。同时，城市环境也无法满足过于集中的人口的需求，生活环境和质量受到很大的影响。人均收入的不均所带来的贫富分化，严重影响了人与人之间和谐的社会关系。这些问题给城市的发展造成了许多的阻滞，严重的区域甚至影响到了人类、其他生物的生存和未来。因此，在经过痛苦的反思之后，一条新的城市发展之路被提上了议程，这就是"可持续发展"的生态城市之路。19 世纪以来，西方就开始了一部分的城市环境改造实践，至 20 世纪末，已在全球范围内掀起了强烈的生态城市建设浪潮。早在 1820 年，欧文就提出了"花园城"的概念，倡导花园城镇运动。1898 年霍华德在《明日的田园城市》一书中提出了"田园城市"理论，在其"自然、低密度"思想的影响下，西方国家出现了一批早期的花园城市。1933 年，《雅典宪章》规定，"城市规划的目的是解决人类居住、工作、游憩、交流四大活动功能的正常进行"，进一步明确了生态城市有机综合体的思想。20 世纪 60 年代后，以卡尔迅（Rachel Carson）的《寂静的春天》（1962）、罗马俱乐部的《增长的极限》（1972）、丹尼斯·L. 米都斯等的《只有一个地球》（1972）为代表的著作，较为系统地阐述了社会学家和生态学家们对世界城市化、工业化、与全球环境恶化的担忧，激起了人们对城市生态的广泛兴趣。20 世纪末期，从 1971 年的"人与生物圈"计划首次正式提出"生态城市"的概念，生态城市的理念开始有了系统化的阐述，得到了全球的广泛关注和认可，并运用于城市的改造和建设中。1990 年在美国加利福尼亚的伯克利召开了第一届国际生态城市会议（International Eco-city Conference），与会的 12 个国家提出了具体的生态城市建设方案，包括伯克利生态城计划、旧金山绿色城计划、丹麦生态村计划等。1992 年在伯克利具体实施了生态城市计划。此后，很多著名的城市先后开展了实践，如美国的克利夫兰、澳大利亚的阿德莱德、新西兰的怀塔克尔、巴西的库里蒂巴的生态城建设等。

而在我国，城市化的进程较西方晚，目前正处于高速发展中，在生态城市的研究方面和西方发达国家相比，起步也较晚。由于在早期甚至是现在的一些城市建设中，大力追求经济发展目标，因而忽略了自然环境的保护、相关设施的建设等。因此，在城市以及区域中出现了大气污染、水污染、固体废弃物污染等自然环境问题，也存在着城市交通拥挤、公共设施不足、人口过于稠密、住房紧张、居住环境质量差、城市犯罪率居高不下等诸多"城市病"。为了解决这些问题，实现可持续发展，我国借鉴国外的相关生态城市理论及实践经验并结合本土实情，逐步开展生态城市建设。党的十八大正式提出了"大力推进生态文明建设"的战略决策。强调："把生态文明建设放在突出地位，融入经济建设、政治建设、文化建设、社会建设各方面和全过程。""着力推进绿色发展、循环发展、低碳发展。""形成节约资源和保护环境的空间格局、产业结构、生产方式、生活方式。"具有关资料显示，我国目前的城镇人口占总人口的 49.6%，城镇面积 10 年间扩张了 60%，要进行生态文明建设很大程度上就是进行生态城市建设。急需开展城市土地空间开发格局优化、促进生产空间集约高效、生活空间宜居适度、给自然留下更多的修复空间；全面促进资源节约，集中节约利用资源，推动资源利用方式根本转变，加强全过程节约管理，大幅降低能源、水、土地消耗强度，提高利用效率和效益，大力发展节能低碳产业和新能源产业；加大自然生态系统和环境保护力度，实施相应的生态修复工程，坚持预防为主、综合治理，以解决损害居民健康突出环境问题为重点，强化水、大气、土壤等污染防治；树立生态城市的理念，加强生态文明宣传教育，增强全民的节约意识、环保意识、生态意识，以应对高度的、快速的城市化所带来的问题，从源头扭转生态恶化的趋势，为人民创造良好的生产生活环境，为区域乃至全球生态安全作出贡献。

（四）生态城市理念实践

运用生态城市理念进行城市规划与建设已成为当前国内外生态环境及城市规划领域的前沿，代表了城市生态环境研究与建设的发展方向与综合水平。从 20 世纪末期开始，已有几十个国家参加了生态城市理论的实践研究，如美国的伯克利市和西雅图市、澳大利亚的墨尔本市、日本的北九州市、丹麦的歌本哈根市等，它们的共同特点是按照社会—经济—自然人工复合生态系统的目标来建设城市。2002 年在深圳召开的第五届国际生态城市学术研讨会，进一步交流了生态城市理论实践的势力，促进了理念的传播和普及、推动了生态城市理念在全球范围内的实践。

在国外生态思想以及现实国情需求的影响下，我国也开始了建设生态城市的实践探索。上海、扬州、广州、绍兴等城市先后开展了生态城市的建设规划，对我国城市的转型产生了巨大的推动作用。尤其是在十八大召开，正式确定"生态文明建设"的战略决策之后，我国城市全面踏上了生态建设之路。全国 80 多个城市提出了建设"生态城市"的目标，海南、吉林、黑龙江和陕西等省也提出了建设生态省的目标。

由于各城市的区域情况和发展实际不同，寻求和探索适合自己发展的生态城市建设道路，是城市区域内可持续发展的保证。因此各个生态城市建设实践均有自己的特色，但拥有以下的共同特点：城市为区域一体的生态大环境；建构城市开敞空间系统；建构完善的城市绿地系统。

在充分理解了城市与其所处自然环境的关系及城市发展演化过程的基础上，做好生态调查，最大限度地保护与利用城市原有的自然素材，结合城市内部的生态环境改造，相互结合、连接、渗透，充分发挥了自然的生态功能，保证城市生态机制的良性运作。

整体来说，我国的生态城市理论实践还处于初级阶段，正着手于环境方面的改造和建设，重点在于使人与自然和谐相处，而人与人的，以及人与生物之间的和谐关系建设还仅仅处于政策阶段，没有较多的在城市建设中得到体现。

总之，生态城市理念是人类文明的发展结果，也是人类、其他生物以及地球得以延存及发展的唯一途径。树立生态城市理念，并运用于实践，就是要在城市及其影响的周围区域内，积极改善人与自然、人与人的之间的相互关系，以实现和谐相处。这有利于解决城市化所带来的诸多"城市病"，改善人们居住生活环境，同时，也有利于持续性的发展。因此，无论是对于发达的西方国家，还是高速发展中的我国，研究发展生态城市理念，进行生态城市建设，都是十分必要的。

二、加强城市环境治理

城市是人类文明的产物，是人类改造自然的产物。因此，城市环境也是高度人工化的生存环境。在一定程度上，为居民的生活提供了便利，但是由于在城市建设中，只注重于发展，城市迅速膨胀，人口过于密集、消耗不可再生资源的工厂林立、交通的建设速度跟不上需求的增长等而使环境遭到了严重的污染和破坏。因此，在各地都展开了城市环境治理的工作。

（一）城市环境

在生态学中，环境是指生物生活周围的气候、生态系统、周围群体和其他种群，包括自然环境与人文环境。那么城市环境就是指人类利用和改造环境而创造出来的高度人工化的生存环境，包括影响城市人类活动的各种自然的或人工的外部条件。其由自然环境和人工环境两部分组成。自然环境包括城市区域空间范围内的地质、地貌、土壤、大气、地表水及城市生物系统太阳辐射等自然因素，可分为大气环境、水环境、土壤环境等。人工环境是指在前者基础上建造的社会环境、经济环境、文化环境和建设设施等有别于原有自然环境的新环境及次生环境。

作为一个人工化的环境，城市环境和一般环境相比具有以下几个特点。

1. 城市环境的界限相对明确：城市有着明确的行政管理界限及法定范围，与森林山川草原等自然界限有所区别。

2. 城市环境受自然规律的制约：城市是人类对自然改造而形成的，是人类对自然环境施加影响最为强烈的地方，但是又受到了自然规律的制约，对自然环境的污染和破坏又反应在城市环境中，如城市热岛效应、酸雨、地下水污染等。

3. 城市环境构成独特、结构复杂、功能更为多样化：城市环境的构成除了自然环境因素外，还有人工环境因素、社会环境因素、经济环境因素、美学因素等。多样的构成使其结构复杂，复杂的结构有能保证其发挥多种功能，使城市的影响范围并不局限于本身的地域范围，而是扩展至周围的广泛区域甚至与全球。

4. 城市环境限制众多，矛盾集中：城市系统是开放系统，直接受外部环境的制约，生产生活资料必须由外部输入，同时必须把产品及废物转送到外部去，如果中间出现了中断或梗阻，后果不堪设想。其还受到社会环境、经济环境的制约，国际、国内政治形势、国家宏观发展战略的取向与调整也会产生一定直接或间接的影响。

5. 城市环境相当脆弱：城市环境的生态组合成分单调、生存空间狭窄、自动调节和自净能力较弱，处于极度脆弱的状态，一旦一个环节发生问题将会是整个环境的失衡。

6. 城市环境对人类以及区域内的经济发展影响大：随着城市化进程的加快，城市面积和城市人口急速增加，人口较为密集，且城市一般为区域的发展中心或次中心，一旦发生问题，对人们的健康、安全、损失都会很大。

基于城市环境以上的特点，城市环境相较于自然环境，其环境的自然进化能力较小，且对外部环境的依赖和影响都较大，易于受到污染，且污染后所造成的影响和危害较大。因此，需要在城市建设和改造中，重视城市环境的治理，解决城市环境的污染问题，提高城市环境的质量。

（二）城市环境现状分析

随着经济的快速发展，城市人口急剧增加，城市范围也快速扩张，已经超过了城市环境的容量，引起了城市环境的迅速恶化，饮用水水源水质超标、垃圾围城、机动车污染、扬尘污染、废热废气污染等问题，直接影响了城市居民的生活环境。这些污染大致可归纳为大气污染、水体污染、固体废弃物污染和噪音污染。

1. 大气污染：我国的产业属于重型化，大多使用不可再生能源，大量排放了粉尘、硫氧化物、氮氧化物、碳氧化物、多环芳烃等进入大气，使大气质量严重恶化，同时，人口急剧的增多所带来的城市空间上的急速扩张，以及人们生活方式的改变，私人汽车的拥有量也不断增加，不仅给交通带来了拥堵，更多的是增加了交通运输工具尾气的排放量，进一步加剧了大气的污染程度。在大气污染中的固体颗粒，按其大小分为粉尘、飘尘、微尘和霾尘，在城市周围形成烟雾将城市包围起来，让居民被迫呼吸到污染的空气，这严重威胁到了居民的健康。硫化物、氮氧化物在下雨的时候，随着雨水降临到地面，形成酸雨，腐蚀城市生态环境，破坏地表土壤的平衡，造成更大的经济损失。而大量排放的二氧化碳等所造成的温室效应和臭氧层破坏，更是直接威胁到人类和地球其他生物的生存。

2. 水体污染：我国的水体本就存在着分布不均、人均占有量较小的问题。随着城市人口的急剧增加和追求工业的快速、高利润发展，大量的生活污水、工业污水没有得到妥善的处理而直接排入水体，致使水环境遭到严重的破坏。中国七大水系的污染程度依次为：辽河、海河、淮河、黄河、松花江、珠江、长江，其中42%的水质超过3类标准（不能做引用水源），全国36%的城市河段为劣5类水质，完全丧失了使用功能。能够使用的水资源越来越少，加重了我国城市的供水危机。不少城市对地下水过度开采，来满足城市的用水需求。然后，随着水体污染情况的加剧和自然环境中水的循环，地下水也大多被污染严重，无法达到使用的标准。

3. 固体废弃物污染：大量聚集的人口和快速发展的工业生产产生了大量的固体废弃物，包括城市生活垃圾、工业废渣等。由于城市本身的自净能力极小，且所产生的固体废弃物大多很难被自然分解消耗，造成了垃圾围城的现象。

4. 噪音污染：随着我国城市工业、交通运输和文化娱乐事业的快速发展，机动车辆数目也在迅速增加，使得交通噪声成为城市的主要噪声源。而建设发展所带来的工业、建筑噪声一般强度较大，因此严重影响了居民的休息与生活。其他噪声虽然声级不高，但与人们的日常生活联系紧密，影响了人民的身心健康。

在城市环境的治理中，我们需要采取相应的措施来解决这些污染的源头，改善我们的城市环境。在城市高速发展的同时，更要考虑如何保证良好环境的延续发展。我们不能够仅仅在乎眼前的利益，而忘却了给子孙后代留下发展的空间和资源。城市环境治理已是生态城市建设中的重要一环。

（三）城市环境治理现状

针对城市环境遭受到严重污染的现状，我国各地已经开始着手于城市环境治理工作，试图从根源解决大气污染、水体污染、固体废弃物污染、噪音污染等问题。

1.大气污染治理

在大气污染防治方面，我国提出了调整能源结构调整战略，减少煤炭、石油等不可再生能源的使用。加强天然气、煤层气、页岩气、天然气水合物等绿色能源以及太阳能、风能、潮汐能等清洁可再生能源的开发利用，走低碳经济之路。加强能源的利用，采用高新技术，改进燃烧方式，推行清洁的生产工艺。同时，合理规划城市布局，协调地区经济发展和环境保护之间的关系，增加城区的绿化带，以净化大气。

在大气污染的治理方面，加强了对大气环境质量的监测，并根据监测结果，结合城市大气质量现状与发展趋势进行功能区划，拟定环境目标，计算各功能区最大允许的排放量和消减量，再按照污染的种类不同，分为颗粒污染治理和气态污染治理，制定污染治理方案，以期利用气象条件和大气环境容量达到自净的效果。

2.水体污染治理

在目前，我国采用的治理措施首先是停止和减少废水量的排放。采用改革工艺，减少甚至是不排废水。对现有废水的排放，或通过治理，以降低废水的危害，或通过重复用水及循环使用水系统，使废水能循环利用，如电镀废水闭路循环，高炉煤气洗涤废水经沉淀、冷却后再用于洗涤等，控制废水中污染物浓度，回收有用产品。在废水治理的过程中，加强了监测管理，制定了法律和控制标准，坚持谁污染谁治理的原则。

3. 固体废弃物污染治理

在我国，固体废弃物污染治理主要体现在对城市垃圾处理方面。我国的垃圾处理起步于 20 世纪 80 年代，1980 年以前，全国几乎没有城市对垃圾采取必要的措施，进行无害化处理和管理。20 世纪 80 年代后，我国开始建设比较规范的垃圾处理设施，至今为止发展迅速。到 2009 年，全国的总处理量达到 1.12 亿吨，其中，无害化处理能力为 35.6 万吨 / 天，无害化处理的方式主要为卫生填埋，部分地区还采用固体废物机械处理设备（压实设备、破碎设备、分选设备）、固体废物焚烧与热能回收设备（垃圾焚烧炉、热能回收设备、烟气净化设备）、固体废物热分解处理与回收设备（立式炉、卧式炉、流化床反应器）、垃圾堆肥成套设备（供料进料设备、预处理设备、发酵设备、后处理设备）等较为先进的科技来处理垃圾，以达到废弃物循环再利用。

4. 噪音污染治理

对噪音污染的防治一方面是依靠立法管理和政府的行政措施，加强对环境噪声源，如设置禁止鸣笛标志、划定禁止机动车辆行驶和禁止使用声响装置的路段和时间，加强路面巡逻监管力度；严格控制工厂噪声污染，对违规企业给予罚款、停产整顿等处罚措施；控制建筑工地施工时间；加强公共场所娱乐、聚会噪声管理。另一方面是依靠噪声控制技术，控制噪声的传播，如在公路、噪音源头附近，采用建隔声带等措施。

虽然我国政府已经十分重视城市环境的治理，也采取了很多有效的措施，城市环境的质量基本保持了稳定，部分城市环境质量有所改善，城市综合防治污染的能力得到进一步的提高。但是，目前仍存在着一些亟须解决的问题。

1. 城市政府及社会公众对环境保护认识还不够高，一些地方政府盲目追求经济利益，忽视长远利益、全局利益，轻视环境保护，甚至不惜以牺牲环境为代价换取经济的发展。随着我国经济发展的深入，和迅速提高的生活水平不符的是，公众的环境意识、环境伦理道德水平不够高，参与公共环境保护的自觉性也还不够强。

2. 城市环境压力随着城市经济的快速发展不断加大，我国城市经济一直保持高速增长的态势，并且长期延续高投入、高消耗和高排放的粗放式增长模式，且许多城市污染物排放总量已超过环境容量，排放速度远远超过治理速度，城市环境的承载力已趋于饱和。

3. 城市环境治理进程难以满足群众对城市环境状况的要求，城市中的垃圾围城、机动车污染、噪声扰民等环境问题还很突出，重大环境污染事件时有发生，直接影响了城市居民的生活环境、甚至影响了社会的和谐稳定，引发群体性纠纷事件。

4. 城市环境治理基础设施建设严重滞后，生活污水集中处理、生活垃圾无害化处理、危险废物处理等建设能力尤显不足。

5. 城市环境污染边缘化问题日益显现，城市化的进程加速了城市的扩张，对周边区域的生态系统造成了严重的影响，同时，周边区域在利用城市的辐射功能作为自身发展原动力的同时，也更多地承担着来自中心城区生产和生活所产生的污水、垃圾、工业废气等污染。

6. 城市环境治理突发事件猛增，应急准备不足，不能科学应对、妥善处置各类突发环境事件。

7. 城市环境治理经济政策激励效力不足，经济手段是环境保护的重要手段之一。我国政府近20年来也一直在进行相关经济刺激政策的制定和实施，包括征收排污费、减免税收、加速设备折旧、环境保护项目优先贷款、建立环境保护专门基金、大气污染物排污交易、征收生态补偿费等，但多数未达到预期效果。

因此，在实际城市环境保护的操作中，需针对这些问题加强对城市环境的治理，加大管理力度和宣传力度。

（四）加强城市环境治理措施

我国城市环境治理中所存在的这些问题，究其原因，大致有体制、机制和法制三方面因素。在城市环境管理体制方面，管理效率较差、监管能力较弱，以致国家环境监测、信息、科技、宣教和综合评估能力等方面不足，部分领导干部环境保护意识和公众参与有待提高。在城市环境保护机制方面，治理中动力不足、投资渠道不畅。长期以来，中国环保市场化程度偏低，环境保护和污染处理投资严重不足，是城市环境得不到有效治理。在法制方面，立法供给不足，在一些重要的环境保护领域，缺乏专门法律法规，有些只有部门规章，在污染防治立法与资源保护立法方面存在着相互隔离的情况。执法力度也不够，环境案件难以处置，许多违法行为等不到纠正和处理，环保部门内部职责不清、执法人员素质不高，执法程序混乱，有些地方政府为了追求发展和政绩而不顾环境保护法律法规的要求，干扰环境执法的落实。

针对以上问题和原因，加强城市环境治理的途径主要是以下几个方面。

1. 制定城市发展规划，积极推进市场化运行机制，实施城乡一体化保护战略。首先以城市环境容量和资源承载力为依据，制定城市发展规划，从区域整体出发，协调发展。调整城市经济结构，发展循环经济，把合理划分城市功能、合理布局工业和城市交通作为首要的规划目标。其次，要提高城市环境基础设施建设和运营水平，积极推进市场化运行机制，加大环境投入，提高城市环境基础设施建设和运营水平。遵循市场规律、发挥市场机制的作用，充分调动社会各方面的积极性，推动投资多元化、产权股份化、运营市场化和服务专业化。最后，按照直接受益或间接受益原则建立健全污染物处理收费制度。只有政府和市场同时发挥作用，才能真正提高城市环境的治理。

2.建立绿色信贷制度，构建绿色资本市场，联手控制环境污染。第一，依照环保法律法规的要求，严格新建项目的环境监管和信贷管理，各级环保项目要严把建设项目环境影响评价审批关、切实加强建设项目环保设施"三同时"管理。第二，要依照环保法律法规的要求，严格现有企业的环境监管和流动资金贷款管理。第三，各级环保与金融部分要密切配合，建立信息沟通机制，各级环保部门可按照环保总局与人民银行指定的标准，将环保信息纳入企业和个人信用信息基础数据库，防范可能的信贷风险。第四，各级银行监管部门可敦促商业商行将企业环保守法情况作为授信审查条件、严格审批、严格管理。第五，建设先进的环境监测预警体系，推进环境监测站标准化建设。第六，建设完备的环境执法监督体系，提高环保执法装备水平，加强国家、省和市级安全环境监管能力建设，提高安全监督水平。第七，建设完备的环境事故应急系统，开展全国污染元普查、饮用水水源地调查、地下水污染现状调查、土壤污染现状调查、持久性有机污染物调查等。第八，增强环境科技创新，建立一批国家环境重点实验室、国家环境工程技术中心和环境基准实验室，为城市环境保护、资源能源节约利用，减少污染和循环再利用提供技术支持。

只有通过在这些方面加大投入力度，确保环境保护政策确实有效实施，同时加强宣传教育力度，树立全民环保的意识，才能加强城市环境的治理。

总之，城市环境为人工化的系统环境，对区域内的自然生态环境、居民和生物的影响较大，良好的城市环境有利于居民的身心健康和城市的可持续发展。然而，现在的城市环境却被破坏严重，受到大气、水体、固体废弃物、噪音等各方面的污染，严重影响了生物及自然的生存与延续。针对这些问题，我国已采取了各种措施进行城市环境治理，但由于体制、机制、法制等各方面原因，一些措施不能确保实行，城市环境治理的效果不佳，现为了加强城市环境治理，需制定一系列健全的体制等，在根本上加大资本投入和宣传教育力度。

三、保护城市生态系统

（一）城市生态系统

早在 1935 年，当英国生态学家坦斯利提出"生态系统"这一科学概念时，就有人认为这是生态学发展过程中的一个转折期的开始。生态系统既是生态学的研究中心，也是研究环境以及环境科学的基础。同样，"城市生态系统"由美国芝加哥学派创始人帕克于 1925 年提出后，得到了迅速的发展，与自然生态系统一样成为了生态学的研究中心，城市生态系统也成为城市生态学的研究中心与研究重点。

在城市生态学中，城市生态系统被定义为特定地域内的人口、资源、环境（包括生物的和物理的、社会的和经济的、政治的和文化的）通过各种相生相克的关系建立起来的人类聚居地或社会、经济、自然复合体。其组成包括自然系统、经济系统和社会系统。其中，自然系统包括城市居民赖以生存的基本物质环境，如阳光、空气、淡水、土地、动物、植物、微生物等；经济系统包括生产、分配、流通和消费的各个环节；社会系统涉及城市居民社会、经济及文化活动的各个方面，主要表现为人与人之间、个人与集体之间以及集体与集体之间的各种关系。城市生态系统不仅有生物组成要素（植物、动物和细菌、真菌、病毒）和非生物组成要素（光、热、水、大气等），还包括人类和社会经济要素，这些要素通过能量流动、生物地球化学循环以及物资供应与废物处理系统，形成一个具有内在联系的统一整体。

在严格意义上，城市是人口集中居住的地方，是当地自然环境的一部分，它本身并不是一个完整、自我稳定的生态系统。但按照生态学的观点，城市也具有自然生态系统的某些特征，具有某种相对稳定的生态功能和生态过程。尽管城市生态系统在生态系统组分的比例和作用方面发生了很大的变化，但城市生态系统内仍有植物和动物，生态系统的功能基本上得以正常进行，还与周围的自然生态系统发生着各种联系；另一方面，城市生态系统相较于自然生态系统确实已发生了本质变化，具有许多不同于自然生态系统的突出特点。因此，需深入探讨城市生态系统这些基本特征。

首先，在城市生态系统中，人起着重要的支配作用，这一点与自然生态系统明显不同。在自然生态系统中，能量的最终来源是太阳能，在物质方面则可以通过循环而达到自给自足。而城市生态系统就不同了，它所需求的大部分能量和物质，都需要从其他生态系统（如农田生态系统、森林生态系统、草原生态系统、湖泊生态系统、海洋生态系统）人为输入。同时，城市生产系统中，人类在生产生活中产生了大量的废物，不能完全在本系统内分解再利用，必须输送到其他生态系统中去。由此可见，城市生态系统对其他生态系统具有很大的依赖性，因而也是非常脆弱的生态系统。由于城市生态系统需要从其他生态系统中输入大量的物质和能量，同时又要将大量废物排放到其他生态系统中去，它就必然会对其他生态系统造成强大的冲击和干扰。如果人们在城市的建设和发展过程中，不遵循生态学规律，很可能就会破坏其他生态系统的生态平衡，并且最终会影响到城市自身的生存和发展。

其次，城市生态系统的特点是人工的生态系统，在能量流动方面具有许多不同于自然生态系统的特点。在自然生态系统的能量流动是遵循生态学金字塔规律的，而城市生态系统的能量流动遵循倒金字塔规律。

再次，城市生态系统的功能与自然生态系统的功能也有很大的区别。城市生态系统相对于自然生态有许多不同的特点，在城市生态系统中，人口高度集中，其他生物的种类和数量都很少，动物群落基本上是家养动物群落，人是生态系统中主要的消费者。在城市生态系统中，生产者、消费者所占的比例与在自然生态系统中正相反，是以消费者为主的倒三角形营养结构。作为生产者的植物数量很少，往往都是人们为美化环境、消除污染和净化空气而让其生存于城市之中。

第四，城市生态系统具有高度的开放性。因为，在城市里，能量、物质和信息高度集中。在输入与输出中，其能量的转化是其他生态系统无法比拟的。

最后，城市生态系统具有多层次性。人是城市生态系统的主体，人和环境就是一个子系统，当然这里考虑的是人的生物性活动和环境的气候、食物、淡水，以及人的生活废弃物等，还有工业——经济系统，文化——社会系统。

（二）我国城市生态系统现状

纵观当今世界，伴随着城市化在全球的推进，带来了人口激增、资源锐减、环境破坏等问题，这严重影响了人类的生存与延续。这些历史的经验与教训，使城市各部门和广大群众开始自觉认识到，建立一个和谐、稳定、高效城市生态系统的必要性，城市的盲目发展已初步受到了控制，系统状况有了一定程度的改善，反映在以下几个方面。

1. 认识到了城市生态系统的存在。在社会经济发展上，开始认识到城市的经济结构与发展规模应当与本地区的自然条件、资源潜力以及社会经济基础相协调，使城市、区域形成一个有机的整体，使城市生态系统的能量、物质运动能在区域系统达到基本平衡，避免城市的盲目发展。

2. 明确了生态环境的重要意义。在城市规划建设上，逐步明确了良好的生态环境对人体身心健康以及城市生产、生活的重要意义，仿效自然生态系统生物群落与非生物环境的相互关系，日益重视城市园林、绿化系统建设。

3. 注意充分利用资源，减少污染，注重提高能量、物质在系统中的利用率，减少了城市生产、生活中产生的污染。

4. 加强了对"三废"的综合利用和治理。

5. 制定了相关的法律法规，并提出了相关的建设战略方针，如《中华人民共和国环境保护法》（草案）、《中华人民共和国水污染防治法》，"五位一体"中的"生态文明建设"等。

6. 有关的专业队伍已开始建立，并开展了有关的科研活动，为生态系统保护提供了技术支持。

尽管我国的城市生态工作已取得了一定的成绩，但仍存在着不少问题。首先是城市系统结构不合理，造成的原材料、能源的远距离输入，以及产品的远距离输出，降低了系统的效率。同时，因结构的不合理，使本地区的某些资源没有得到合理开发利用，城市的生态系统平衡无法在本地区内完成。其次是浪费现象严重，系统内能量、物质的运动方式不合理，存在着严重的浪费。有资料表明，我国每消耗一吨标准燃料所提供的社会产品只有发达国家的四分之一到二分之一。循环利用少，加工深度低，加剧了原材料、能源的紧张状况，延缓了城市经济发展的速度。再次是我国的基础设施和第三产业水平低，造成了城市生态系统的总体运行效率低下。第四是城市园林、绿化水平低，人们日常活动远离自然绿色环境，不利于城市居民的身心健康。第五是污染严重。在城市生态系统中无效输出的三废过多，不仅造成了能量、物质的严重浪费，而且严重污染了城市自身以及周围地区的生态环境。最后是由于我国在长期建设中，只注重眼前利益，而忽视了生态环境的保护，缺乏组织保证，付出了巨大的代价。

（三）城市生态系统的保护

通过吸取西方发达国家的经验教训，我国已经认识到了资源保护、环境治理的重要性。我国作为社会主义国家，保护自然资源，维护良好的生态环境，最大限度地改善人民群众的物质生活和精神生活条件，是建设工作的出发点，因此必须建立健全的组织机构，完善城市生态保护与管理工作。

当前，我国正处于科学技术和经济急速发展中，也在不断地进行着经济体制改革工作，为完善我国城市生态系统保护提供了良好的条件，我们应当充分利用这一有利时机，采取有效的措施，保护城市生态系统，具体的措施如下。

1. 明确战略指导思想，建立健全法制。人们需进一步明确，保护城市生态环境是关系到人类生存延续的重点问题，需加大宣传，传播有关理念和知识，使之深入人心，逐步成为广大群众的自觉要求。同时，建立健全的法则，坚持有法必依、执法必严，严防少数单位或个人只顾眼前利益，不顾长远整体利益而破坏城市生态环境。

2. 统一搞好社会经济与生态环境规划。在城市建设中，坚持社会经济的发展必须与生态环境的保护和合理开发利用相协调的原则。在国家计划的指导下，统筹安排全社会的经济发展与人口、资源、环境诸方面的关系，达到经济效益、社会效益和生态效益的统一。坚持"谁开发谁保护""谁污染谁治理"的原则。大力推广有利于生态保护和延续的技术方法，在政策上给予支持。

城乡建设规划也应与生态规划同步制定、同步实施。区域城镇体系规划应充分考虑区域的生态条件。城市体系中的经济结构应与环境资源状况相适应，沿着变本地区资源优势为经济优势的方向，逐步调整本地域城市的经济结构。城市的规模和布局应与各自的自然地理条件相使应，根据城市区域具体的环境，确定城市合理容量和布局形式。

3. 加强城市生态科学、环境科学研究，为经济建设服务。当前我国社会经济的蓬勃发展，使得城市生态科学的应用研究显得极其迫切。为尽快改变我国城市普遍存在的资源、能源利用率低，城市结构不合理的现状，需改革企业生产工艺和民用能源结构，研究和推广无废技术，提高利用率。同时，调整城市的经济结构，围绕城市主导部门和核心企业，开展综合利用，形成"经济生态链"，从而大幅度提高城市生态系统的运行效率。

4. 积极培养有关人才，加强宣传教育。通过采取以上措施的完善和全体人民的一致努力，坚持走可持续发展道路，把自然看作人类生命的源泉和价值的源泉。尊重自然，善待自然。然而，可持续发展道路并不否定经济增长，尤其是在我国这种发展中国家。需要重新审视如何实现经济增长的模式，由粗放型向集约型转向，以自然资源为基础，同环境承载能力相协调，经济发展、社会发展与环境相协调，从而建立起高效、和谐、稳定的城市生态系统。

总之，城市生态系统不同于一般的自然生态系统，其具有以下特点：物质和能量不能自给自足；对其他生态系统具有高度依赖性；对其他生态系统易造成干扰；稳定性较差，易受到干扰而导致系统破坏。因此，由于在我国前期的经济发展阶段中，未重视生态系统的保护，而导致了三废过多，能源、物质浪费等问题，严重影响了人类的生存和延续，也阻碍了城市的进一步发展。在吸取了惨痛的教训之后，我国已开始着手于城市生态系统的保护工作，取得了一定的成效，在将来，需进一步加大保护力度，坚持走可持续发展道路，建立其高效、稳定的城市生态系统。

四、城市生态环境治理案例

生态环境治理是指协助已经退化、损害或者彻底破坏的生态系统回复到原来发展轨迹的过程。城市生态环境治理是以生态城市为发展目标，对城市现有的物质环境进行有机更新，恢复城市生态系统功能，对城市发展过程中所造成的和即将造成的环境污染进行恢复和保持，促进城市社会、经济、自然系统向协调、有序的状态演进。

国内外的城市生态环境治理实践开展已久，至今已有不少成功案例，这些治理工作往往结合生态规划同时进行，在完成生态环境恢复的同时，实现城市的有机更新，将生态规划、环境整治、生态恢复一系列手段结合，营建自然协调的城乡环境。通过对加拿大的废弃地治理、美国的湿地治理和雨水管理系统的案例的分析，借鉴相关经验，从中挖掘出对我国生态环境治理与规划工作具有参考价值的启示。

（一）国外城市生态环境治理案例

1. 多尺度的结合——美国华盛顿金郡的湿地治理

金郡（King County）位于美国西北角华盛顿州，面积 5977 平方公里，人口约 180 万，辖区内有 39 个市镇。该地区流域面积达 534 平方公里，湿地资源丰富，为 200 多种野生动物和多种植物提供生境。

在政策方面，金郡的各种生态环境治理工程较为成熟，通过湿地影响缓解银行（Wetland Mitigation Bank）政策建立的湿地恢复市场机制取得了很大的成效。湿地影响缓解银行政策是一种在美国行之有效的生态补偿政策。该政策将投资者成功治理恢复的湿地换算成信用额度，投资者则通过取得的信用额度来补偿未来开发对环境的影响。由于多个小型湿地的生态环境治理的成本往往高于一个大面积湿地的治理成本，投资者出于成本节约的考虑，倾向于选择连片的大面积湿地开展恢复工程，从侧面有效地避免了生态环境破碎化，保护了生态功能较大的湿地资源。

在措施方面，水网密布的金郡重视城市湿地的生态环境治理，采取的措施主要有以下几点。

（1）改善水质。湿地水源主要来自降雨、地表径流和地下水，水源质量是决定湿地功能的重要因素。恢复流域植被与土壤成为金郡各地方政府过滤地表径流的首要途径。其次，各区域通过建立小型暴雨汇聚池收集并缓慢释放雨水进入湿地的措施，极大程度降低了土壤侵蚀度，起到改善湿地水质的作用。另外，金郡政府对在水网关键点建立的污水处理设施周边自然生境的打造十分重视，着力保证水源区域健康稳定的生态系统。

（2）恢复土壤。金郡湿地土壤多为利于植物生长的优质土壤，但退化湿地面临土壤板结，岩石侵扰等问题，因此湿地生态环境工程前期一般注重土壤的更新，移走岩石，补充本地土壤，并通过堆土的形式制造坡度不一的生境土丘，以增加湿地生态环境多样性。

（3）控制水平面。金郡湿地受高涨落幅度的影响，单一灌木种群占据优势地位，对维持生物多样性不利。湿地生态治理工程通过控制，保持水平面，减小水位的涨落幅度，增强湿地的适生性，维护群落稳定。

（4）重建植被。金郡湿地生态环境治理中，植被的重建分两个方面，首先是通过除草剂或人工拔除的方式控制外来入侵种，然后是乡土树种的种植。

（5）建立不同生态环境之间的联系。城市中的道路与建成区隔绝了湿地与其他自然生态系统的联系，影响了自然生态系统间的物质能量交流以及对外界干扰的缓冲能力。金郡的湿地生态环境治理工程利用高地植被向湿地的延伸，增大了森林与湿地的边缘效应，促进生态环境之间的互动，增加了物种多样性与丰富度，而水体部分则制造倒木联系湿地的两岸环境，为动物提供迁移和栖息通道。

该案例启示如下。

多尺度结合：从金郡的湿地生态环境治理措施中，可以发现其生态的理念贯穿于湿地相关的各个环节，从水源到地表基质再到小生境，这种通过连续的大小尺度结合的生态工程来恢复生态环境及生态系统功能的做法值得借鉴。

人工优化，加速演替过程：自然的演替稳定，安全并且可持续，但也存在速度慢的问题，难以较快地恢复到生态破坏前的环境质量。自然演替并不意味着完全杜绝人的参与。案例中的规划者通过各种手法向自然界中加入一定量的人为积极因素，使演替能够向着城市需求的方向加速发展。

经济杠杆：湿地影响缓解银行与城市碳排放信用额度类似，是一种通过恢复环境来购买开发权的机制，鼓励人们在城市发展过程中重视环境保护与生态治理，并主动积极地采取对环境有利的规划与建设方案。将环境保护全面融入市场机制的做法对我国城市生态环境的治理有着很大的参考价值。

2. 城市雨水管理——普吉特海湾的低影响发展项目

普吉特海湾（Puget Sound）位于美国西北部，通过胡安德福卡海峡与太平洋相连，整个海湾周边地区集中了华盛顿州九大城市中的六个：西雅图、塔科马、埃弗里特、肯特、贝尔维尤和费德勒尔韦。人口约 400 万。扩张中的城市对自然土地的蚕食给常年湿润多雨的普吉特海湾带来了难题，威胁着该区域的生态系统健康。尤其是普吉特海湾的降雨径流中携带了源自城市建成区的大量污染物，破坏了地区河流水质、地下水质，影响水生动物的生存，且雨季的大量地表径流导致城市洪水暴发、动植物的生存环境遭到了毁坏。因此雨水管理计划纳入了《普吉特海湾合作城市 2020 行动纲要》，成为海湾周边城市生态环境治理的重要内容。

LID（低影响发展）项目是普吉特海湾地区针对城市雨水问题开展的生态环境治理项目，项目目标是模拟自然生态系统的水循环，降低城市地表径流和水质污染，其采取的主要策略包括保护措施、区域规划、管理实践以及维护与教育。其中，保护措施注重重建植被与土壤以恢复自然地表并保护天然的排水结构；区域规划策略要求建筑与道路规划远离排水功能良好的土壤，减小非渗水表面比率并避免其成片蔓延；管理实践策略要求将雨水控制融入场地设计，在水源地附近使用尽量多的 LID 技术，改善水源质量，通过生态设计手法减小对传统雨水收集和污水处理系统的依赖；维护与教育策略要求区域发展出具有明确指引的长期维护计划，对所有的利益相关者授予植被、土壤保护和雨水管理等实践知识。

在该项目中，具体实践内容包括城市雨水花园、透水道路、绿色屋顶的建设以及屋顶引水灌溉工程等。城市雨水花园是 LID 项目中最有效的雨水管理方法之一。雨水花园在城市中扮演自然植被的角色，得益于较地表平面低洼的设计，能够充分发挥收集、吸收和过滤建成区的地表径流的作用。由于雨水花园可以结合居民的门前绿化进行建设，所以带来了极高的公众参与度，发挥的影响也最为显著。透水道路是市政建设中的重点工程，通过带有空隙的透水砖以及草坪设计，增高地表的透水性，减小雨水流失。绿色屋顶与屋顶引水灌溉工程也是循环利用雨水，降低径流污染的有效途径。通过屋顶植被层与土壤层的过滤以及吸收，雨水缓慢汇入屋顶管道，引入地面的雨水花园，实现了生态与建筑结合的自然循环系统。

该案例启示如下。

对不可控的自然条件进行限制及改造：各个城市受其地理位置、自然条件所限，均有一定的不可控自然因素，如雨水，风沙等。在实际规划中，应从实际出发评估各种自然力量所带来的可能危害及治理的可行性，制定相关方案应对。

项目引导：城市地表径流污染问题在我国也是城市化带来的重要生态环境问题，通过渗水型的地表基质进行城市水环境治理的理念也多有提及，但是大多城市缺乏规范完整的管理策略引导城市建设、规划以及市民行为。普吉特湾针对区域特定的环境问题制定城市发展项目，并围绕城市规划、场地设计以及市政管理等等层面确定生态环境治理策略，通过教育、社区活动等形式鼓励公民参与城市生态环境治理问题，其经验值得学习。

生态理念融入规划的各项细节：案例中对雨水的疏导及污水处理的各种理念已完全进入城市规划的各个细节中，从街旁绿地低洼的设计，到屋顶绿化引水管道的普及，生态已不仅是城市规划的参考因素，而是可以通过设计来实现的规划目标。

3. 废弃地的再生——加拿大汤米逊公园

加拿大多伦多市的汤米逊公园（Tom Thompson Park）位于向安大略湖延伸出 5 公里的人工半岛。在 20 世纪 50 年代晚期，该地区就作为城市的垃圾场地，堆填了逾 4000 万车次的建筑垃圾，成为了城市的废弃地。1989 年，多伦多市政府将这一地区设计为以保护与恢复为主要建设手段的生态公园。

汤米逊公园的生态环境治理措施有以下方面。

基于自然演替的生态环境治理：早期作为城市废弃地的汤米逊公园，由于远离人为干扰，其陆地植被以及湿地植被获得了自然演替的机会，为鸟类以及鱼类提供较好的生存环境条件。多伦多政府在清理河道时，将淤泥和泥沙堆积到汤米逊公园所在的位置，为汤米逊公园生态植被的恢复打下坚实基础，在后续的生态环境重建规划中，则采取以保护为主的生态环境治理手段，利用多样的土壤基质、岸线以及垂直结构条件，构建丰富的生境类型，引种大量本地植物，进一步地促进自然演替的发生，使生态系统自身的弹性回复力发挥作用。

生态功能分区：政府以保护公园中生物多样性为目的，对公园总体进行功能分区，强调人流对野生动物活动场地的分离，即整个规划范围划分生态保护核心区、生态保护过渡区与生态保护观光区。生态保护观光区中修建有栈桥和林间小道等供游人抵达公园中的自然生境；生态保护核心区在一年中限时开放，以保护野生动物免受干扰。

生态格局建立：多伦多政府为了达到防洪与控制通向安大略湖河水流量的需求，购买沿河私人用地，修建滨水公园体系，形成了城市的河流廊道网络，汤米逊公园则占据了生态节点的位置，联系城市公园系统与海岸湿地，形成了"斑块（生态节点）—廊道（沿河公园）—基质（安大略湖水面）"的生态格局，为野生动物的迁移和栖息提供条件，目前公园里共有305种鸟类栖息。

该案例启示如下。

充分利用自然力量：案例中的公园具有自然治理生态的先天优势。城市边缘的场地规划应以当地自然条件为主要出发点，通过减小干扰和保护为主的措施达到生态系统功能的自我修复。

就地取材：案例中生态环境治理时，使用了大量的城市河道中清理出的淤泥。这暗示着在城市生态规划中要充分利用当地条件，根据已有的植被，水体及其他原生态系统中的非生物因素，因势利导综合考虑更为经济高效的生态环境治理方案。

多方位考虑生态环境治理后各种潜在因素对其所造成的影响：案例中多伦多政府综合考虑了人流及野生动物栖息规律，分区规划并限定了各区域的开放时间。而在国内，人员的季节性流动、经济发展等因素显然会对生态系统造成后续持久的压力，对政策制定有更高的要求，在制定相应的生态环境治理方案时需要比国外更多地考虑到恢复后的环境可变因素。

生态格局的建立是恢复生态系统循环功能的重要基础：将区域生态恢复点纳入城市整体生态格局当中，既是对城市生态系统的一种完善，也加强了区域生态系统维护的成效。

（二）国内城市生态环境治理案例

在我国，借鉴国外先进的城市生态环境治理实践经验，结合本地的特色，也开展了一些较为成功的城市生态环境治理，实例如下。

滹沱河为石家庄市的主要河流之一，位于石家庄市区的北部，离中心城区约12千米。历史上的滹沱河地区曾是水丰土肥的地方，农业耕种条件优越，宽阔的漫滩地构成出山口河道特有的景观格局，不仅为下游地区提供了丰富的水资源，也对区域环境质量的改善和气候的调节起到了一定的作用。20世纪50年代末，由于滹沱河上游的水利工程的建设以及滹沱河（石家庄段）沿线城镇区域经济获得迅速发展，加之人们对流域共生共荣关系认识的局限，到20世纪80年代，滹沱河（石家庄段）已基本断流，只在行洪期间过水。

经过几十年的演变，滹沱河的生态环境问题越来越突出，影响越来越大，特别是在石家庄市区段，滹沱河已由一条兴利之河变成一条毒害之河，集中表现在河道干化、植被退化、水污染严重等方面，造成该城市生态环境退化和恶化的后果。从气象条件和环境监测数据看，该河已成为城市最大的沙尘污染源。改善滹沱河区域生态环境状况成为石家庄市生态环境治理的关键。

1. 生态环境治理措施

对于该段河道的治理，在保证其水利功能的基础上，提出复合生态系统治理理念，即保持河流的连续性和与城市的共生互补性，重点处理好河流两侧的土地利用模式，以及重点做好生态防洪、植物生态系统的修复工作。

在土地利用模式方面，基于滹沱河流域的特殊功能，在综合建设适宜性、景观适宜性、生态适宜性和经济适宜性评价的基础上，通过环境目标、社会目标、经济目标三大目标的和谐发展，在坚持"生态优先、景观经济并重"的原则下，制定出科学合理、优化可行的土地利用模式——"一线、两岸、三段、六区"，使该区域成为石家庄市区北部的绿色生态屏障、水源涵养区、风景旅游度假区、近郊森林公园、生态农业教育科研基地。

"一线"是指在滹沱河行洪制导线以内，结合防洪要求分断面进行控制，300米以内（五年一遇）为永久性河道，300米—800米为沙地草甸，800米以外至行洪制导线为疏林草地。"两岸"为防风林带。"三段"是指滹沱河3个功能有别的宏观功能段，即南水北调工程以西为集园、林、果、田、居为一体的大地自然景观功能段，南水北调工程京深高速公路段为游憩休闲度假功能段，京深高速公路以东为农、林、苗结合型的生态农业种植功能段。"六区"是指6个生态功能区，即生态防护区、生态恢复区、生态园林区、生态展示区、生态农业园区和生态聚居园区。

在生态防洪方面，滹沱河流域属东亚季风气候区，季节性雨季明显，洪水灾害具有迅速且持续时间较短的特点。虽然修建了岗南、黄壁庄两个水库和一些其他防洪设施，但防洪标准也不足十年一遇。为保证滹沱河（石家庄段）顺利地行洪、泄洪和利于滹沱河（石家庄段）区域生态环境的快速恢复，采用了生态防洪的措施。将滹沱河南岸的生态防洪分为3段。黄壁庄大坝下至南水北调中线段：保留原有的不规整的天然沙堤。对不完善的河堤，按照设计制导线建设生物软堤防。水库大坝下的河道两侧多短沟，适合建设柳谷坊。南水北调中线至京珠高速公路段：在京广铁路西侧，改造现有月牙堤，堤外侧表面种植地被植物护坡，内侧为青石条干砌堤坝，便于生物、水分、养分的交流。其中，京广铁路东侧至汊河入滹沱河口段，采用回填采沙坑、整修护砌岸坡等工程措施，紧靠滹沱河深槽右岸新建南堤。京珠高速公路以东，机场路以东段：整修堤防，在无堤防的村庄外沿规划制导线建设生物软堤防，在受到洪水冲击的堤内侧建设雁翅柳防浪林。

在植物生态系统的修复方面，根据河道水资源、气候、土壤等特征，结合景观建设的需求和河道的水利功能，提出横向层叠、纵向梯级的河道治理理念和采取林景型、林经型、林生型三种主要的片林复层结构种植模式。

2. 采用横向层叠、纵向梯级的河道治理理念

横向层叠。横向层叠是指河道、河堤和阶地三层治理断面。河道：在河道内禁止挖沙，平整滩地，依靠两岸生态环境的修复，自然固定流沙，形成沙滩河床景观；300米—800米的河漫滩，是传统的行洪滩道，严禁种植阻水植物，禁止在河滩地内开荒造田，保护野生草本植被，逐步形成沙地草甸草原景观；800米以外至行洪制导线是营造生物防洪和疏林草地景观地带，可建设柳、桑缓洪雁翅绿化工程。河堤：一是在迎水面密植乔、灌木，建设生物软堤防；二是在人工堤防中，采用柔性护岸，以草本植物、灌木为主，其中迎水坡可采用三维生物网草皮护坡，坡脚应设防护林；三是保证有500米宽的大面积堤岸积防护林带。阶地：在恢复农田防护网的基础上，发展复合型农林业或都市型农业，改变单一的农作物耕作模式。在此基础上，利用沙地景观、河流水环境、森林植被，发展以观光游览与休闲娱乐为主的旅游产业。

纵向梯级。纵向梯级是按照河道的自然特性、水利功能及其所承担的功能和职能将其划分为三段。上段为黄壁庄大坝下至南水北调中线—保护原有的人工林和防护林带，继续扩大人工造林和防护林带，形成水土保持区和水源涵养区；中段为南水北调中线到京珠高速公路—整合资源，治理污染，种树植草防风固沙，构建以月牙堤围合地带为中心，以沙地河滩绿色生态恢复为主题的城市近郊休闲区；下段为京珠高速公路以东，机场路以东—建立复合型农林区，发展花卉、蔬菜、果品、畜牧业，实现生态效益与经济效益的同步提高。

3. 采用片林复层结构种植模式

为使滹沱河南岸的片林、林带更好地发挥生态效益，提出片林复层结构种植模式理念。该模式包括"春景""夏景""秋景""冬景""四季景观"5种林景型模式，"林果""林药""林蜜"3种林经型模式，"防护模式""耐瘠薄模式"2种林生型模式。这三种复层结构种植模式的设计，均以1公顷为设定面积，乔木占地面积最小以 20m² 株为计算单位，乔灌比例为 1∶2。

林景型模式。通过垂柳、水杉、红瑞木、棣棠等树种的搭配，形成丰富的天际线及红、黄、绿的视觉效果，达到春季可观绣线菊，夏季可观满树金黄的栾树，秋冬季可观多姿百态的红瑞木、棣棠的景观时序。具体种植模式为：上木，栾树（200株）＋垂柳（100株）＋水杉（50株）。中木，绣线菊（黄栌）（250株）＋红瑞木（红叶小檗）（150株）＋棣棠（金叶女贞）（100株）。下木，玉簪（400墩）＋金银花＋丹麦草。

林经型模式。在产生经济效益的同时，创造一定的生态效益和社会效益，即选取多种药用植物，形成春季连翘夺目，春夏之季金银花、芍药竞相争妍，夏季珍珠梅串串白花驱暑，秋季银杏渲染片林景色，冬季侧柏苍翠的景象。具体种植模式为：上木，侧柏（200株）＋银杏（100株）＋杜仲（50株）。中木，连翘（200株）＋珍珠梅（250株）＋枸杞（150株）＋红叶小檗（100株）。下木，金银花＋宽叶麦冬＋芍药。

林生型模式。以防风治沙尘污染为目标，选取连翘、泡桐、丁香等滞尘、抗污染能力强的树种，形成夏秋开花、冬显干皮的特色。具体种植模式为：上木，毛泡桐（200株）＋皂荚（100株）＋白皮松（50株）。中木，珍珠梅（250株）＋连翘（200株）＋紫丁香（150株）＋木槿（100株）。下木，山荞麦＋地锦。

该案例启示如下。

滹沱河（石家庄市段）的整治和修复工作取得了较好的生态效益和经济效益。如上游续建的小壁自然生态园，总占地1025000亩，林地和疏林地占80%，植被率达到90%以上，基本形成了水、草、鸟、兽、林共生的良好的自然生态环境，为许多野生动物的生存、繁殖和栖息提供了庇护场所。汊河一期工程通过模拟自然风光，将该区域建成集自然生态、水源保护、休闲度假、知识教育功能为一体的自然生态观察园和滨水景区，结合采砂大坑的回填处理，在汊河入滹沱河口上、下游段的滹沱河深槽营造人工湿地，建设生态景观和进行生态河道的修复。同时，河道岸坡采用土工格室护岸、三维网草皮护岸和缓坡等形式，使滞洪区防洪标准和汊河行洪标准达到五十年一遇，既保障了城市财产的安全，又保障了该区域的地下水不再受到污染。

总之，城市生态系统的承载能力非常有限，城市化的快速发展一方面带来经济的繁荣，但同时也对有限的自然资源造成了破坏。如何治理已被破坏的生态环境，实现城市与自然的平衡，是我们目前所面临的问题。国内外城市生态环境治理的成功经验具备以下基本因素：第一是对已被破坏的生态环境的进行科学辨析，明确关键的生态环境治理对象与目标；第二是实现治理手段与生态过程的完整衔接，从大尺度的功能分区到小尺度的场地设计中均贯穿了对自然生态系统的模拟；第三是有完善的政策作为指引；第四是采用市场机制，引发了公众的参与。

城市生态环境治理是一场艰苦卓绝的长期战斗，需要环境工程师、城市规划师、城市决策者以及公民的通力合作，在城市发展过程中进行不断修正与不断实践，才能最大可能地保证城市生态系统的健康，实现城市的有机更新与可持续发展。

第八章 美丽城市：评价标准

建设美丽城市，需要在明确美丽城市内涵基础上，构建定量化的衡量标准，以评价不同城市的美丽指数，同时，构建美丽城市的评价标准，也有利于引导城市在规划建设管理过程中朝着美丽城市的方向来发展。

一、影响因素分析

美丽城市的内涵是丰富的，表现也是多方面的。建设美丽城市的影响因素包括自然本底条件、经济发展阶段、资源节约利用水平、环境友好程度、居民生活质量、文化特色保护以及城市人文素质等方面。

（一）自然本底条件

自然本底条件是城市存在与发展的基础，也是城市自然生态特征的初始体现。不同城市在地形、地貌、气候等自然地理特征上的差异，决定了不同区域城市的自然差异，呈现出的生产、生活格局也各有不同。尽管城市作为集聚产业和人口的主要地区，相对而言都具备良好的自然本底条件，但是不同城市基于各自的自然地理条件发育成的城市骨架和格局，均遵循本原的自然生态肌理，故形成了城市各自的空间结构，这既赋予了不同城市的个性特质，也影响着城市的生态化发展水平。例如，对于山地、丘陵和平原不同类型地区的城市，决定了在初期规划和后期开发建设上的差异。当然，不同类型地区的城市呈现的多样化地域景观也为城市带来了多元的审美享受，为建设美丽城市注入了不同元素。气候寒冷地区城市的植物种类和景观也要逊色于温暖城市。拥有湖泊、湿地的城市，既有利于城市净化空气、调节气候，也为城市提供了休闲游憩的空间。

因此，自然本底条件是城市的自然环境基础，在建设生态文明的背景下，更需要在尊重自然、顺应自然前提下，立足于不同城市的自然本底条件，采取差异化的美丽城市建设路径，彰显不同区域城市的生态本原个性。

（二）经济发展阶段

经济发展是城市社会进步的基础，城市处于不同的经济发展阶段，决定了城市创造财富的能力和效率，也影响着建设美丽城市的财力和水平。城市的经济发展阶段通过产业结构来体现，城市相对于外围的农村区域，产业结构高端化特性是城市得以集聚人口和产业的优势所在，但我国不同等级规模的城市所处的发展阶段各异，各自的产业结构也呈现不同的比例，从而决定了资源配置组合的效率差异，影响着城市发展的生态化水平和美丽程度。按照产业结构升级规律，在经济总量中，三次产业产值比例由大到小会呈现"一、二、三""二、一、三""二、三、一""三、二、一"逐次升级的过程。我国目前一些中心城市和省会城市的产业结构已步入到"三、二、一"的高级化阶段，但大多数城市的产业结构仍处于"二、三、一"的工业化中期阶段，由此形成了城市工业占据主导的产业结构，从而影响城市的经济发展方式和资源环境状况。

随着我国近年来工业化和城镇化进程的快速推进，城市产业结构也不断向高级化阶段演进，但原本城市外围远城区的都市农业、城郊农业也在城市开发、建成区扩张的浪潮中不断退减和被蚕食，由此带来的土地城镇化的冒进式增长，也严重影响和威胁着城市的生态环境功能。在城市以第二、三产业为主导的产业结构中，第三产业在能源消耗、污染排放等方面对生态环境的冲击都要比第二产业小。因此，建设美丽城市需要有能耗低、污染少、比较效益高的产业结构做支撑，推动产业结构向高级化方向演进，实现产业结构的生态化转型。

（三）资源节约利用水平

资源是经济发展不可或缺的要素，包括矿产资源、能源资源、土地资源、淡水资源等方面。城市经济的运行，更是离不开能源资源的支撑和保障。对能源资源的利用方式和利用效率，影响城市的能源消耗数量，并形成对环境的冲击与破坏，由此决定了城市的美丽程度和水平。就我国国情来看，虽然资源能源总量充裕，但13亿人口的庞大基数，使得我国人均资源占有量处于贫瘠水平，如我国水资源人均占有量只有世界人均的1/4，人均耕地面积不到1.5亩，不足世界平均水平的1/2，大多数矿产资源的人均拥有量不足世界平均水平的一半。城市相对于农村而言，人口聚集和产业发展都依赖大量的能源资源，但现实中，城市经济发展方式粗放，高能耗、高污染的工业份额占比较大，城市摊大饼式的扩张未能集约利用土地资源，我国北方大部分城市出现淡水资源紧张等一系列矛盾和问题制约着建设两型社会和美丽城市。

因此，城市的发展需要科学处理资源、经济、社会的关系，城市规模日益增大，迫切需要集约利用资源，唯有此才能提高城市的承载能力，为人口聚集和产业发展提供要素保障，也有助于城市朝着生态化的美丽城市方向发展。

（四）环境友好程度

环境是人类赖以生存的实体空间，随着人类改造自然能力的不断提升，自然环境日益失去本原的初始面貌，取而代之的是日益增多的人工环境与景观。并且，随着工业化和城市化进程的快速推进，在生产、生活、消费不同环节产生的废弃物和污染物也在与日俱增，这些都是构成生态环境功能退化的因素。城市随着人口聚集和产业发展，生产生活行为对环境的冲击也在加大，尤其是依靠追加生产要素驱动经济增长的工业发展方式，造成了大气、水、固体废弃物等污染物，生活垃圾超出垃圾处理厂的处理能力，造成垃圾围城，这些都需要环境来分解和消化。尽管在低碳、循环经济理念倡导下，推广清洁生产、绿色消费，但是处于工业化中期阶段的国情，决定了经济增长与环境冲突的矛盾仍然严峻。2013年新年伊始的全国大范围雾霾天气，再一次给人们敲响警钟，工业废气、机动车尾气等构成的大气污染直接危害着每一位城市居民的身体健康，让我们不禁质疑"城市，让生活更美好"的判断，感叹清新的空气、蔚蓝的天空也日益成为一种奢求。

因此，城市经济社会发展需要科学处理人与自然的关系，而不能仅从自然索取资源，又将污染回馈于环境，这样的发展模式难以为继，并且囿于眼前的短期利益而破坏了生态环境，在日后修复生态、改善环境过程中所需的成本和代价会更大。

（五）居民生活质量

美丽城市不仅在于自然生态环境之美，也包括生活在城市中的居民能够享受便捷的公共设施、享有高质量的生活水平。中国古语道，"仓廪实而知礼节，衣食足而知荣辱"，只有城市居民生活条件和质量不断改善，美丽城市才能拥有鲜活的城市品格和不竭的美丽动力。科学发展观强调以人为本的内涵核心，即我们经济发展的出发点和落脚点均应是改善民生、促进人的全面发展。美丽城市的建设亦如此，让美丽城市不徒有虚名，需要基础设施人性化、城市环境生态化、城市风貌特色化和城市服务优质化。以城市居民生活质量不断提高成为巩固美丽城市的基础，也只有在生活质量不断改进中才能进一步释放城市的美丽个性、提升城市的美丽指数。

因此，建设美丽城市不能脱离城市的经济发展、社会进步和民生改善，需要在经济繁荣的环境中实现居民的充分就业，在提高居民收入过程中为居民提供优质高效的公共服务和基础设施，不断满足城市居民的物质、文化和精神需求。

（六）文化特色保护

文化是一个民族的灵魂，城市历史文化和遗产保护是彰显城市历史积淀、文化内涵和人文品位的重要方面。世界著名规划师沙里宁曾说过，城市是一本打开的书，从书中可以看到市民的抱负、市长的抱负。即从城市的外在表象，就可以判断该城市市长文化境界的高低和城市居民在文化上的追求和文化品位。尤其在当下中国，地方在盲目追求 GDP 的利益驱使下，各个城市都逐步变成了钢筋和水泥的森林，体现各个城市历史文化的古建筑、历史街区、自然景观、文化遗产等符号印记正逐步淡出城市的视野，削弱了城市的文化品位和个性特色。相比于欧洲许多国家，它们在保护城市历史文化遗产方面一丝不苟，城市规划和建设均遵循恢复性重建，由此带来的结果是，这些历史建筑和街区成为城市不可估量的宝贵资产，并且是取之不尽、用之不竭的文化资源，这也成为吸引外部游客来城市观光旅游的独特优势，让游客身在城市能够回味和感受该城市在两三百年之间的历史沧桑和风云变幻。

因此，认识城市历史文化遗产对美丽城市的支撑与促进作用，克服追求短期经济利益的狭隘眼光，注重挖掘城市的文化内涵，保护城市的历史街区、自然景观和文化遗产，才能为美丽城市注入文化内涵和人文气息。

（七）城市人文素质

城市居民是城市的主人，也是建设美丽城市、维护美丽城市的主体力量。美丽城市不仅美在道路、环境、基础设施等硬件方面，也体现在市民素质、社会秩序、社会风气等软件方面。城市化进程的推进，为提升人口素质、实现人的全面发展提供了可能，因为城市化不仅是城市人口比例增长和城市规模扩张的过程，更是人的思想观念、生产生活方式转变的过程，即人的城市化。我国目前的城市化进程，表现为土地城市化速度快于人口城市化，物质城市化快于精神城市化。由此暴露出城市规模愈大、人口愈多所带来的社会问题也越突出，诸如中国式过马路、不文明游客对旅游景区的破坏行为，公共场所吸烟、公共交通工具内进食等现象问题都严重影响城市的美丽形象。

这就需要在今后推进城市化过程中，更加关注人的城市化，注重城市化的质量和内涵，提升市民素质、维护良好的社会秩序、营造和谐的社会风气。让生活在城市的居民和来到城市的游客感受到美丽城市不仅有生态环境、硬件设施等外在美，更有人文关怀、和谐氛围、遵章守纪的内涵美。

二、评价体系与评价方法

基于美丽城市的影响因素，构建美丽城市的评价体系，依据不同评价指标，选择差异化的评价方法，能够科学地认识美丽城市的建设水平和发展差距。

（一）评价体系构建

基于美丽城市的影响因素，构建美丽城市的评价体系，评价体系的功能层包括自然本底条件、经济发展阶段、资源节约利用水平、环境友好程度、居民生活质量、文化特色保护以及城市人文素质等方面。各功能层选取不同的指标表征，如表8—1所示。表中指标层的数据来源，涉及定性和专家打分的指标数据需要设计调查问卷、实地调研获取，涉及定量和统计年鉴数据库可查询的指标，直接查阅获取。

表 8—1 美丽城市评价指标体系

目标层	功能层	指标层	指标类型
美丽城市评价指标体系	自然本底条件	土地开发强度	定量指标
		空气质量	定量指标
		水体质量	定量指标
		自然环境宜居性	定性指标
	经济发展阶段	第三产业比重	定量指标
		就业率	定量指标
		信息化指数	定量指标
	资源节约利用水平	单位 GDP 能耗	定量指标
		单位工业增加值水耗	定量指标
		建筑能耗标准	定量指标
		资源节约知识普及率	定性指标
	环境友好程度	污水集中处理率	定量指标
		垃圾无害化处理率	定量指标
		绿化覆盖率	定量指标
		公众对环境的满意度	定性指标
	居民生活质量	居民收入水平	定量指标
		恩格尔系数	定量指标
		社会保障覆盖率	定量指标
		居民幸福指数	定性指标
	文化特色保护	历史街区保护程度	定量指标
		文化资源富集度	定量指标
		文化产业增加值比重	定量指标
		城市特色程度	定性指标
	城市人文素质	居民平均受教育年限	定量指标
		大学生占城市人口比例	定量指标
		无障碍设施覆盖率	定量指标
		居民遵守社会秩序比例	定性指标

（二）评价方法选择

依据构建的评价体系，需要选择指标、收集数据、建立模型做实证评价。其中，建立模型是一个重要环节，根据数据模型的不同类型，可以采用以下评价方法。

1. 系统评价

系统评价是社会科学领域经常采用的定量评价方法。其基本思想是依据评价目标构建系统模型，依据隶属关系将系统再层层分解至子系统和具体指标，对标准化后的数据采用不同的赋权方法，进行加权合成。在对指标赋权方法中，包括主观赋权法和客观赋权法。主观赋权法需要有专家咨询打分，对一些难以量化的指标具有适用性，如层次分析法；客观赋权法包括主成分分析法、信息论熵值法等。

（1）层次分析法

所谓层次分析法，是指将一个复杂的多目标决策问题作为一个系统，将目标分解为多个目标或准则，进而分解为多指标（或准则、约束）的若干层次，通过定性指标模糊量化方法，算出层次单排序（权数）和总排序，以作为目标（多指标）、多方案优化决策的系统方法。

层次分析法是将决策问题按总目标、各层子目标、评价准则直至具体的备投方案的顺序分解为不同的层次结构，然后得用求解判断矩阵特征向量的办法，求得每一层次的各元素对上一层次某元素的优先权重，最后再以加权和的方法递阶归并各备择方案对总目标的最终权重，此最终权重最大者即为最优方案。

层次分析法的基本步骤包括以下方面。

a.建立层次结构模型

在深入分析实际问题的基础上，将有关的各个因素按照不同属性自上而下地分解成若干层次，同一层的诸因素从属于上一层的因素或对上层因素有影响，同时又支配下一层的因素或受到下层因素的作用。最上层为目标层，通常只有一个因素，最下层通常为方案或对象层，中间可以有一个或几个层次，通常为准则或指标层。

b.构造判断矩阵

这是层次分析法的关键步骤，针对上一层次中的某元素而言，评定该层次中各有关元素相对重要性的状况。如对某一准则 A，对其下的各方案进行两两对比，并按其重要性程度评定等级，B_{ij} 记为第 B_i 和第 B_j 因素的重要性之比，一般取 1，3，5，7，9 五个等级标度，其意义为：1 表示 B_i 和 B_j 同等重要；3 表示 B_i 较 B_j 重要一点；5 表示 B_i 较 B_j 重要得多；7 表示 B_i 较 B_j 更重要；9 表示 B_i 较 B_j 极端重要。

c.层次单排序

层次单排序的目的是对于上层次中的某元素而言，确定本层次与之有联系的各元素重要性次序的权重值。也就是计算判断矩阵的特征根和特征向量问题。利用一致性指标、随机一致性指标和一致性比率做一致性检验。若检验通过，特征向量（归一化后）即为权向量，若不通过，需重新构造判断矩阵。

d. 层次总排序及一致性检验

利用同一层次中所有层次单排序的结果，就可以计算针对上一层次而言的本层次所有元素的重要性权重值，这就是层次总排序。

为了评价层次总排序的计算结果的一致性，类似于层次单排序，也需要进行一致性检验。若检验通过，则可按照组合权向量表示的结果进行决策，否则需要重新考虑模型或重新构造那些一致性比率较大的判断矩阵。

（2）主成分分析法

主成分分析旨在利用降维的思想，把多指标转化为少数几个综合指标。在实际问题研究中，为了全面系统地分析问题，必须考虑众多影响因素。因为每个变量都在不同程度上反映了所研究问题的某些信息，并且指标之间彼此有一定的相关性，因而所得的统计数据反映的信息在一定程度上有重叠。在用统计方法研究多变量问题时，变量太多会增加计算量和增加分析问题的复杂性，主成分分析方法就是在进行定量分析的过程中，选择的变量较少，但又能反映初始得到的较多信息。

主成分分析法的步骤包括：

a. 计算相关系数矩阵：

首先列出原始变量 x_i 与 x_j 的相关系数矩阵 $R = \begin{bmatrix} r_{11} & r_{12} & \cdots & r_{1p} \\ r_{21} & r_{22} & \cdots & r_{2p} \\ \cdots & \cdots & \cdots & \cdots \\ r_{p1} & r_{p2} & & r_{pp} \end{bmatrix}$,

其中 $r_{ij}(i,j=1,2,\ldots,p)$ 为原始变量 x_i 与 x_j 之间的

相关系数，其计算公式为：

$$r_{ij} = \frac{\sum\limits_{k=1}^{n}(x_{ki}-\bar{x}_i)(x_{kj}-\bar{x}_j)}{\sqrt{\sum\limits_{k=1}^{n}(x_{ki}-x_i)^2 \sum\limits_{k=1}^{n}(\bar{x}_{kj}-\bar{x}_j)^2}}$$

b. 计算特征值和特征向量。首先解特征方程 $|\lambda I - R| = 0$，求出特征值 $\lambda_i(i=1,2,\ldots,p)$ 和所对应的特征向量 $e_i(i=1,2,\ldots,p)$。

c. 计算主成分贡献率及累计贡献率。主成分 z_i 的贡献率为

$\lambda_i \Big/ \sum\limits_{k=1}^{p}\lambda_k (i=1,2,\ldots,p)$，累计贡献率为 $\sum\limits_{k=1}^{i}\lambda_i \Big/ \sum\limits_{k=1}^{p}\lambda_k (i=1,2,\ldots,p)$。一般取累计贡献率达

到85%—95%的特征值 $\lambda_1, \lambda_2, \ldots, \lambda_m$ 所对应的第一，第二，……，第 $m(m \leq p)$ 个主成分。

d. 计算主成分载荷。公式为。$l_{ij} = p(z_i, x_i) = \sqrt{\lambda_i} e_{ij} (i, j = 1, 2, \ldots, p)$

e. 计算主成分得分。产生的新变量 $z_1, z_2, \ldots, z_m (m \le p)$, 指标则

$$\begin{cases} z_1 = l_{11}x_1 + l_{12}x_2 + \ldots + l_{1p}x_p \\ z_2 = l_{21}x_1 + l_{22}x_2 + \ldots + l_{2p}x_p \\ \qquad \cdots\cdots \\ z_4 = l_{m1}x_1 + l_{m2}x_2 + \ldots + l_{mp}x_p \end{cases}$$

至此，新变量 $z_1, z_2, \ldots, z_m (m \le p)$, 分别称为原变量指标的第一，第二，……，第$m(m \le p)$个主成分，用这几个主成分来代表原始变量，既减少了变量数目，又表征了全部信息。

（3）信息论熵值法

在客观赋权法中，运用信息论中的熵值法可以克服相似指标的相互干扰，提取不同评价单元在评价指标上差异。在信息论中，熵是系统无序程度的度量，某项指标的指标值变异程度越大，信息熵越小，该指标提供的信息量越大，该指标的权重也越大；反之，某项指标的指标值变异程度越小，信息熵越大，该指标提供的信息量越小，该指标的权重也越小。用熵值法进行综合评价的步骤是：

a. 建立原始指标数据矩阵：有 m 个城市，n 项评价指标，形成原始指标数据

矩阵 $X = \begin{bmatrix} x_{11} & x_{12} & \cdots & x_{1n} \\ x_{21} & x_{22} & \cdots & x_{2n} \\ \cdots & \cdots & \cdots & \cdots \\ x_{m1} & x_{m2} & \cdots & x_{mn} \end{bmatrix}$, x_{ij} 为第 i 个城市第 j 个指标的指标值。

b. 数据标准化处理：正向指标采用极大值标准化 $X_{ij}' = X_{ij} / X_{max}$；逆向指标采用极小值标准化 $X_{ij}' = X_{min} / X_{ij}$。

c. 计算第 j 项指标下第 i 个城市指标值的比重 p_{ij}：$p_{ij} = x'_{ij} \Big/ \sum_{i=1}^{m} x'_{ij}$。

d. 计算第 j 项指标的熵值 e_j：$e_j = -k \sum_{i=1}^{m} p_{ij} \cdot \ln p_{ij}$，其中 $k = 1/\ln m$。

e. 计算评价指标 j 的差异性系数 g_j：$g_j = 1 - e_j$。

f. 计算评价指标 j 的权重 w_j：$w_j = g_j / \sum g_j$。

g. 计算第 i 城市的评价值：UI_i：$UI_i = \sum_{j=1}^{n} x'_{ij} \cdot w_j$。

2. 灰色关联评价

灰色关联度评价方法是由华中理工大学邓聚龙教授于 1982 年首先提出，该

方法的基本思想是根据曲线间量级变化大小的接近性和相似程度来判断因素间的关联程度，即评价单元指标序列与参考序列的接近程度成为衡量评价单元优劣的依据。灰色关联分析的步骤如下。

假设由 m 个区域组成灰色系统，每个区域用 n 个指标表征，定义评价区域的下标集合 $\theta_1 = \{1,2,\ldots,m\}$，指标特征的下标集合 $\theta_2 = \{1,2,\ldots,n\}$。每个区域的指标集合构成比较序列 $X_i = \{X_i(k)\}, i \in \theta_1, k \in \theta_2$。

a. 确定参考序列

参考序列即是参照标准，可以选择每个指标项上最优指标构成参考序列，也可以选择该项指标国内外城市的最佳值构成参考序列。$X_0 = \{X_0(k)\}, k \in \theta_2$。

b. 确定比较序列

比较序列就是系统中的第 i 个参评单元，$X_i = \{X_i(k)\}, i \in \theta_1, k \in \theta_2$

c. 计算关联系数

关联系数 $\xi_{0i}(k)$ 公式为：$\xi_{0i}(k) = \dfrac{\Delta_{\min} + \rho \cdot \Delta_{\max}}{\Delta_{0i}(k) + \rho \cdot \Delta_{\max}}$，$i \in \theta_1, k \in \theta_2$。式中：$\Delta_{0i}(k) = |X_0(k) - X_i(k)|$，表示比较序列 X_i 与参考序列 X_0 在第 k 个属性指标上的绝对差值；$\Delta_{\min} = \min_k \min_i \Delta_{0i}(k)$ 和 $\Delta_{\max} = \max_k \max_i \Delta_{0i}(k)$ 分别表示比较序列 X_i 与 X_0 参考序列的各属性绝对差值的最小值、最大值；ρ 为分辨系数，$\rho \in (0,1)$，一般取 0.5。

d. 计算关联度

为了从整体上描述比较序列与参考序列的关联程度，定义灰色关联度为：$R_i = \dfrac{1}{n}\sum_{t=1}^{n}\xi_{ij}(t)$。该值越大，比较序列与参考序列的关联性越好，关联程度也越大。

三、国内外美丽（生态）城市评选

尽管美丽城市是一个新的命题，但生态城市、绿色城市等概念已相继提出，国内外对绿色城市、生态城市的前期研究，包括构建的评价指标体系和进行的生态城市评选，这为建设美丽城市提供了借鉴和参考。

（一）欧洲绿色城市指数

欧洲绿色城市指数是西门子公司委托欧洲经济学人智库开发的指标体系，2009 年运用该指标体系对欧洲 30 个主要城市做了绿色指数评价排名，2010 年又对亚洲20个主要商业城市做了比较排名。评价体系涉及低碳发展、能源利用、建筑物、交通运输、水资源、废弃物和土地利用、空气质量、环境管理八个方面共30项具体指标，部分指标属于定量指标，即设定基准值或采用最小值—最大值法标准化计算；部分指标属于定性指标，即依靠经济学人智库的专家做调查后打分取值。评价体系如表8—2所示。

表8—2 欧洲绿色城市评价指标体系

分　类	指　标	指标类型
二氧化碳	二氧化碳排放量	定量指标
	二氧化碳强度	定量指标
	二氧化碳减排战略	定性指标
能源	能源消耗	定量指标
	能源强度	定量指标
	可再生能源消耗量	定量指标
	清洁高效能源政策	定性指标
建筑物	居住建筑的能源消耗	定量指标
	节能建筑标准	定性指标
	节能建筑的倡议	定性指标
交通运输	非小汽车交通的使用	定量指标
	非机动交通网络尺度	定量指标
	绿色交通的推广	定性指标
	降低交通拥堵政策	定性指标
水资源	水资源消耗	定量指标
	水系统的泄露量	定量指标
	废水处理	定量指标
	水资源高效利用和处理政策	定性指标
废弃物和土地利用	城市垃圾产生	定量指标
	垃圾回收	定量指标
	废弃物的减量和政策	定性指标
	绿色土地利用政策	定性指标
空气质量	二氧化碳	定量指标
	臭氧	定量指标
	颗粒物	定量指标
	二氧化硫	定量指标
	空气清洁政策	定性指标
环境管理	绿色行动计划	定性指标
	绿色管理	定性指标
	公众参与绿色环保政策	定性指标

（二）国家生态市（区、县）建设指标

国家环境保护部于 2000 年组织制定了《生态县、生态市、生态省建设指标（试行）》，引导不同层次的区域和城市朝生态化方向发展。指标体系包括经济发展、生态环境保护、社会进步三大部分，共 19 项具体指标。如表 8—3 所示。

表 8—3　国家生态市（区、县）建设指标

	序　号	名　　称	单　位	指　标	指标类型
经济发展	1	农民年人均纯收入 经济发达地区 经济欠发达地区	元 / 人	≥ 8000 ≥ 6000	约束性
	2	第三产业占 GDP 比例	%	≥ 40	约束性
	3	单位 GDP 能耗	tce/ 万元	≤ 0.9	约束性
生态环境保护	4	单位工业增加值新鲜水耗 农业灌溉水有效利用系数	m^3/ 万元	≤ 20 ≥ 0.55	约束性
	5	应当实施强制性清洁生产企业通过验收的比例	%	100	约束性
	6	森林覆盖率 山区 丘陵区 平原地区 高寒区或草原区林草覆盖率	%	≥ 70 ≥ 40 ≥ 15 ≥ 85	约束性
	7	受保护地区占国土面积比例	%	≥ 17	约束性
	8	空气环境质量	-	达到功能区标准	约束性
	9	水环境质量 近岸海域水环境质量	-	达到功能区标准，且城市无劣 V 类水体	约束性
	10	主要污染物排放强度 化学需氧量（COD） 二氧化硫	kg/ 万元 GDP	< 4.0 < 5.0 不超过国家总量控制指标	约束性
	11	集中式饮用水源水质达标率	%	100	约束性
	12	城市污水集中处理率 工业用水重复率	%	≥ 85 ≥ 80	约束性
	13	噪声环境质量	-	达到功能区标准	约束性
	14	城镇生活垃圾无害化处理率 工业固体废弃物处置利用率	%	≥ 90 ≥ 90	约束性
	15	城镇人均公共绿地面积	m^2/ 人	≥ 11	约束性
	16	环境保护投资占 GDP 比重	%	≥ 3.5	约束性

续　表

	序　号	名　称	单　位	指　标	指标类型
社会进步	17	城市化水平	%	≥ 55	参考性
	18	采暖地区集中供热普及率	%	≥ 65	参考性
	19	公众对环境的满意率	%	＞ 90	参考性

依照此标准，截止到 2011 年 10 月，国家环境保护部陆续评选了七批国家级生态示范区，具体名单如下。

1. 第一批国家级生态示范区名单（2000 年 3 月发布）

北京市　　　　　　　延庆县

内蒙古自治区　　　　敖汉旗

辽宁省　　　　　　　盘锦市　盘山县　新宾县　大连市金州区
　　　　　　　　　　沈阳市苏家屯区

吉林省　　　　　　　东辽县　和龙市

黑龙江省　　　　　　拜泉县　虎林市　庆安县　省农垦总局 291 农场

江苏省　　　　　　　扬中市　大丰市　姜堰市　江都市　宝应县

浙江省　　　　　　　绍兴县　磐安县　临安市

安徽省　　　　　　　池州地区　砀山县

江西省　　　　　　　共青城

山东省　　　　　　　五莲县

河南省　　　　　　　内乡县

湖北省　　　　　　　当阳市　钟祥市

湖南省　　　　　　　江永县

广东省　　　　　　　珠海市

海南省　　　　　　　三亚市

宁夏回族自治区　　　广夏征沙渠种植基地

新疆维吾尔自治区　　乌鲁木齐市沙依巴克区

2. 第二批国家级生态示范区名单（2002 年 3 月发布）

北京市　　　　　　　平谷县

天津市　　　　　　　蓟县

河北省　　　　　　　围场满族蒙古族自治县

山西省	壶关县
内蒙古自治区	科左中旗
黑龙江省	同江市　穆棱市　延寿县　饶河县 省农垦总局宝泉岭分局
上海市	崇明县
江苏省	溧阳市　兴化市　邳州市　高邮市　仪征市 高淳县　盱眙县　泗洪县　丰县
浙江省	安吉县　开化县　泰顺县
安徽省	黄山市黄山区　马鞍山市南山铁矿　金寨县　涡阳县
福建省	建阳市　建宁县　华安县
江西省	信丰县　宁都县　东乡县
山东省	栖霞市　寿光市　桓台县　莘县　枣庄市峄城区
河南省	淇县　内黄县
湖北省	老河口市
湖南省	浏阳市
广西壮族自治区	恭城瑶族自治县　龙胜各族自治县
四川省	温江县　郫县　都江堰市
贵州省	赤水市
云南省	通海县

3. 第三批国家级生态示范区名单（2004 年 12 月发布）

北京市	密云县
天津市	宝坻区
河北省	平泉县　怀来县　迁安市　阜城县
山西省	侯马市　晋中市榆次区　安泽县　武乡县 五寨县　清徐县
内蒙古自治区	呼伦贝尔市　奈曼旗
辽宁省	海城市　沈阳市东陵区　大连市旅顺口区　建平县 宽甸满族自治县　清原满族自治县
吉林省	集安市　长春市双阳区　长春市净月潭开发区　天桥岭林业局
黑龙江省	农垦总局红兴隆分局　省农垦总局建三江分局 省农垦总局牡丹江分局　省农垦总局绥化分局　嘉荫县　克山县
江苏省	常熟市　张家港市　昆山市　苏州市吴中区　太仓市

	吴江市　海门市　扬州市邗江区　句容市　溧水县　如东县
	如皋市　睢宁县　盐城市盐都区　滨海县　金湖县
浙江省	丽水市　宁海县　象山县　德清县　海宁市
	桐乡市　平湖市　淳安县
安徽省	霍山县　岳西县　绩溪县
福建省	长泰县
江西省	武宁县
山东省	章丘市　青州市　鄄城县　胶南市
	胶州市　青岛市城阳区
河南省	新县　固始县　罗山县　商城县　泌阳县
湖北省	十堰市　武汉市东西湖区　远安县
湖南省	望城县　长沙市岳麓区　长沙县　石门县
广东省	中山市　南澳县
广西壮族自治区	环江毛南族自治县
重庆市	大足县
四川省	蒲江县
云南省	西双版纳傣族自治州
新疆维吾尔自治区	乌鲁木齐市水磨沟区

4.第四批国家级生态示范区名单（2006年3月发布）

北京市	朝阳区
重庆市	巫山县
山西省	右玉县
内蒙古自治区	阿鲁科尔沁旗　杭锦后旗
辽宁省	抚顺县　桓仁县　丹东市振安区　大洼县　康平县
吉林省	安图县
江苏省	扬州市　南京市江宁区、浦口区　江阴市　启东市
	通州市　海安县　泰兴市　靖江市　金坛市　东台市
	射阳县　阜宁县　建湖县　响水县　沭阳县
	洪泽县　沛县
浙江省	江山市　常山县　建德市　嘉善县
	海盐县　温岭市　文成县
江西省	资溪县

山东省	东营市　日照市　青岛市崂山区、黄岛区　即墨市
	平度市　莱西市　临朐县
河南省	信阳市　信阳市河区、平桥区　潢川县　光山县
	息县　淮滨县　桐柏县　伊川县　栾川县
湖南省	长沙市天心区　雨花区　开福区　芙蓉区
	祁阳县　桃源县
广东省	深圳市龙岗区　始兴县
贵州省	荔波县　湄潭县
陕西省	延安市宝塔区　杨凌农业高新技术产业示范区

5. 第五批国家级生态示范区名单（2007 年 1 月发布）

北京市	海淀区　大兴区
天津市	大港区　西青区　武清区
河北省	遵化市　迁西县　唐海县　涿州市　平山县　邢台县
	隆化县　巨鹿县
山西省	芮城县　沁水县　陵川县
内蒙古自治区	扎鲁特旗　阿尔山市
辽宁省	沈阳市沈北新区　于洪区　辽中县　法库县
	长海县　北镇市
吉林省	德惠市
黑龙江省	省农垦总局　齐齐哈尔分局　北安分局　九三分局
	哈尔滨市松北区　五常市　铁力市　萝北县
	宝清县　依兰县
江苏省	南京市六合区　宜兴市　常州市武进区
	东海县　赣榆县
	涟水县　盐城市亭湖区　镇江市丹徒区
	宿迁市宿豫区　泗阳县
浙江省	衢州市　衢州市柯城区、衢江区　龙游县　宁波市镇海区
	嵊泗县　桐庐县　天台县　洞头县
安徽省	临泉县　舒城县
福建省	柘荣县　泰宁县
江西省	安义县
山东省	威海市　平阴县　聊城市东昌府区　东阿县

河南省	嵩县　鲁山县
湖北省	鄂州市
湖南省	宁乡县　平江县
广西壮族自治区	阳朔县　兴安县　灵川县　资源县　武鸣县　马山县
	隆安县　上林县
四川省	雅安市　邛崃市　大邑县　崇州市　苍溪县　彭山县
	九寨沟县
贵州省	余庆县　凤冈县
云南省	玉溪市红塔区
新疆维吾尔自治区	哈密市

6.第六批国家级生态示范区名单（2008年5月发布）

北京市	门头沟区　怀柔区
天津市	宁河县　汉沽区
河北省	文安县　蔚县　涿鹿县　秦皇岛市北戴河区
	灵寿县　正定县
山西省	沁源县　左云县　朔州市平鲁区
内蒙古自治区	宁城县　突泉县
吉林省	九台市　农安县　榆树市
黑龙江省	大兴安岭地区　哈尔滨市阿城区　北安市　桦南县
	集贤县　绥滨县
江苏省	灌南县　灌云县　淮安市楚州区
	淮安市淮阴区　丹阳市
浙江省	舟山市　舟山市定海区　舟山市普陀区　岱山县
安徽省	祁门县　休宁县
福建省	东山县　明溪县
江西省	南丰县
河南省	西峡县　孟州市　修武县　鄢陵县　范县
	南乐县　濮阳市华龙　郑州市惠济区
湖南省	新宁县　绥宁县
广西壮族自治区	北海市　合浦县　临桂县　荔浦县　平乐县　昭平县
	大新县　崇左市　江州区　横县　宾阳县　蒙山县
四川省	珙县　金堂县　丹棱县　洪雅县

贵州省	绥阳县
云南省	澄江县
陕西省	太白县　礼泉县　宜君县　宁陕县

7. 第七批国家级生态示范区名单（2011年10月发布）

北京市	顺义区　昌平区　通州区
河北省	景县　栾城县　曲周县　固安县　宁晋县　涉县 冀州市　涞水县饶阳县　易县　深州市
山西省	祁县　平陆县
黑龙江省	双城市　方正县　木兰县　黑河市爱辉区　巴彦县 杜尔伯特蒙古族自治县　尚志市　林口县　五大连池市 桦川县　汤原县　东宁县富裕县　讷河市　望奎县 抚远县　富锦市　兰西县
江苏省	铜山县
浙江省	慈溪市　嵊州市
安徽省	宁国市　颍上县　南陵县　黟县
福建省	永泰县　南平市　南靖县　平和县
江西省	芦溪县　南昌县　崇义县　大余县　婺源县　新干县　吉安县
山东省	安丘市　乐陵市　禹城市　沂南县　博兴县　济阳县　临沭县 临沂市河东区　临沂市兰山区　蒙阴县　郯城县 枣庄市山亭区微山县　夏津县　邹平县　沂水县　山东新汶矿区
河南省	濮阳县　台前县　清丰县　尉氏县　新蔡县　遂平县 柘城县　濮阳市　登封市
湖南省	怀化市洪江区　沅陵县　溆浦县　通道县　新晃侗族自治县 怀化市　怀化市鹤城区　中方县　靖州县　会同县 隆回县　洪江市　资兴市　芷江县　麻阳苗族自治县 城步苗族自治县　张家界市武陵源区
广东省	连平县
广西壮族自治区	灌阳县　全州县　永福县
重庆市	北碚区
四川省	沐川县　遂宁市
贵州省	贵阳市花溪区　榕江县　黎平县　金沙县　毕节市
云南省	江川县　楚雄市　普洱市思茅区　曲靖市麒麟区　易门县　华宁县

陕西省　　　留坝县　勉县　商洛市商州区　麟游县　西乡县　彬县

　　　　　　　淳化县　陇县　岐山县　镇巴县　佛坪　旬阳县

　　　　　　　南郑县　眉县　旬邑县　宝鸡市陈仓区　宝鸡市渭滨区

　　　　　　　宝鸡市金台区　千阳县　凤县吴起县　洛川县

　　　　　　　西安市临潼区　周至县　汉中市汉台区

甘肃省　　　平凉市

（三）国家生态园林城市标准

由国家住房和城乡建设部制定，包括城市生态环境指标、城市生活环境指标、城市基础设施指标三大类，如表8—4所示。依据此标准，首次获批的城市有青岛、扬州、南京、杭州、威海、苏州、绍兴、桂林、常熟、昆山、晋城和张家港。

表8—4　国家生态园林城市评价标准体系

门　类	指　标	标准值
城市生态环境指标	综合物种指标	≥ 0.5
	本地植物指数	≥ 0.7
	建成区道路广场用地中透水面积的比重	≥ 50%
	城市热岛效应程度（℃）	≤ 2.5
	建成区绿化覆盖率（%）	≥ 45
	建成区人均公共绿地（m^2）	≥ 12
	建成区绿地率（%）	≥ 38
城市生活环境指标	空气污染指数 ≤ 100 的天数 / 年	≥ 300
	城市水环境功能区水质达标率（%）	100
	城市管网水水质年综合合格率（%）	100
	环境噪声达标区覆盖率（%）	≥ 95
	公众对城市生态环境的满意度（%）	≥ 85
城市基础设施指标	城市基础设施系统完好率（%）	≥ 85
	自来水普及率（%）	100,24 小时供水
	城市污水处理率（%）	≥ 70
	再生水利用率（%）	≥ 30
	生活垃圾无害化处理率（%）	≥ 90
	万人拥有病床数（张 / 万人）	≥ 90
	主次干道平均车速（km/h）	≥ 40

（四）国家生态文明建设试点示范区指标

十八大提出生态文明建设后，国家环境保护部制定了《国家生态文明建设试点示范区指标（试行）》，于 2013 年 5 月颁布实施，以引导不同区域构建符合生态文明的长效机制。此次发布的建设指标体系是在主体功能区规划的框架下编制，基于不同区域的主体功能定位，提出差别化的评价指标。该指标体系分列出县级单元（含县级市、区）和地级市单元两类指标体系，指标体系功能层相同，均包括生态经济、生态环境、生态人居、生态制度、生态文化五大类共 29 项具体指标，县级单元和地级市单元的指标参考值略有差异。生态文明试点示范县（含县级市、区）建设指标和生态文明试点示范市（含地级行政区）建设指标分布如表 8—5、表 8—6 所示。

表 8—5　生态文明试点示范县（含县级市、区）建设指标

系　　统	指　　标	单　　位	指标值	指标属性
生态经济	资源产出增加率 　重点开发区 　优化开发区 　限制开发区	%	≥ 15 ≥ 18 ≥ 20	参考性指标
	单位工业用地产值 　重点开发区 　优化开发区 　限制开发区	亿元 / 平方公里	≥ 65 ≥ 55 ≥ 45	约束性指标
	再生资源循环利用率 　重点开发区 　优化开发区 　限制开发区	%	≥ 50 ≥ 65 ≥ 80	约束性指标
	碳排放强度 　重点开发区 　优化开发区 　限制开发区	千克 / 万元	≤ 600 ≤ 450 ≤ 300	约束性指标
	单位 GDP 能耗 　重点开发区 　优化开发区 　限制开发区	吨标煤 / 万元	≤ 0.55 ≤ 0.45 ≤ 0.35	约束性指标
	单位工业增加值新鲜水耗	立方米 / 万元	≤ 12	参考性指标

续 表

系 统	指 标	单 位	指标值	指标属性
生态环境	农业灌溉水有效利用系数	—	≥ 0.6	参考性指标
	节能环保产业增加值占 GDP 比重	%	≥ 6	参考性指标
	主要农产品中有机、绿色食品种植面积的比重	%	≥ 60	约束性指标
	主要污染物排放强度 化学需氧量 COD 二氧化硫 SO$_2$ 氨氮 NH3—N 氮氧化物	吨 / 平方公里	≤ 4.5 ≤ 3.5 ≤ 0.5 ≤ 4.0	约束性指标
	受保护地占国土面积比例 山区、丘陵区 平原地区	%	≥ 25 ≥ 20	约束性指标
	林草覆盖率 山区 丘陵区 平原地区	%	≥ 80 ≥ 50 ≥ 20	约束性指标
	污染土壤修复率	%	≥ 80	约束性指标
	农业面源污染防治率	%	≥ 98	约束性指标
	生态恢复治理率 重点开发区 优化开发区 限制开发区 禁止开发区	%	≥ 54 ≥ 72 ≥ 90 100	约束性指标
生态人居	新建绿色建筑比例	%	≥ 75	参考性指标
	农村环境综合整治率 重点开发区 优化开发区 限制开发区 禁止开发区	%	≥ 60 ≥ 80 ≥ 95 100	约束性指标
	生态用地比例 重点开发区 优化开发区 限制开发区 禁止开发区	%	≥ 45 ≥ 55 ≥ 65 ≥ 95	约束性指标
	公众对环境质量的满意度	%	≥ 85	约束性指标
	生态环保投资占财政收入比例	%	≥ 15	约束性指标

系 统	指 标	单 位	指标值	指标属性
生态制度	生态文明建设工作占党政实绩考核的比例	%	≥22	参考性指标
	政府采购节能环保产品和环境标志产品所占比例	%	100	参考性指标
	环境影响评价率及环保竣工验收通过率	%	100	约束性指标
	环境信息公开率	%	100	约束性指标
	党政干部参加生态文明培训比例	%	100	参考性指标
	生态文明知识普及率	%	≥95	参考性指标
生态文化	生态环境教育课时比例	%	≥10	参考性指标
	规模以上企业开展环保公益活动支出占公益活动总支出的比例	%	≥7.5	参考性指标
	公众节能、节水、公共交通出行的比例 节能电器普及率 节水器具普及率 公共交通出行比例	%	≥95 ≥95 ≥70	参考性指标
	特色指标		自定	参考性指标

表8—6 生态文明试点示范市（含地级行政区）建设指标

系 统	指 标	单 位	指标值	指标属性
生态经济	资源产出增加率 重点开发区 优化开发区 限制开发区	%	≥15 ≥18 ≥20	参考性指标
	单位工业用地产值 重点开发区 优化开发区 限制开发区	亿元／平方公里	≥65 ≥55 ≥45	约束性指标
	再生资源循环利用率 重点开发区 优化开发区 限制开发区	%	≥50 ≥65 ≥80	约束性指标
	生态资产保持率	—	＞1	参考性指标
	单位工业增加值新鲜水耗	立方米／万元	≤12	参考性指标

系 统	指 标	单 位	指标值	指标属性
生态经济	碳排放强度 重点开发区 优化开发区 限制开发区	千克／万元	≤ 600 ≤ 450 ≤ 300	约束性指标
	第三产业占比	%	≥ 60	参考性指标
	产业结构相似度	—	≤ 0.30	参考性指标
生态环境	主要污染物排放强度 化学需氧量 COD 二氧化硫 SO_2 氨氮 NH3-N 氮氧化物	吨／平方公里	≤ 4.5 ≤ 3.5 ≤ 0.5 ≤ 4.0	约束性指标
	受保护地占国土面积比例 山区、丘陵区 平原地区	%	≥ 20 ≥ 15	约束性指标
	林草覆盖率 山区 丘陵区 平原地区	%	≥ 75 ≥ 45 ≥ 18	约束性指标
	污染土壤修复率	%	≥ 80	约束性指标
	生态恢复治理率 重点开发区 优化开发区 限制开发区 禁止开发区	%	≥ 48 ≥ 64 ≥ 80 100	约束性指标
	本地物种受保护程度	%	≥ 98	约束性指标
	国控、省控、市控断面水质达标比例	%	≥ 95	约束性指标
	中水回用比例	%	≥ 60	参考性指标
生态人居	新建绿色建筑比例	%	≥ 75	参考性指标
	生态用地比例 重点开发区 优化开发区 限制开发区 禁止开发区	%	≥ 40 ≥ 50 ≥ 60 ≥ 90	约束性指标
	公众对环境质量的满意度	%	≥ 85	约束性指标

系　统	指　标	单　位	指标值	指标属性
生态制度	生态环保投资占财政收入比例	%	≥ 15	约束性指标
	生态文明建设工作占党政实绩考核的比例	%	≥ 22	参考性指标
	政府采购节能环保产品和环境标志产品所占比例	%	100	参考性指标
	环境影响评价率及环保竣工验收通过率	%	100	约束性指标
	环境信息公开率	%	100	约束性指标
生态文化	党政干部参加生态文明培训比例	%	100	参考性指标
	生态文明知识普及率	%	≥ 95	参考性指标
	生态环境教育课时比例	%	≥ 10	参考性指标
	规模以上企业开展环保公益活动支出占公益活动总支出的比例	%	≥ 7.5	参考性指标
	公众节能、节水、公共交通出行的比例 节能电器普及率 节水器具普及率 公共交通出行比例	%	≥ 90 ≥ 90 ≥ 70	参考性指标
	特色指标	—	自定	参考性指标

第九章 美丽城市：国际范例

世界上的美丽城市有很多，据世界旅游组织评估，仅仅欧洲就有 328 个最美丽的地方值得光顾，其中包含了上百个城市，要想从中找出几个范例似乎不难，但是真正选择起来其实并不容易，因为美丽是不能评比的，更是无法排名的。说到这个话题，人们也许会不约而同地想到巴黎，巴黎的浪漫的确是无法穿越的艺术之美。而说到艺术，又会马上想起维也纳的金色大厅和田园风光，由此联想到波光粼粼的日内瓦湖那自然之美的生态以及最适宜居住的城市墨尔本。而提到城市，眼前就会浮现出纽约的华尔街和联合国总部大厦。

提及巴黎，你不能不感慨"巴黎在中世纪以来的发展中，一面保留过去的印记，甚至是历史最悠久的某些街道的布局，一面形成了统一的风格，并且实现了现代化的基础设施建设"的壮举；而说到维也纳，走出歌剧院之前，你会有一种自己是身处中世纪，而非置身于一个完美结合了人文和自然、历史和时尚的都市中的错觉；而墨尔本宜居的秘密却是它虽有"澳大利亚文化之都"的美誉，但给人留下深刻印象的并非是皇家植物园、皇家展览馆、菲力浦岛、费兹洛公园等著名景点，而是处处充满人性化的宜居措施，以及人与自然和谐共处的悠闲画面；不论是生态自然的日内瓦，还是现代繁荣的纽约，都会让人拥有"生态和谐发展"同一个梦想。

一、自然美城：日内瓦

日内瓦是瑞士第二大城市，坐落在风景如画的西欧最大湖泊——美丽的日内瓦湖之畔，其南、东、西三面都与法国接壤，静静的罗纳河穿城而过，湖与河的汇合处，由数座桥梁连接着南北两岸的老城和新城。不仅拥有悠久的文化和历史，而且还有美丽的自然风光。市内公园星罗棋布，湖畔鲜花遍地，美不胜收。在 2006 年的世界最佳居住城市评选中，日内瓦高居全球第二位。

日内瓦虽然面积很小，人口也只有 18 万，但却是瑞士境内国际化程度最高的城市。它是国际红十字会的发源地，是许多国际组织的所在地，包括联合国欧洲总部、世界卫生组织、国际劳工组织、国际电讯联盟、世界气象组织、世界贸易组织及国际红十字委员会等 200 多个国际组织及许多人道主义机构。这里与其说是瑞士的城市，倒不如说是世界的城市。

在日内瓦，可以看到法拉山和阿尔卑斯山近在眼前，可以眺望着罗纳河在葱郁的森林中顺流而下，也可以在瑞士第三大葡萄酒产区的葡萄园里品酒。位于欧洲中心的日内瓦，从这里坐船、乘火车或长途汽车游览瑞士其他地区极为方便，如去中世纪小镇格里耶参观著名的乳酪厂，去策尔马特观看终年积雪的马特霍恩峰，或参观举世闻名的斯隆古堡等，还可去法国的霞穆尼镇游览巍峨壮观的欧洲最高峰——勃朗峰。

日内瓦注重大自然与环境融为一体，是一个集艺术、历史、文化、购物、美食、活动等于一体的充满魅力的旅游城市。最醒目的标志是日内瓦湖中的大喷泉，能喷射出 140 米高的水花，是日内瓦的象征，也是当地人的骄傲，即使在三万英尺的高空都还看得见它的踪影。象征瑞士是钟表业中心地的花钟，放置于日内瓦湖畔的花园内，是世界上拥有最长秒针的植物钟，这个"长"在地上的钟面由鲜嫩翠绿的芳草覆盖，12 个阿拉伯数字则由浓密火红的花簇组成，由 6500 种各色各样的植物装饰而成。

日内瓦，处处透露着自然之美。

点评：没来过日内瓦之前，大家都会觉得这里是文明友好的城邦，人道主义的港湾，国际机构云集的都市；来了之后，这里湖光山色的美景，怡然自得的生活方式，井井有条的城市秩序更是让人流连忘返。

日内瓦湖丰盈的水资源带给了城市和蔼包容的性格，环绕的阿尔卑斯山又给这座城市带来了四季变幻、生生不息的活力。上了年头的却依然干净如新的建筑，随处可见的绿化带，花花树树散布其间。古老的街道，古老的传统，结合了国际性的发展，共同演绎了这个活着的欧洲古城，诠释着自然之美！

二、浪漫之都：巴黎

巴黎是法兰西共和国首都和最大城市，法国的政治、经济、文化、商业中心，是全球仅次于纽约、伦敦和东京的第四大国际大都市。巴黎在自中世纪以来的发展中，一直保留过去的印记，甚至于历史最悠久的某些街道的布局，也保留了统一的风格。巴黎是世界上最大的讲法语的城市，作为法国的心脏，巴黎是许多跨国企业的总部所在地。巴黎是法国最大的工业城市和世界上重要的综合性交通枢纽。巴黎也是国际活动的重要场所，各种类型的国际会议都在这里召开。巴黎位于法国北部巴黎盆地的中央，横跨塞纳河两岸，人口约 220 万，包括巴黎市及其周围七个省的大巴黎地区的人口达 1000 万，是世界上人口最多的城市之一。今天的巴黎，不仅是西欧的一个政治、经济、文化中心，而且是一座繁华而美丽的世界名城和旅游胜地，每天吸引无数来自各大洲的宾客与游人。

巴黎素有"世界花都"的美名，巴黎香水更是驰誉全球，被法国人视为国宝。巴黎同时又是历史之城、美食之都和创作重镇，成千上万的橱窗和摊铺里充满了琳琅满目的创意产品、时尚设计作品和美食。

巴黎自公元 508 年被法兰克王国定都以来，历经朝代变迁，成为法国和西方的政治文化中心。

巴黎作为世界都市的建设历程，主要经历三个阶段，即初建阶段（公元前 1 世纪至公元 15 世纪中叶）、发展阶段（15 世纪末叶至 19 世纪上半叶）、基本布局形成阶段（19 世纪五十至七十年代）。

巴黎最早可追溯到旧石器时代早期一个位于塞纳河边名叫西岱的小渔村，后在罗马营寨城基础上发展起来的。

"中世纪"欧洲社会处于全面萧条状态。当时的巴黎，街道狭窄曲折，沿街房屋多为木结构，除了教堂外，居民区完全处于无规划杂乱无章的状态，零零散散的商铺和作坊散布其中。直到 10 世纪，工商业开始复苏，巴黎的城市发展开始出现转机。

15 世纪前后，文艺复兴，资产阶级萌芽，基督教的地位被强烈动摇。16—17 世纪的法国统治者致力于国家统一和建立欧洲最强大的中央集权王国。这一时期，城市建筑风格主要是为君主服务的"古典主义"。在建筑外形上显得端庄雄伟，但内部则极尽奢华，空间效果和装饰上带有强烈的巴洛克特征，到 18 世纪则演化成洛可可风格。在城市规划思想领域，"古典主义＋巴洛克"的设计思想对后来的奥斯曼男爵改建产生了重要影响。

17 世纪初法国亨利四世在位，为促进工商业的发展，实施了一些道路、桥梁、供水等城市建设工程，把巴黎昔日许多破烂的房屋改成整齐一色的砖石联排建筑。这些改建工作多在广场或大街旁，形成完整的广场和街道景观。路易十四时期，在巴黎继续改造卢浮宫和建设一批古典主义大型建筑物，这些都与主要干道、桥梁等联系起来，成为一个都市区的地方艺术标志。法国贵族离开郊外庄园，在巴黎营造城市府邸，促进了巴黎的城市改造。这一时期，绝对君权最典型的标志，就是对着卢浮宫而建立的一个大而深远的视线中轴，延长丢勒里花园轴线，向西延伸，并于1724年其轴线到达星形广场。这条轴线自此成为巴黎这座城市的中枢主轴，于18世纪中下叶完成了巴黎最壮观的林荫道—爱丽舍田园大道。这一时期建设基本完成了对市政、道路建设和建筑群、街道的改建，初步形成巴黎作为大型城市所必需的基础设施和城市景观，奠定了巴黎大都市的雏形。

巴黎自中世纪沿革而成的市街风貌及古老狭隘的城市动线在1859年乔治·欧仁·奥斯曼男爵的大规模城市改造下，被赋予了现代都市的气息。19世纪中叶的巴黎重建，拆除了外城墙，建设了环城路，在旧城区开辟了林荫大道，并建设了新古典主义风格的广场、公园、住宅区、医院、火车站、图书馆、学校、公共喷泉、街心雕塑，以及利用巴黎地下纵横交错的旧石矿建造的城市给排水系统；并在1889年，借助法国大革命一百周年纪念和巴黎世界博览会契机，修建了埃菲尔铁塔、巴黎地铁、大小皇宫。

奥斯曼主持的巴黎改建，除完成城市纵横两条轴线和两条环路的建设外，还出于整顿市容、开发市区和便于军事行动等目的，在市区密集的街巷中开辟了许多宽阔的放射型道路，并在道路交叉口建设了许多广场，道路与塞纳河交叉处则形成很多桥头广场、绿地和新的轴线，这基本奠定了巴黎市区的骨架。

奥斯曼改建，首先改建了巴黎的道路结构网，形成了新的城市结构；完成了巴黎的"大十字"干道和两个环行路。其次，他注重城市中心区的建设，继承19世纪初拿破仑的帝国式风格，将道路、广场、绿地、水面、林荫带和大型纪念性建筑物组成了一个完整的统一体。再次，他通过新建基础设施，完善了大规模的地下排水管道系统，改善了自来水供应，新建了社会类城市服务设施，建设了学校、医院、大学教学楼、兵营、监狱、公园等附属的非生产性建筑，为巴黎的城市发展和社区提供服务。奥斯曼采用新的城市行政结构，变革了管理层次，把市中心分散成几个区中心，以适应城市结构变化而产生的分区要求。他的改建美化了巴黎的城市面貌，并对未来巴黎城市的建设建立了规范。他对道路宽度与两旁建筑物的高度都规定了一定的比例，屋顶坡度也有定制；重视绿化建设，修筑了大面积城市公园，把东西郊区绿化面积扩展至市中心，建设了滨河绿地和花园式林荫大道。奥斯曼的造城运动，将整片的区域让位给宽阔大道两侧的新古典主义的中产阶级石砌建筑，"对齐"的城市建设概念使参差不齐的街道为林荫大道两侧预先确定街宽、确定外墙位置、同样高度的建筑物所取代。巴黎的建筑物外立面被赋予韵律，点缀了阳台和外装饰。长期以来，巴黎一直遵守严格的城市规划，特别是限制建筑物的高度。今天，对于高度超过 37 米的新建楼宇只在特殊的例外情形下才被允许，而在许多地区，对于高度的限制甚至更低。

奥斯曼的造城运动，在巴黎城市的历史上具有举足轻重的一笔。他的积极创新价值在于打破了中世纪以来的城市结构，建立新的城市结构和道路交通体系，促进了城市的近代化；加深了对城市基础的全面理解，不仅注重对城市技术类基础设施改造，如市政设施、供水、排污等，而且加强对社会服务类非生产性基础设施建设，如学校、医院、兵营、监狱、公园等；城市道路结构模式的大胆改革对世界城市发展提供了有益的探索和样板；多级中心城市结构和管理体系的创立为世界大都市的发展提供了一条新路；城市美化运动为城市的发展与环境、管理提供了有益的启示。

奥斯曼的造城运动，也有其局限性。外科手术式的改建，未能解决城市工业化提出的新要求、贫民窟问题以及对因国内和国际铁路网的形成而造成的城市交通障碍。

第二次世界大战后，巴黎继续向四周发展。20 世纪 60 年代以前巴黎是以市区为中心呈同心圆状向外逐渐扩展的，市中心集聚程度高，并逐渐向郊区方向递减。

20 世纪 70 年代，巴黎停止了盲目扩张，改变城市发展思路，从摊饼式扩展改为发展郊区卫星城的城市建设思路，建设了巴黎西郊的上赛纳省拉德芳斯中心商务区（CBD），从而进一步奠定了今天巴黎作为法国首都和政治、文化、商业中心的地位。

进入 21 世纪，法国开始推行大巴黎计划。这是时任总统萨科齐上任不久后提出的巴黎城市建设新规划，该计划是在巴黎日益严重的城市交通问题，城市建筑受限制，同时在兼顾巴黎古老建筑保护的背景下产生的。法国人希望通过大巴黎计划将巴黎打造成世界之都。实施大巴黎计划后的巴黎区域包括凡尔赛、枫丹白露、戴高乐机场以及迪斯尼乐园等周边地区，居住人口达 1500 万，GDP 约占法国 GDP 总量的 30%。

大巴黎计划的目的是扭转日益扩大的城乡差距，促进经济发展。从而将巴黎及周边地区建成"模范创新城市"，绿色环保、安逸舒适、交通便利等将成为"大巴黎"的城市标签。

大巴黎规划的主要内容包括：疏解城市中心区人口；利用城市近郊区发展多中心城市结构；沿城市主要发展轴和城市交通轴建设卫星新城；建设发展区域性交通运输系统；合理利用资源保护自然环境。

大巴黎计划着眼于在未来 10 年至 20 年间将巴黎建设成为一座全世界仰慕的城市，即一座充满创造力的城市、一座革新和充满创意的城市、一座充满文化气息和艺术凝聚力的城市。在当今全球化的时代，"大巴黎计划"给了巴黎一次难得的机会，使它有可能变成 21 世纪的世界城市。

总结巴黎城市的发展历史，有几点特别值得关注。

第一，巴黎的城市建设历史，从来没有因城市化的进程和朝代的变迁而被一笔抹去城市的历史痕迹。巴黎从中世纪至今，一直还保留着过去的印记，保留了历史最悠久的某些街道的布局。

第二，在巴黎城市建设历史上，值得独表一彰的是其作为欧洲历史上第一个保护城市自然财产"树木"的决定和行动。巴黎地方法规鼓励和保护公共绿地和私人绿地，保护建筑工地的树木，为城市的每一棵树木建立了档案和辨认卡片，执行"综合性生物保护控制计划"，提高植物的抗污染和病虫害的能力，提高生物的多样性，达到植物卫生的平衡。巴黎很少使用杀虫剂，而是通过投放瓢虫来进行生物防治。

第三，城市区域整体性是一个逐渐加强的发展过程，由城市的集聚作用引起，也需要有效地分解集聚带来的城市问题。巴黎是在不断的聚集中发展壮大的城市，同时又在城市壮大后通过分区的方式，疏散和化解大城市的毛病和问题，使城市可以有效地运转。

第四，区域整体性来自经济规律的作用，因此在城市规划和建设中要充分考虑多种经济元素在整体性中的作用和贡献。巴黎在建设过程中，随着时代的推移，不断融入新的需求和元素，使城市逐渐具备多功能、多用途的社会功能，并充分考虑各种社会因素在城市中存在、繁衍、工作、贡献的特征，为不同元素的融合提供条件和便利。

第五，多目标、多层次的整体规划是区域性大都市的必然选择。巴黎在这一方面的突出表现，集中体现在奥斯曼造城运动阶段，即既考虑到各种社会服务需求，又从行政管理角度出发，实现城市规划的多用途、多目标和多层次。

点评：美丽神奇的巴黎是建筑艺术的代表，是古城保护的楷模，是文化环境的典范，是生态文明的样板。在巴黎城市的各个社区中，到处可以看到博物馆、影剧院、花园、喷泉和雕塑，文化环境非常好。巴黎人的文化生活丰富多彩，娱乐形式文雅，艺术气氛很浓。巴黎人之所以文雅，正像朱自清在《欧游杂记》中所说："从前人说'六朝'卖菜佣都有烟水气，巴黎人谁身上大概都长着一两根雅骨吧。"巴黎人雅，因为他们"几乎像呼吸空气一样呼吸着艺术气，自然而然就雅起来了"。

巴黎市政府非常重视生态环境建设，尽管城市用地十分紧张，政府还是尽一切可能在城市社区中增加绿地、花园和树林，以提高城市社区的环境质量，改善人们的生活环境。巴黎是艺术之都，也是鲜花之都。无论是在房间里、阳台上和院子中，还是在商店里、橱窗前和路边上，到处都有盛开的鲜花，到处都有迷人的芳香。至于那五彩缤纷的花店和花团锦簇的公园，更是常常让人驻足观赏，流连忘返。

三、音乐之都：维也纳

维也纳是一座用音乐装饰起来的城市。在这儿，到处可以看到大音乐家们的铜像或大理石像。为了纪念乐坛大师，维也纳的许多街道、公园、礼堂、剧院、会议大厅等，也多用音乐家的名字命名。就连王宫花园的草坪上，也用鲜花组成了一个巨大的音乐符号作为装饰。

维也纳几乎一天也离不开音乐。人们在漫步时，随时可以听到那优雅轻快的华尔兹圆舞曲。夏天的夜晚，公园里还举行露天音乐演奏会，悠扬的乐声掺和着花草的芬芳，在晚风中飘溢、回荡。维也纳的许多家庭有着室内演奏的传统，尤其在合家欢乐的时候，总要演奏一番，优美的旋律传遍街头巷尾。更有趣的是，在举行集会、庆典甚至政府会议时，会前会后也要各奏一曲古典音乐，这几乎成了惯例。

奥地利首都、著名音乐城市、国际旅游胜地维也纳，位于国境东北部阿尔卑斯山北麓多瑙河畔，坐落在维也纳盆地中，蓝色的多瑙河从市区静静流过，山清水秀，风景幽雅。著名的维也纳森林从西、北、南三面环绕着城市，辽阔的东欧平原从东面与其相对，到处郁郁葱葱，生机勃勃。登上阿尔卑斯山麓，维也纳森林波浪起伏，尽收眼底。从多瑙河盆地可以远眺喀尔巴阡山闪耀的绿色峰尖，辽阔的平原犹如一幅特大的绿毯，碧波粼粼的多瑙河穿流其间。维也纳环境优美，景色诱人，素有"多瑙河的女神"之称。

维也纳城区占地面积415平方公里，城市人口150万，房屋顺山势而建，布局层次分明，各种风格的教堂错落其间，使这座山青水碧的城市保持着浓厚的古老庄重色彩。

维也纳是欧洲古典音乐的摇篮。18世纪以来，世界上许多著名的音乐家，如海顿、莫扎特、贝多芬、舒伯特、施特劳斯等，都在这里度过大部分音乐生涯，谱写了许多优美的乐章。维也纳的博物馆里，至今还陈列着他们的乐谱和手迹。

在维也纳，歌剧院、音乐厅星罗棋布，其中以创建于1869年的维也纳国家歌剧院最为著名，被称为"世界歌剧中心"。它造型美观大方，色彩和谐，本身就是一件完美的艺术品。设计最独特的是移动舞台，纵深46米，由几层平台组成，可随意升高、降低或转动。乐池可以容纳一个110人的乐队。舞台的总面积达1500平方米，配备有现代化的照明设备。观众席位于剧场中央，共6层，可容纳2200人。

被称为"金色大厅"的音乐之友协会大厦，装饰精美，金碧辉煌。正厅两边的金色墙壁前，竖立着16尊大理石雕刻的音乐女神像。楼上两翼包厢后的金色大门口，放置着历代音乐大师的金色胸像。大厅顶上金色镂花梁柱间，画着音乐女神的彩像。在巨大的吊灯照射下，到处金光闪闪。

每到新年，在"金色大厅"里都要举行世界一流的新年音乐会，奥地利总统和维也纳各界著名的音乐家也在这里登场。他们的精彩表演，吸引着成千上万的国内外观众。

维也纳更多地继承了德意志民族的理性与严谨，这种历史与哲学的思辨在经历了近千年的分裂之后，终于以一种非理性的形式爆发——这就是音乐。把哲学的思辨融入浪漫，用音乐的旋律阐释理性，这就是维也纳城市主题文化的开端。整个维也纳的历史就是一部由古典音乐演奏的史诗。把城市的一种文化特质上升到了城市整体的文化主题，成为了一座世界名牌城市，也成功地在人们心中塑造了无与伦比的音乐之都。

维特纳的主题文化来自于音乐，只有音乐可以让这座城市永久地留在人们的视线中，只有那些伟大的古典音乐大师们在能让这座城市散发出耀眼的光芒。

古典音乐的理性与哲学思辨成就了这个城市不凡的魅力，又用激情来点燃城市发展的圣火。维也纳的古典音乐秉承了德意志古典文化的精髓，在这个民族的古老血液中流淌出一条音乐的多瑙河，把德意志的古典文化中的理性、质朴的精神发挥到极致。通过一个城市的音乐语言，为古典的中欧土地塑造出一种文明的辉煌。这种伟大的古典音乐启迪着世界几代人的智慧，陶冶着整个环宇的情操，为人类留下了宝贵的人文与艺术遗产。

只有通过对不同领域的拓展，才能塑造一个城市主题文化的凝聚力，只有把主题通过不断的融合到城市的各个方面，才能为城市的整体文化确定走向，为城市的整体发展创造合力。维也纳音乐城市主题文化的裂变就体现在维也纳的建筑、雕塑、产业、旅游的诸多方面。

从听觉上产生城市主题文化，使人感到神秘莫测。其实也很简单，联合国提出非物质性文化遗产的概念，人们的认识就有了定位。音乐作为产生城市主题文化的主要元素就找到了依据。但是维也纳的城市主题文化的出现，是其他城市难以比拟的。

　　凡是经济发展达到一定阶段的国家和地区，纷纷将文化经济、文化外贸设定为战略目标，将文化产业作为最重要的替代型产业，将地域、国家、民族乃至世界的文化资源转化为社会经济综合效益，当作整体建设的切入点、结合点。维也纳正是把古典音乐作为了城市发展的切入点，用一个纯文化的概念打造出城市主题文化，再凭借城市主题文化实现了世界名牌城市的梦想。

　　在维也纳的成功的道路上，把音乐从文化上升到一个产业，把城市的所有资源都与音乐结合起来，用古典音乐的语言来阐述城市的主题，来统一城市的系统、产业系统。作为文化产业化的先驱，把古典音乐的所有潜在价值都发挥出来，成为了用音乐统领的城市，成为了古典音乐统治下的欧洲艺术殿堂。

　　点评：新的城市发展潮流已经显示文化不但是一个产业，而且是一个可以获得巨大收益的产业，但是要想用纯粹的文化特色来塑造一个城市的主题文化却是一个十分复杂而精细的过程。维也纳的音乐城市主题文化之所以成功，与其德意志民族的民族心理十分不开的，与德意志的历史际遇和维也纳的城市发展历史是分不开的，与德意志民族的理性与思辨是分不开的。有了这些积淀才能在音乐这一最高艺术形态上取得成就，才能通过音乐来打造城市主题文化，才能用音乐来催生出世界名牌城市。可以说维也纳不但代表了欧洲古典音乐的最高成就，而且代表了德意志古典精神的最高成就，是德国古典思辨思维在音乐领域的集中体现。只有上升到一个民族的文化高度，城市主题文化才能构建成功，世界名牌城市的梦想才能实现。

四、文化古城：墨尔本

　　在澳大利亚人民心目中，第一大城市悉尼虽然繁华，但只是一个商业城市，墨尔本却是一个历史文化名城。墨尔本拥有全澳大利亚唯一的被列入联合国世界文化遗产的古建筑，有辉煌的人文历史，也是多个著名国际体育盛事的常年举办城市。从文化艺术层面的多元性，到大自然风光之美，墨尔本应有尽有，在满足感官娱乐方面，墨尔本更可以说是澳大利亚之冠，无论是艺术、文化、娱乐、美食、购物和商业样样都有自己的特色；墨尔本成功地融合人文与自然，从1990至2006年，先后十次被总部设于华盛顿的国际人口行动组织评选为世界上最适合人类居住的城市。

　　建造于1845年的墨尔本皇家植物园位于墨尔本市中心以南约五公里的地方。

花园以 19 世纪园林艺术布置，内有大量罕有的植物和澳大利亚本土特有的植物，植物园占地 40 公顷，至今留着上个世纪的一些建筑和风貌，汇聚了三万多种奇花异草，是全世界设计最好的植物园之一。

1851 年至 1860 年，由于在墨尔本附近发现金矿，淘金热潮让人口激增，墨尔本迅速成为当时的大英帝国乃至世界上少有的繁华大城市，并因此得到了"新金山"的别称。墨尔本皇家展览馆于 1880 年建成，建筑古色古香、美轮美奂，是 1880—1881 年举办万国博览会的会场，建筑糅合了拜占庭建筑、古罗马建筑、和意大利文艺复兴建筑的风格，当年在为期八个月的时间内就接待了 130 万名参观万国博览会的访客。在 1888 年庆祝移民定居澳大利亚一百周年所举办的博览会期间，接待访客的人数更达到 220 万人。在一百多年前，这都是了不起的盛事。2004 年 6 月，墨尔本皇家展览馆被列入联合国世界文化遗产名录，是澳大利亚至今唯一被列入该名录的建筑物。该建筑物现在仍被使用作展览场地，但出于文物保护的原因，现在的使用频率已经大大降低。

今天的墨尔本有"澳大利亚文化之都"的美誉，是全澳的文化、工业中心。墨尔本也是一个时尚之都，在服饰、艺术、音乐、电视制作、电影、舞蹈等潮流文化领域上引领全澳，甚至在全球某些领域具备影响力。墨尔本的绿化覆盖率高达 40%，维多利亚式的建筑物、有轨电车、歌剧院、画廊、博物馆以及绿树成荫的花园和街道构成了墨尔本市典雅的风格。墨尔本是澳大利亚的文化重镇和体育之都，曾主办 1956 年夏季奥运会，也是一年一度的澳大利亚网球公开赛、一级方程式赛车澳大利亚站比赛的常年主办城市。

墨尔本是世界上最适合人类居住的城市之一。它给人留下深刻印象的并非是皇家植物园、皇家展览馆、菲力浦岛、费兹洛公园等著名景点，而是处处充满人性化的宜居措施，以及人与自然和谐共处的悠闲画面。

墨尔本的街头，绿树成荫，鸟语花香。公路两侧没有各类杆线，政府部门将路灯、交通信号灯、电子警察、交通监控以及指路标牌安装在一个灯杆上，避免了路口各类杆线林立混杂的现象。在城市道路三维空间中，通行者不存在视觉污染。开车和行走在这样优美的环境中，心情十分愉悦。

因为墨尔本是个多雨的城市，为了宜居，在市区一些繁华商业区的小巷里，政府借助两边的商铺，为行人搭建了玻璃遮雨棚。这样一来，既能够挡风避雨，又能让市民悠闲地购物。而在一些城市道路的人行道上，也搭建了大量的长廊。下雨的时候，可供没有雨具的行人躲避。而到了节日的时候，长廊就变成了临时性的卖场，市民们可以在这里购买小商品。

在墨尔本的一些广场上，经常会有民间组织进行歌舞表演，也经常有街头艺人卖艺。为了方便市民观看，政府部门有计划地在广场上设置了阶梯台阶，让市民当天然座椅。同时，也可供游客休憩。在一些河水清澈、景色宜人的河岸边，政府部门还安装了透明电梯，方便行动不便的老者和残疾人到岸边观光。此外，还在河边设置了大量的桌椅。但它的功能却不一般，因为桌子其实就是一个烧烤台，而煤气也是免费提供的。市民除了可以在此休息、看书外，还可以自己动手做烧烤。不过，使用完之后需要将卫生打扫干净。

墨尔本的宜居，不仅体现在人文关怀上，就连宠物也是一样。在一些敞开式的公园里，大人孩子们争相为鸽子和海鸥喂食。一边是草地上人们在嬉笑玩乐，另一边则是广场上鸽子和海鸥争相取食，充分体现了人与动物的和谐共处。另外，墨尔本的街头有很多小店免费为小动物提供饮水。店主在店门口放一个狗、猫的模型，前面放一个水盆，供随主人出来溜达的宠物饮用。

正是这些投资并不太大，但在细节上却时时处处体现了人文关怀的宜居举措，才使得墨尔本环境更加优美，城市更加美丽、更加适宜居住。

点评：墨尔本是一座既有着悠久历史文化，而又有着工业现代化程度高，商业、金融、交通等均十分发达的一个现代化港口城市；同时也是一座充满活力和欢乐的城市；更是一座最适合人类居住的城市。这是因为厚重的文化底蕴，构成了墨尔本市典雅的风格；而19世纪建造的墨尔本皇家植物园，则为建设环境优美、适宜居住的城市植下了深深的根基；更难得的是，历经100多年的工业化发展、城市化建设，这些历史人文遗产和自然生态不仅依然很好地得以保护，而且还在21世纪的今天焕发出了新的活力。中国也有许多文化古城已进入了现代城市化建设的行列，墨尔本市不无启示。

五、包容之都：纽约

在很多人的眼里，纽约就代表国际潮流，是国际化大都市的模板。只要自称"纽约"的地方，仿佛代表了世界"最潮"。

纽约之所以是国际潮流，在于它包容形形色色的人和千奇百怪的观念。纽约汇聚着世界上130多个国家的90多个民族的、各种肤色的人们。

《纽约时报》曾回顾，"从开封到纽约：辉煌如过眼云烟"。1500年前，全球最大的城市是当年中国大宋首府开封，人口70万。当时巴黎只有20万，伦敦只有5万，纽约还只是蛮荒之地。而到1900年，全球最大的10大城市只有1个，即东京在亚洲，大部分在欧美，其中伦敦人口规模达到了650万。

什么是城市魅力？表面光鲜的高楼大厦不是，纷乱杂陈才是。城市应允各类群体生长，混合生成某种魅力出来。纽约在"城市魅力排行榜"上应该是"最大气的城市""最有趣的城市"。

帝国大厦是美国工商业文化的象征，也是纽约永远的地标。曼哈顿岛上有数千座摩天大楼，但最醒目的还是帝国大厦。世贸中心兴建之前，帝国大厦一直是纽约市最高的建筑，"9·11"后，它重新成为纽约最高的建筑。

今天，帝国大厦早已失去全球最高大楼的美誉，但在很多美国人心目中，它的地位依然无可取代，因为这座充满传奇的建筑物见证了美国的兴衰。

1876年，法国将自由女神像赠送给美国，作为独立100周年的礼物。女神右手高举象征自由的火炬，左手捧着《独立宣言》，脚下是打碎的手铐、脚镣和锁链。在人类没有开始飞行的时代，当轮船驶入上纽约湾内，船上的人们第一眼看到的就是这座巨大的女神雕像。每天，有人向她招手问好，也有人向她挥手告别。

世界上还没有哪条街像百老汇大道那样神奇。《美女与野兽》《歌剧魅影》《猫》……一场场歌舞让纽约的夜晚成为绚烂的大舞台，更为纽约带来滚滚财源。

在百老汇，有欢笑也有泪水，有骄傲也有颓废，你可能一夜成名，也可能一文不名。聚光灯下，人们仿佛能近距离触摸到美国的心跳。"从现在到永远"，这是《猫》的广告语，也是美国梦的最佳写照。

什么是纽约？时代广场就是纽约。一百多年来，这个广场滋生过鸡鸣狗盗，也见识过歌舞升平。而今天，广场已经蜕变为财富与艺术携手疯狂的三角地。巨幅电子广告牌不停变换，不同肤色的红男绿女在广场上摩肩接踵，而华尔街精英们则借这块宝地炫耀着豪富。

每个纽约客都可以在纽约找到自己的厨房。从上午11点的披萨一直到晚上11点的特色烤饼，从三道菜式的盛宴到3美元一份的沙拉三明治，每种口味和预算都可以被这个城市满足。

位于剧院区的百老汇歌舞剧是至上之选，这些院线从时代广场延伸开去，而且一周6天循环上演（剧院通常周一休息），当然，要提前买票。如果你想品位这座城市最城府世故的一面，不妨在卡莱尔咖啡馆（Cafe Carlyle）享受一杯有表演意味的鸡尾酒，或去坎贝尔公寓（Campbell Apartment），体验在大中央车站里畅饮的感觉。此外，位于瑞吉酒店的酒吧或在下城区更远的酒吧，都是你的选择。

第五大道纽约游客中心是购物首选地。无论是走马观花，还是精挑细选，第五大道都可以满足你的需要。坐拥几乎所有奢侈品品牌的伯格道夫古德曼百货公司、萨克斯第五大道百货公司，以及家庭旅客最爱的史瓦兹玩具城和迪士尼奇妙世界……

购物之余，还可观景。第五大道也汇集了许多地标景点，比如洛克菲勒中心、圣帕特里克大教堂、纽约公共图书馆、帝国大厦，以及构成"博物馆大道"的九座博物馆。

第五大道从82街延伸至105街，就是著名的"博物馆大道"。每年6月份，这里的9个文化机构会举办一个"博物馆大道日"的盛会，游客可以在晚间6点至9点免费入场。

大都会博物馆坐镇大道末端，是全球最杰出的博物馆之一，也是纽约的文化象征之一，拥有近两百万件永久性藏品。艺术及建筑爱好者们不要错过所罗门·R.古根海姆博物馆，这个博物馆主入口处的巨大中庭设有一系列曲线形天桥、玻璃电梯和楼梯塔，将集中三个楼层上的展廊连接到一起。一个雕塑性的屋顶从中庭升起，透过玻璃窗投射进来到的光线倾斜到整个中庭内，场景动人心魄。当然，这条著名的大道上还拥有独具特色的博物馆，让人心醉神迷的纽约等着你的到来。

点评：从城市景观你能见到一座城市的抱负。美国城市建筑学家刘易斯·芒福德说："城市是文化的容器。"有趣的人在哪里，哪里就会兴旺发达。纽约是个有趣的城市，充满机遇的城市。

有一部关于纽约的电影《纽约，我爱你》，像《巴黎，我爱你》一样，讲述怀揣各种梦想的人们，来自不同地域，处于不同境遇，演绎着别样的风情与不同浪漫……这是导演们眼中的都市魅力。他们抓住了城市的两样东西：一个是有趣，另一个是机会。

第十章　美丽城市：中国典型

改革开放以来，中国的经济实力不断增强，大规模的工业建设和城市开发，大大改善了城市集中在东部地带的不平衡状态。据资料统计，中国西部地带城市网密度比解放初增长 10 倍，中部地带增长 4 倍，东部地带增长 3 倍。城市数量分布也出现了较大的变化，西部地带增加了一些城市，东部地带城市数量增加最多，中西部城市数量在稳步增长。城市市网密度递增迅速，尤其是东部沿海地带的辽中南城市集聚区，密度增加日趋明显。随着社会和经济建设的迅速发展，中国城市化水平不断提高，城市数量猛增，形成了以经济为纽带的若干城市群落和一批与综合国力相匹配的国际性城市。

充分发挥大城市在国家区域发展中的核心作用，大力扶持和推进中等城市、小城市的发展，是中国城市化发展战略的重要取向。在城市化进程中，无论是大城市，还是中等城市、小城市，均创造出了经济快速发展、社会不断进步的大量骄人业绩。本章所选择的案例，从规模上考虑，既有直辖市类的超大型城市上海、副省级类大城市杭州和武汉、地级类中等城市池州，也有县级类小城市张家港；从区域上看，既有沿海发达地区的，也有中西部发展地区的；从发展形态上看，既有综合型国际大都市、科技文化型大城市、工业型城市，也有旅游型城市。这些城市虽然各有自己鲜明的特色，但都有一个共同点，就是在经济社会快速发展的同时，较好地注意了生态环境的治理。它们的发展实践和成就，诠释了美丽城市的内涵，堪称中国城市的典范。

一、东方现代美：上海

上海拥有鳞次栉比的摩天楼宇，它们象征着上海的繁华发达。而在现代化的背后，上海也由枫泾古镇等古迹展现了其自身独特的江南古典风情的韵味。浦西由于大量人口迁入和外来流动人口增长迅速，上海的外滩并列着一幢幢具有西欧古典风格的大楼，由于它们气派雄伟，庄重坚实，装饰豪华，错落有致，形成一派巍峨壮观的建筑风景线，被誉为"凝固的音乐"，有着"万国建筑博览会"之称。可以说，上海是中国近代与现代的最好见证。

（一）中国现代化都市的象征

上海，给人留下深刻的印象是城市建筑。它既古老又现代，既传统又时尚，具有开放而又自成一体的独特风格。

上海简称"沪"。地处中国漫长海岸线的最正中，世界第三大河、亚洲第一大河——长江的入海口以及亚太城市群的地理中心。交通便利，腹地广阔，是一个良好的江海港口。

全域面积 6340.5 平方公里的上海，占全国总面积的 0.06%。境内拥有中国的第三大岛崇明及长兴、横沙 3 个岛屿。下辖 16 个区、1 个县。呈集聚和不断扩大趋势。截至 2011 年年末，全市户籍人口已增加到 1419.36 万人，是新中国成立初期的 2.7 倍。全市常住人口 2347.46 万人，其中常住外来人口 935.36 万人，常住户籍人口 1412.1 万人，已成为全球人口最多的城市之一。

据统计，2012 年上海的城市化率达 90%，高居全国榜首。2012 年上海实现生产总值 20101.33 亿元，约占中国的 4%，且位居大中华圈城市之首，世界排名第 11位。按常住人口计算的人均地区生产总值达到 85033 元，在全国各省市中继续保持领先水平，相当于世界上中等发达国家或地区的水平。在 2011 年全球十大金融中心城市排名第六的上海是中国大陆第一金融中心，几乎囊括了全中国所有的金融市场要素。上海是仅次于芝加哥全球第二大期货交易中心，也是全球最大黄金现货交易中心、全球第二大钻石现货交易中心和全球三大有色金属定价中心之一。

上海现在以工业与服务业并重。轻工业是上海发展最早也是最为成熟的工业部门，在 20 世纪是中国最重要的轻工业生产基地，永久牌自行车、上海牌手表、蝴蝶牌缝纫机等均为其著名代表，"上海制造"曾经作为高质量产品的代名词行销全国。20 世纪 80 年代后，上海的重工业持续繁荣，诞生了上海宝钢、上汽集团等世界五百强企业。

截至 2010 年年末，在上海投资的国家和地区达 149 个。总部经济进一步集聚。落户上海的跨国公司地区总部 305 家，投资性公司 213 家，外资研发中心 319 家。

上海还是中国会展之都，展会数量居全国首位，会展年总收入占全国近50%。

近年来，上海把经济结构调整作为主攻方向，经济发展方式转变加快推进。从产业结构看，第一产业、第二产业、第三产业分别大致占1%、41%、58%。上海生产总值的一半是由非公有制经济企业贡献的。

（二）打造智慧城市

上海借助2010年世博会的举办，围绕"城市，让生活更美好"的主题，秉承和弘扬"理解、沟通、欢聚、合作"的世博理念，充分展示城市文明成果、交流城市发展经验、传播先进城市理念、探讨城乡互动发展，以一届"成功、精彩、难忘"的世博会胜利载入世博会史册。

在2011年最新一期全球摩天城市排行中，上海排名全球第三，仅次于香港、纽约。上海是一个高度国际化的城市，全年外籍旅游接待量居中国大陆第一，2010年全年，国际旅游外汇收入列全国各大城市首位，获得2012年中国特色休闲城市——时尚休闲之都称号。上海是我国第二批低碳试点城市。上海2012年总部经济发展能力综合得分为83.73分，排名第2位，与北京、深圳居前三。上海获得2012年中国特色魅力城市称号。上海是国家历史文化名城，共有19项全国重点文物保护单位，136项上海市文物保护单位和4座上海市级历史文化名镇。

近几年来，上海一直致力于"智慧城市"的打造，信息技术应用加速向各领域渗透，涉及社会诚信体系、社会保障卡、市民信箱、政府信息公开等众多方面。

20世纪90年代以来，上海大力发展轨道交通，线网规模居全国之首。上海高速公路网基本实现了"15分钟进入、30分钟互通、60分钟抵达"的"153060"目标。上海相继建成了一批大桥、隧道、高架路、高速公路、轨道交通、国际机场、深水港口等标志性重大城市建设工程。枢纽型、功能性、网络化重大城市基础设施体系基本建成，城市基础设施网络不断完善，为进一步改善上海投资环境、扩大对外开放、增强城市综合功能创造了有利条件。

近年来上海通过与产业发展结合，与工业布局调整和保护历史建筑结合，与区域功能特色结合，推动创意产业发展。目前，全市约有75个创意产业园区，涉及工业设计、室内设计、建筑设计、广告设计、服装设计、游戏软件、动漫艺术、网络媒体、时尚艺术、影视制作、品牌发布、工艺品制作等产业门类。主要有"创意仓库"、"周家桥创意中心"、宜昌路"e仓"、莫干山路"M50"、昌化路"静安创意产业园"等创意产业园区。上海迪斯尼乐园也将于2015年开张。

上海拥有两院院士共161人，其中中国科学院院士90人，中国工程院院士72人（1人兼两院院士）。用于研究与发展（R&D）的经费支出高于全国的平均水平1.08个百分点。上海不断加强科普基础设施建设力度，初步建立起以上海科技馆为引领、一批专题性科技场馆为主干、众多基础性科普教育基地为辅助的多元化、多类别的科普基础设施网络。上海的高等教育很发达，拥有普通高等院校66所，在校大学生50多万人，全市共有54家机构培养研究生。

作为中国广播电影电视业的发源地之一的上海，随着时代进步不断得到发展。截至2010年年末，上海全市共有广播节目21套，全年播出时间13.14万小时；有线广播电视传输网络干线总长度达到3.62万公里。公共电视节目25套，全年播出时间17.53万小时。广播、电视综合覆盖率均达到100%。作为东方最大的阅读区，2010年全年上海出版报纸100种，其中日报14种。全年出版报纸16.14亿份、各类期刊1.77亿册，图书2.87亿册。

作为中国每年承办一系列国际国内重要体育赛事之地，20世纪90年代以来，上海以承办国内外重大体育赛事为契机，加强体育设施建设，相继建成上海体育场、上海国际赛车场、上海虹口足球场、中国残疾人体育培训基地、旗忠网球中心、东方体育中心等一批多功能的体育场馆。

2010年，上海用于环境保护的资金投入就已达到507.54亿元，相当于上海市生产总值的比例为3.01%。环境质量持续改善，全年环境空气质量优良率达到92.1%，污水处理能力达到684.05万立方米/日。近年来，上海相继建成延安中路绿地、太平桥绿地、黄兴公园、大宁绿地、徐家汇公园、延虹绿地、世博林绿地、滨江森林公园（一期）、广中绿地、蝴蝶湾绿地、大连路公共绿地、卢湾南园滨江绿地等一批大型开放式生态景观绿地。城市绿化覆盖率达到38.15%。目标到2015年，单位生产总值能源消耗低率为18%；节能环保投入相当于全市生产总值的比例为4%—5%；生活垃圾无害化处理率为95%以上；城镇污水处理率为85%；环境空气质量优良率为90%左右。

截至2010年年末，上海城镇居民人均住房居住面积达到17.5平方米；城市居民家庭人均可支配收入达到31838元，人均消费性支出23200元，恩格尔系数为33.5%；农村居民家庭人均可支配收入13746元，人均生活消费支出10225元，恩格尔系数为37.2%。社会保障体系和救助体系建设进一步推进，具有上海特点的多层次养老保障制度基本建立。

截至2010年年末，上海有卫生机构3270所，全市有卫生技术人员13.54万人，其中执业医师 5.13 万人，全市卫生机构拥有病床 10.51 万张。在全国率先建立统一的住院医师规范化培训制度。郊区 540 家村卫生室和 145 家社区卫生服务中心实现新型农村合作医疗实时报销。

据中国社会科学院发布的《2011 年中国城市竞争力报告》蓝皮书显示：上海在国内城市中仅次于香港，位列第二（三至十位依次是北京、深圳、台北、广州、天津、高雄、大连、青岛）。而在 2010 年全球城市排行榜中，香港第五、北京第十五、上海第二十，三个城市共同进入世界 20 强。

点评：上海具有独特的地理位置和良好的环境资源。其城市竞争力、经济实力、城市建设、社会发展、科技教育、人民生活等都在全国城市中位居前列。上海的轨迹，印证了 30 年来的改革开放是中国发展最正确的选择。上海的发展，彰显了中华民族的智慧和文明，展示了中国进步的巨大活力。上海的成就，使其成为东方巨人，是中国让全世界为之骄傲的一张名片。

面对充满机遇而又富有挑战的 21 世纪，根据国家对上海的战略定位和要求，到 2020 年上海要基本建成与我国经济实力和国际地位相适应、具有全球资源配置能力的国际经济、金融、贸易、航运中心，基本建成经济繁荣、社会和谐、环境优美的社会主义现代化国际大都市，为建设具有较强国际竞争力的长三角世界级城市群作出贡献。

上海的成功经验就在于工业化和城镇化相辅相成，形成良性互动。上海竭力打造智慧城市，为两者互动提供了更好的基础与条件。这些创举将为我国积极稳妥地推进城镇化提供示范作用。

二、湖光山色美：杭州

享有"人间天堂"美誉的杭州，是中国八大古都之一，浙江省省会，浙江省最大城市，中国华东地区特大城市，中国十五大副省级城市之一，浙江的政治、经济和文化中心。

（一）西湖申遗成功让生态杭州又一次亮出名片

西湖是杭州的名片。西湖的魅力在于是自然和人文的有机结合，杭州曾在 2005 年将西湖向联合国申请世界自然遗产，但专家考察后认为，西湖并非纯自然的湖泊，万亩水面不小也不大，类似的湖泊在很多城市都有，而尤其不能接受的是周边建设的一些高楼大厦，有违自然生态的原则。细心的游客发现，2011年5月游览时，西湖还被介绍为国家5A级风景区，但仅仅一个月后再去便发现已成为世界文化遗产。2011年6月，正在法国巴黎联合国教科文组织总部举行的第35届世界遗产大会审议通过，将杭州西湖文化景观列入世界文化遗产名录。据悉，西湖是目前世界所有城市中唯一以湖泊申报成功的世界文化遗产。

那么，在短短几年间，西湖究竟有了怎样的改变呢？西湖申遗规划负责人说，整个申遗过程最难的就是拆除有碍观瞻的建筑物。为了此次申遗，杭州拆除了西湖周边50多万平方米有碍观瞻的违章建筑，搬迁了2000多户居民，减少常住人口7000余人，恢复1800多处自然景观。

西湖申遗成功，意味着她成为了中国第41个世界文化遗产，也是第3个获批"文化景观类"世界遗产的中国项目，使中国在世界遗产数量上稳居第三的位置。

西湖申遗成功也得益于杭州重视生态文明建设。杭州市多年来持续实施"蓝天、碧水、绿色和清静"工程，不断加大环境保护和污染治理力度，整体生态环境继续改善。目前，杭州市已拥有6个省级生态县（市、区）、3个国家级生态市（县、区）、49个国家级生态乡镇（街道）等绿色称号，正在紧追国家级生态市创建的各项指标。全市城市污水集中处理率达到94%以上，二氧化硫排放达标率、工业废水综合排放达标率分别达到94.0%和92.0%，主要水系监测断面水质三类以上比例达50.0%，市区空气质量优良天数超过330天，市区人均公园绿地面积达15.5平方米。

（二）一个经济社会均衡发展的成功典范

杭州市总面积16596平方公里，其中市辖区3068平方公里；总人口810万人，其中市辖区409.5万人。辖8个市辖区、2个县，代管3个县级市。位于江干区的钱江新城核心区是杭州市的中央商务区。

2012年杭州经济总量高居全国省会城市第四，实现地区生产总值7803.98亿元，增长9%。全市人均生产总值超过8万元人民币，根据世界银行划分贫富程度的标准，相当于上中等发达国家水平。2012年全市一、二、三产业分别实现增加值255.93亿元、3626.88亿元和3921.17亿元，分别增长2.5%、8.5%和10.1%。三次产业的比例为3.3∶46.5∶50.2，服务业比重比上年提高了0.9个百分点，占比首超50%。其中电子商务、信息软件业、文创产业、金融等新兴服务业发展势头良好。

尽管 2012 年国内外经济形势复杂多变，但杭州市的对外经济贸易还是取得了新发展。在利用外资方面，全年全市新批外商投资企业 510 家，合同外资 82.65 亿美元，同比增长 1.15%。对外贸易方面（不含省公司），全年全市出口额 348.1 亿美元，同比增长 1.1%。对外投资方面，全年全市新批对外投资项目 139 个，境外投资中方投资额 7.21 亿美元，同比增长 23.88%。服务外包方面，全年全市服务外包离岸执行额 29.68 亿美元，同比增长 45.92%。

杭州经济技术开发区、杭州高新技术产业开发区、萧山经济技术开发区和杭州之江国家旅游度假区 4 个国家级开发区全年合同引进外资 27.47 亿美元，实际利用外资 17.07 亿美元，分别占全市的 33.6% 和 36.1%。全年实现技工贸总收入 4274.61 亿元，比上年增长 14.5%；实现利税 519.57 亿元，比上年增长 11.8%。

自古以"上有天堂，下有苏杭"驰声于海内外的杭州，被《福布斯》杂志评为"中国大陆最佳商业城市"，连续八年蝉联"中国最具幸福感城市"桂冠，是中国十大创新城市，中国十大活力城市，中国十大低碳城市，获中国民生成就典范城市最高荣誉奖，"全球十大休闲范例城市"，中国十大重点风景旅游城市，中国首批历史文化名城等称号。

杭州有多项旅游景点入选中国世界纪录协会世界纪录，创造了一批世界之最。杭州拥有两个国家级风景名胜区——西湖风景名胜区、"两江两湖"（富春江——新安江——千岛湖——湘湖）风景名胜区；两个国家级自然保护区——天目山、清凉峰自然保护区；七个国家森林公园——千岛湖、大奇山、午潮山、富春江、青山湖、半山和桐庐瑶琳森林公园；一个国家级旅游度假区——之江国家旅游度假区；全国首个国家级湿地——西溪国家湿地公园外。杭州还有全国重点文物保护单位 25 个、国家级博物馆 9 个；年接待 1 万人次以上的各类旅游景区、景点 120 余处；著名的旅游胜地瑶琳仙境、桐君山、雷峰塔、岳庙、三潭印月、苏堤、六和塔、宋城、南宋御街、灵隐寺、跨湖桥遗址等一批人文景观。

作为中国最大的经济圈——长三角的两大副中心城市之一，杭州是中国东南的重要交通枢纽。2006 年，为更好地满足浙江省及长三角地区国民经济和社会发展对航空运输的需求，杭州萧山国际机场与香港国际机场进行战略性的全面合资合作，由此成为中国内地首家整体对外合资的机场。沪杭、浙赣、萧甬、宣杭四条铁路在此交汇，建成后的杭州东站，将成为华东地区最重要的现代化综合交通枢纽之一，亚洲最大的铁路枢纽之一。

2012 年，杭州市区城镇居民人均可支配收入 37511 元，农村居民人均纯收入 17017 元，分别增长 10.1% 和 11.6%；新增城镇就业人数 24.36 万人，城镇登记失业率 1.63%；居民消费价格涨幅 2.5%；人口自然增长率 3.95‰。市区城镇居民人均住房建筑面积 33.7 平方米，每百户居民家庭拥有家用汽车 31 辆、空调器 212 台、移动电话 211 部、家用电脑 110 台、微波炉 74 台、淋浴热水器 103 台。全市农村居民人均居住面积 72.5 平方米。每百户农村居民家庭拥有家用汽车 22 辆、空调器 120 台、移动电话 230 部、家用电脑 51 台、微波炉 34 台、淋浴热水器 81 台、洗衣机 78 台、电冰箱 93 台。年末城乡居民储蓄存款余额达 5547.48 亿元，比上年末增长 11.5%。

被称为"天堂硅谷"的杭州，是国家信息化试点城市、电子商务试点城市、电子政务试点城市、数字电视试点城市和国家软件产业化基地、集成电路设计产业化基地。近年来，杭州致力于打造"滨江天堂硅谷"，以信息和新型医药、环保、新材料为主导的高新技术产业发展势头良好，已成为杭州的一大特色和优势。通讯、软件、集成电路、数字电视、动漫、网络游戏等六条"产业链"正在做大做强，有 12 家企业进入全国"百强软件企业"行列，15 家企业进入国家重点软件企业行列，14 家 IT 企业在境内外上市。中国国际动漫节在杭州安家落户，并陆续出台了一系列重大举措打造"动漫之都"。

据不完全统计，全市有公共图书馆 13 个，总藏量 903 万册，文化馆 14 个，博物（纪念）馆 51 个，剧场 16 个，群艺馆 3 个，音乐厅 2 个，全国重点文物保护单位 25 处（群）。新增国家级文化产业示范基地 2 个，5 家画廊被命名为"中国诚信画廊"，5 个广场被命名为"全国特色文化广场"。电视、广播综合覆盖率分别达到 99.8% 和 99.83%。广播电视"村村通"实现全覆盖。成功举办第五届中国国际动漫节、第十一届西湖博览会等重大文化活动。蚕桑丝织技艺、西泠印社、篆刻等列入联合国教科文组织"人类非物质文化遗产代表作"名录。杭州有浙江大学、中国美术学院等高等学府。每 10 万人中具有大学文化程度的人口为 18881 人。

"八月十八潮，壮观天下无"，每年农历八月十八日，在萧山钱江观潮度假村举行钱江（国际）观潮节，游客不仅可以欣赏举世奇观钱江潮，更可参与一系列文化体育和旅游活动。

最早创立于 1929 年的西湖博览会，与 1893 年的"芝加哥博览会"、1900 年的"巴黎博览会"和 1927 年的"费城博览会"一起扬名世界，并被公认为四大国际性的盛典。

今天的杭州，正在以"城市东扩、旅游西进，沿江开发、跨江发展"为总体发展目标，由"西湖时代"向"钱塘江时代"前进。

点评：西湖的生态和文化景观是杭州一张永久的名片。从这张名片上，人们清晰地看到杭州前进的轨迹。

湖光山色的优美自然环境和整体生态的持续改善，是杭州被誉为天堂最重要的元素，也是城市经济保持快速增长和社会可持续发展的根本前提。值得欣慰的是，杭州人已充分意识到了这一点。

作为吴越西府、南宋行在和明、清、今的浙江省会，所拥有的一大批博物馆、纪念馆和乡野水滨、名山大刹、老街古镇、文献典籍等人文景观则是杭州的另一大魅力，也是软实力。更可喜的是，杭州在经济发展中不仅注意自然生态环境的保护，同时重视文化景观的保护，正因为如此，使其成为一个经济社会均衡发展的成功典范。这也是很多城市可资借鉴的。

三、蓬勃发展美：武汉

武汉号称"九省通衢"，"茫茫九派流中国，沉沉一线穿南北"。它简称汉，享有"东方芝加哥"声誉，是中国中部地区最大都市及唯一的副省级城市，中国内陆地区最繁华都市及国家区域中心城市，全国特大城市之一。它已成为内陆地区的金融、商业、贸易、物流、文化中心，仅次于北京、上海的第三大科教中心。为此，武汉被誉为世界开启中国内陆市场的"金钥匙"、经济发展的"立交桥"，具有承东启西、接南转北、吸引四面、辐射八方的区位优势。

（一）中部崛起的重要战略支点

武汉城市圈，又称"1+8"城市圈，是指以武汉为圆心，包括黄石、鄂州、黄冈、孝感、咸宁、仙桃、天门、潜江周边8个城市所组成的城市圈。面积不到全省三分之一的武汉城市圈，集中了湖北省一半的人口、六成以上的GDP总量，不仅是湖北经济发展的核心区域，也是中部崛起的重要战略支点。城市圈的建设，涉及工业、交通、教育、金融、旅游等诸多领域。武汉为城市圈中心城市，黄石为城市圈副中心城市。2007年12月7日，国务院正式批准武汉城市圈为"全国资源节约型和环境友好型社会建设综合配套改革试验区"。

武汉是中国内陆地区的经济中心、金融中心、商业中心，是内陆中部地区最大的工商业综合性城市。新中国成立后，武钢、武重、武锅、武船、肉联等一大批企业陆续建成，极大地提升了武汉的经济地位和城市实力。

作为中国重要工业基地的武汉，拥有钢铁、汽车、光电子、化工、冶金、纺织、造船、制造、医药等完整的工业体系。2012 年，武汉规模以上工业总产值 9018.88 亿元，增长 15.3%。年末规模以上工业企业 1893 家。产值过 100 亿元的企业 12 家，过 10 亿元的企业 95 家。两大开发区工业总产值 3691.80 亿元，增长 24.2%。其中，东湖新技术开发区 1668.90 亿元，增长 28.2%；武汉经济技术开发区 2022.90 亿元，增长 21.1%。

世界第三大河长江及其最长支流汉江横贯市区，将武汉分为武昌、汉口、汉阳三镇鼎立的格局，唐朝诗人李白在此写下"黄鹤楼中吹玉笛，江城五月落梅花"，因此武汉又称江城，是中国内陆最大的水陆空交通枢纽。

被誉为"桥梁博物馆"的武汉，已建成 1300 余座桥梁，是名副其实的"桥都"。武汉长江大桥是万里长江第一桥，武汉长江二桥是世界首座预应力混凝土斜拉桥，武汉白沙洲大桥是世界第三、国内最大的双塔双索面斜拉桥；等等。

作为中国高铁客运专线网主枢纽的武汉，是中国四大铁路枢纽、六大铁路客运中心、四大机车检修基地之一。武汉也是华中地区的航空中心，首条航线为 1929 年开辟。武汉天河国际机场于 1995 年 4 月 15 日启用，是中部地区首个 4F 级机场，中国民航总局指定的华中地区唯一的综合枢纽机场，华中地区最大最先进的航空港和飞机检修基地，华中地区唯一一个有独立国际航站楼的机场及唯一可办理落地签证的出入境口岸。武汉是中国内河的重要港口，是长江中游航运中心，交通部定点的水铁联运主枢纽港。武汉还是我国内河通往沿海、近洋最大的启运港和到达港。此外，武汉还是在长江流域和澜沧江以西（含澜沧江）区域内行使水行政主管职能的派出机构——长江水利委员会的总部所在地，是中国内陆最大的船舶生产基地。武汉航运交易所是继上海、重庆、广州后，成立的全国第四个航交所。作为我国中西部地区第一个开通地铁的城市，武汉地铁 1 号线 2004 年 7 月 28 日投入运营，是我国大陆第五个拥有城市轨道交通的城市。

据统计，2012 年年末，武汉市常住人口 1012 万人，比上年增加 10 万人。全年城市居民人均可支配收入 27061 元，比上年增长 14.0%。人均住房建筑面积 33.5 平方米，增加 0.79 平方米。每百户家庭拥有家用汽车 22.1 辆、计算机 111.06 台、空调器 203.21 台、移动电话 229.91 部。全年农村居民人均纯收入 11190.44 元，比上年增长 14.0%。人均居住面积 51.4 平方米。每百户家庭拥有洗衣机 83.1 台、空调机 93.6 台、移动电话 227.4 部、家用计算机 32.1 台。

2012 年，武汉的全年社会消费品零售总额 3432.43 亿元，比上年增长 16.0%。武汉共有武商集团、中商集团、中百集团（前三者成立武商联）、汉商集团四家纯商业上市公司，1992 年上市的武商集团是全国最早上市的商业企业。2012 年，中百集团、武商集团和中商集团分别位列中国零售企业第 18、20 和 47

位。中百仓储、武商量贩、中商平价和中百便民超市 4 家连锁超市跻身中国快速消费品连锁 50 强，同济堂药房、马应龙大药房 2 家药店入围中国药店销售 30 强。武汉有达标百货店 11 家，金鼎百货 6 家，仅次于广州，居全国第二。武汉广场曾创造了全国零售单体经济效益"十连冠"的中国零售业记录，至今也仍是中西部第一百货。武汉也是国际独立零售商联盟（IGA）中国总部。

作为中国人民银行在中部地区唯一的跨省级分行——武汉分行所在地（负责管辖鄂湘赣三省业务），武汉的银行密度居全国第五，是内陆地区唯一同时具备金融市场、金融机构、金融产品三要素的城市。2011 年年末，有上市公司 57 家，总数居全国第 7，武汉还是除上交所和深交所之外唯一合法的场外交易市场——"新三板"的全国首个扩容试点城市。

武汉是中国首批沿江对外开放城市之一，是外商投资中西部的首选城市，在武汉所有外商投资中，港资比重最大。武汉是法国在华投资额最高的城市，占法国在华全部投资的三分之一。截至 2012 年年底，境外世界 500 强已有 98 家在汉投资，高居中西部地区首位。

2012 年，全国 35 个大中型城市经济"年报"揭开面纱，武汉 GDP 以 8003.82 亿元"收盘"，在全国 15 个副省级城市中排位第四，挺进全国城市第九位，重返全国城市经济总量十强。这是时隔 22 年后，武汉再一次站在中国经济版块最强方阵之中。

（二）凸显文化科教强大的软实力

被誉为中国经济地理"心脏"的武汉，处于优越的中心位置，位于江汉平原东部，形似一只自西向东的彩蝶。

武汉是中国北亚热带季风性湿润气候区，具有雨量充沛、日照充足、四季分明，夏高温、降水集中，冬季稍凉湿润等特点。一年中，1 月平均气温最低，为 3.0℃；7 月平均气温最高，为 29.3℃，夏季长达 135 天；春秋两季各约 60 天，初夏梅雨季节雨量较集中。

作为全世界水资源最丰富的特大城市及中国最大的淡水中心，武汉全境水域面积 2217.6 平方公里，覆盖率为 26.10%，人均占有地表水 11.4 万平方米，人均占有地表水量居世界大城市之首，河网水系纵横交错，世界第三大河长江及其最长支流汉江在此交汇。被称为"百湖之市"的武汉，现有大小湖泊 166 个，居中国城市首位。东湖是中国最大最美的城中湖（水域面积达 132.37 平方公里），梁子湖是全国生态保护最好的两个内陆湖泊之一。

享有"湿地之城"美誉的武汉，其湿地资源位居全球内陆城市前三位。截至 2010 年，武汉市湿地面积 3358.35 平方公里，占全市国土面积的 39.54%。武汉拥有公园 70 个，公园绿地面积 6038.48 公顷，人均公园绿地面积 9.42 平方米，建成区绿化覆盖率 37.54%，湿地自然保护区面积 2.8 万公顷，森林面积 16.8 万公顷，森林覆盖率 26.80%。

2011 年年末，武汉全境面积 8494.41 平方公里，为湖北省面积的 4.6%。含水域的城区面积 1286.6 平方公里，为中国第一。

武汉是中国最重要的教育基地之一，高校毕业生人数全国第一，科教综合实力名列前茅。2011 年年末，全市共有高等院校 85 所，其中普通高等学校 79 所，居全国第二，在校大学生人数逾 100 万，是全世界在校大学生人数最多的城市。高校密集，科研单位众多，科技创新能力、科技竞争力综合排名居全国前列，是全国唯一承担国家知识产权局专利管理、交易、产业化及知识产权示范的全面试点工作的城市。

作为"高山流水觅知音"的发源地，武汉音乐学院和湖北美术学院的前身武昌艺术专科学校，是中国现代第一所私立艺术教育学堂，是中国最早的三所艺术专科学校之一。1992 年建成的武汉杂技厅，是我国第一座可供进行国际杂技、马戏表演的观演建筑，也是亚洲最大的杂技厅。在此举办的中国武汉国际杂技艺术节，是与蒙特卡洛国际马戏节、巴黎明日国际杂技节齐名的全球三大国际杂技节，被文化部列为我国"七大对外文化交流项目"之一。

作为原国家新闻出版总署批准的全国四个国家数字出版基地之一，2011 年年末，武汉出版社出版图书 20 类 721 种 1132 万册，出版报纸 6.11 亿份，出版杂志 7.90 亿册。其中，知音传媒集团是中国期刊第一股，《知音》杂志月发行量居世界综合性期刊排名第 5 位，《楚天都市报》则已连续 7 年跻身世界日报发行量百强。

武汉医疗水平居全国前列，是继首都北京之后的全国第二个可颁发国际认可的创伤急救资质证书的城市，被誉为中部"医都"。2011 年，武汉每千人拥有床位数 5.44 张，居全国第一；每万人拥有医师数 26 人，居全国第六；武汉市人均期望寿命、孕产妇死亡率、婴儿死亡率分别为 79.27 岁、10.71/10 万、3.14‰，均已达发达国家水平，稳居全国前列。

作为众多国际国内体育大赛的举办地，武汉每年举办的常规赛事有 WTA 超五巡回赛（2014 年起）、全国沙滩排球巡回赛总决赛等，同时也举办过 2007 年女足世界杯、2010 年世界男排联赛、2012 年汤尤杯羽毛球赛、第六届全国城市运动会、第九届世乒赛及第二十六届男篮亚锦赛等。武汉是中国赛马之都。从

1902 年英国人在汉口兴建了西商跑马场开始，赛马运动就开始走进武汉人的生活。武汉东方马城国际赛马场是全国规模最大、等级最高的赛马场，是国家体育总局中国马术协会唯一马术与速度马训练基地，在此举办的武汉速度赛马公开赛是中国内地唯一的常年赛马赛事，武汉国际赛马节则是中国赛马第一品牌。

作为近代中国兴办博览会的发源地之一，1909 年在武昌举办的武汉劝业奖进会，是中国最早的并较为正规的商品博览会。在改革开放之前，武汉就是全国四大会展中心城市。现拥有中西部最大、全国第三的展览场馆武汉国际博览中心及武汉国际会展中心、武汉科技会展中心、武汉东湖国际会议中心等展览会议场所。第三届世界植物园大会、第十三届世界湖泊大会、第 47 届国际规划大会、中亚区域经济合作第 11 次部长会议等国际展会已相继在武汉成功举办。

有"早尝户部巷，夜吃吉庆街"之美谈的武汉饮食，可谓一早一晚，过早和宵夜最为经典。武汉菜秉承湖北菜系风格，汇聚东西南北精华，菜品丰富多样，又自成特色，是著名的"美食之都"。又因武汉水产极为丰富，淡水鱼鲜在全国享有盛誉，所以又被誉为"中国淡水鱼美食之都"。

被评为"中国优秀旅游城市"和"国家历史文化名城"的武汉，市内遍布有名胜古迹 339 处，革命纪念地 103 处，全国重点文物保护单位 13 处，5A 级旅游景区 1 家，4A 级景区 17 家。2011 年武汉市旅游业实现游客接待人数突破 1 亿人次、总收入超过千亿元两大历史性跨越，成为全国第 6 个旅游接待人数破亿的城市。

点评：武汉享有"东方芝加哥"声誉，人人向往。

如今的武汉，完成了发展定位上的"三级跳"，从"中部重要的城市"跃升为"中部中心城市"，再到建设"国家中心城市"，迎来跨越式发展的重要战略机遇，成为中部崛起的重要战略支点。

武汉以工业发达、经济繁荣著称，工业化始终担当起城市发展的依托。

武汉得以发展，在于具有得天独厚的资源优势，尤其是文化、科教这个软实力的优势，为武汉的经济社会持续发展提供了充实的基础和不懈的推动力。

武汉这个古老的中国大都市，如今正以"复兴大武汉"为目标，焕发着勃勃生机，奋力进入国际大都市之列。

四、自然生态美：池州

作为泛"长三角"地区的"后花园"的池州，环境优美，生态优良，历史悠久，文化底蕴深厚。举世闻名的中国九华山赋予池州盛名，是中国第一个生态经济示范区，是中国优秀旅游城市之一，是全国旅游竞争力百强城市，还拥有首批 4 个国家级工农业旅游示范点，以及太平湖国家级水上运动训练基地和杏花村等人文景观，是理想的休闲胜地。人们称池州为自然生态美。

（一）第一个生态经济示范区

池州境内气候温暖湿润，江河水系发达，森林覆盖率达 60%，是安徽省旅游资源最集中、品味最高的"两山一湖"（黄山、九华山、太平湖）区域的重要组成部分，也是游客进入"两山一湖"区域的重要出入口。池州境内以九华山为中心，分布着大小旅游区 300 多个，其中有 4 处国家级旅游品牌：国家重点风景名胜区、国家 5A 级旅游区、国际性佛教道场、中国四大佛教名山之一——九华山；被誉为华东"动植物基因库"的国家级野生动植物保护区——牯牛降；被誉为"中国鹤湖"的国家级湿地珍禽自然保护区——升金湖；九华山国家森林公园——九子岩。

作为中国第一个国家级生态经济示范区，生态是池州最大品牌、最大优势。池州加强多层次、成网络、功能复合的基本生态网络建设，充分发挥山地、耕地、林园地、绿地和湿地的综合生态功能，加强生态保护，创建全国绿化模范城市和国家森林城市，努力营造良好的生态环境。强化生态屏障建设，大力推进城市绿化、山区绿化、平原绿化、村庄绿化，构筑"山区绿屏、平原绿网、城市绿景"生态屏障，力争到 2015 年林木绿化率达 65%。加强生态文明创建工作，构建生态文明创建体系，加强生态县、绿色社区、生态乡镇、生态村建设。

大力发展绿色经济和循环经济，打造以低碳排放为特征的产业体系，建设低碳经济城市；建立低碳型产业结构。推行低碳生活方式，倡导文明、节约、绿色、低碳消费观念，形成绿色生活方式和消费模式，培育壮大低碳产品的消费市场，推动节约型社会建设。加强环境保护。严格落实环境保护目标责任制，坚持预防为主、综合整治、强化监管，以创建国家环保模范城市为重点，着力解决危害群众健康和影响可持续发展的突出环境问题，减少污染物排放，不断改善城乡环境质量。

作为国际佛教道场，九华山既是中国四大佛教名山，又是国家首批 5A 级风景名胜，有一千六百多年的佛教历史，灵山与圣地、自然和人文相互交融，佛、儒、道高度融合，宗教习俗与民间风俗和谐共生。千百年来，古刹林立，飞阁流丹，香烟缭绕，修持佛法，享有"莲花佛国"之称。池州历史悠久，文化底蕴深厚。源远流长的佛文化、诗文化、戏文化、茶文化，古老的贵池傩戏、目连戏和青阳腔，具有池州地域特色和深厚底蕴的"九华文化"，享誉海内外。

池州是中国傩戏之乡，被誉为"戏曲活化石"的池州傩戏、"徽池雅调"青阳腔名列国家级非物质文化遗产，称为"中国戏曲的百科全书"；石台目连戏和黄梅戏姐妹腔的文南词名列省级文化遗产。纯朴的民风、山区相对封闭和安逸的自然环境，使得池州古戏曲至今仍呈现原生态、古朴、粗犷的风格，内涵十分丰富，有着极高的文化人类学、戏剧学、宗教学、美术学、考古学和民俗学价值。

"五里不同风，十里不同俗"的池州民俗文化丰富多彩。东至花灯、九华山庙会列入国家级非物质文化遗产，贵池罗城民歌、石台唱曲、平安草龙灯、鸡公调、福主庙会、西华唱经锣鼓列入省级文化遗产。池州的民俗文化，几乎涵盖了民间百姓生产、生活、节庆娱乐的方方面面。正如国学大师钱穆所言："风俗为文化奠深基，苟非能形成风俗，则文化理想仅如空中楼阁，终将烟消云散。"池州风情各异而又丰富多彩的民俗文化，彰显了池州文化底蕴深厚、源远流长的文化特色。

（二）经济社会发展与保护环境同步

作为长江经济带上重要的滨江旅游城市和历史文化名城，池州位于安徽省西南部，北临长江，南接黄山，西望庐山，东与芜湖相接，面积8272平方公里，人口160万，辖贵池区、东至县、石台县、青阳县、九华山风景区。长江流经池州162公里，通江达海，承东接西，池州港是长江干线重点港口，是800里皖江外籍游轮、国内大型游轮进入"两山一湖"地区的定点停靠码头；318、206国道纵贯市内，沿江、安景高速公路，铜九铁路已全线通车；宁宜高速铁路、九华山旅游国际机场已动工建设，不久将通车、通航。

作为皖江上最古久的濒江郡城，池州物产富饶，资源丰富，自古就有"江南鱼米之乡"之称。池州拥有丰富的生态农业资源，是国家重要的商品粮、优质棉、出口茶叶、茧丝绸和速生丰产林基地。池州已初步形成建材、非金属矿、有色金属冶炼、化工、轻纺、机械、农副产品深加工等支柱产业。

2011年，地区生产总值372.5亿元，增长13%；规模工业增加值增长23%；固定资产投资289.8亿元，增长30.9%；财政收入56.8亿元，增长30.9%；城乡居民收入分别为18925元、6700元，增长18.3%、15%，继续保持了持续快速健康的发展势头。

池州将继续实施"工业强市"战略不动摇。牢固树立和落实全面发展、协调发展和可持续发展的科学发展观，进一步优化工业布局，转变发展方式，促进工业经济发展与生态环境保护的协调统一。以规模化、集群化、品牌化、信息化和低碳化为导向，突出节能减排和资源综合利用，大力发展低碳经济、循环经济，实现各工业园区集约、错位、特色发展，推动工业经济由劳动密集型向科技进步型、由资源加工型向先进制造型、由离散分布型向链群集聚型、由单一低小型向规模配套型、由粗放耗能型向绿色低碳型转变，努力走出一条科技含量高、经济效益好、资源消耗低、环境污染少、人力资源优势得到充分发挥的新型工业化发展道路。

池州将着力构建特色现代产业体系。把转变工业经济发展方式摆到更加突出的位置，加快培育与新型工业化相一致的先进装备制造、新材料、新能源、新型化工四大主导产业；大力改造提升轻工、纺织、冶金、建材等传统优势产业。力争"十二五"末四大主导产业产值比重超过65%，战略性新兴产业比重超过皖江示范区平均水平，传统优势产业在转型升级的基础上，实现产值翻番，能耗和污染排放低于全省同行业平均水平。同时，大力发展电子商务、现代物流、工业设计、研发服务、管理咨询等生产性服务业，逐步构建以高新技术产业为引领、先进制造业为主体、传统优势产业为支撑的池州特色现代产业体系。

池州将着力培育一批龙头骨干企业。通过瞄准目标招商和组织重大项目建设，大力实施工业"531"强龙工程，力争培育销售收入超百亿元企业5—7家，超10亿元企业30家，过亿元企业100家。

池州将继续推进"两化"深度融合，着力加快新型工业化发展进程。坚持以信息化带动工业化，进一步加快信息化基础设施建设，强化信息资源开发和信息技术应用，不断提高全社会的信息化水平。

池州将以自主创新为动力，不断提升工业经济核心竞争力。加大工业人才的培养、引进力度，进一步优化人才成长和创业环境，努力形成一支高素质、善经营、懂管理、适应国内外市场竞争的企业家队伍，一支以中高级专业技术人才为重点的工程技术人才队伍，一支以高中级技工为重点的专业技能人才队伍。加强企业技术创新平台建设，力争到2015年创新型企业和高新技术企业超过100家。

池州始终将教育摆在优先发展的战略位置，各级各类教育协调发展。学前教育稳步发展，普九成果进一步巩固提高，高中阶段教育快速发展，高等教育和成人教育健康发展，民办教育在规范中发展。中小学办学条件显著改善，教育改革稳步推进，中等职业教育得到快速发展，教育热点问题得到妥善解决。

得到快速发展的体育事业成绩斐然，池州市教体局先后被国家体育总局授予"全国群众体育先进单位""全民健身活动先进单位""全国推广健身气功先进单位""全民健身活动优秀组织奖"四项国家级表彰。

2007年以来，池州坚持把有限的财力优先向保护环境和民生倾斜，大力发展生态文明，倾心尽力推进民生工程实施。民生工程项目从2007年的12项扩大到现在的33项，涵盖生活救助、教育、卫生、文化、交通、住房、就业、农村基础设施等诸多领域，累计投入资金逾30亿元，惠及城乡群众146万人，占全市总人口93%，初步解决了关系到群众切身利益的"生活难、看病难、上学难、就业难、出行难"等突出问题，保障改善民生成效显著，长效工作机制逐渐完善，群众幸福指数不断提升。在全省民生工程综合考评中，连续三年荣获一等奖。"民生工程似花朵，朵朵都是惠民歌。花朵开在心窝窝，全民共享富裕果。"这是一首在池州市传唱的民歌。原汁原味的乡土小调，表达了广大群众对民生工程的由衷赞美和喜悦心情，体现了民生工程对城乡生活带来的巨大变化。

点评：池州全面实施"生态立市、工业强市、旅游兴市、商贸活市"战略，以"加快追赶、奋力崛起、实现跨越"为主题，大力弘扬"艰苦创业、负重拼搏、开明开放、务实创新"的池州精神，把池州建设成为最具有全国旅游竞争力的城市。

池州城市建设坚持生态优先原则，坚持经济发展不以牺牲环境为代价，大力发展绿色经济，推进经济生态化、生态经济化，构筑低碳产业体系，努力走出了一条"生态发展、绿色崛起"发展新路。

池州的发展之路，是生态与社会和谐发展之路，彰显了一种自然生态之美！

五、花园城市美：张家港

张家港迅速崛起，享有国内外声誉。它是全国首个荣膺联合国人居奖的县级市，是全国精神文明建设、生态文明建设的典型，是唯一实现全国文明城市"三连冠"的县级市，是首家国家环境保护模范城市、首批国家生态市、全国首个"价格诚信城市"、全国生态文明建设试点城市、国家园林城市、国际花园城市、中国优秀旅游城市，累计荣获国家级以上荣誉160多项。

张家港正在朝着一个富有特色和竞争实力的现代港口经济城市，富有内涵和独特个性的国际生态园林花园城市，富有精神和文化底蕴的文明法治和谐城市的目标快步迈进。

（一）建设现代生态宜居为一体的花园城市

张家港市距今已有 8000 年历史，是太湖流域、也是长江下游地区迄今发现的最早的新石器时代文化遗址，被列入 2009 年全国十大考古发现。

被评为"国家卫生城市"、全国"环境保护模范城市"的张家港，全境地势平坦，河港纵横，有大小河道 6033 条，总长 4477.3 公里，平均每平方公里陆地有河道 5.71 公里，属北亚热带南部湿润性气候区，气候温和，四季分明，雨水充沛，资源众多，环境优美，是典型的江南"鱼米之乡"。

作为国际花园城市，张家港始终坚持现代、生态、宜居的标准，统筹城乡资源配置，全面提升城市功能品位。

张家港地处长江三角洲腹地，通江达海，地理位置优越，交通四通八达，城市大交通格局清晰呈现，沿江高速公路、苏虞张一级公路、204 国道、338 省道横贯境内，构筑起了到上海、南京、苏州、无锡等周边城市的"1 小时交通圈"。

境内有"三山一苑"（双山、香山、凤凰山、东渡苑）等主要景区，有苏东坡与梅花堂、徐霞客三游香山等历史文化内涵丰富的传说典故；还有鉴真东渡起航处古黄泗浦、南沙东山村遗址等名胜古迹；吴文化中保存和传承得最好的吴歌是张家港的河阳山歌，被列为国家级非物质文化遗产，这些山、水、岛、寺、址，构成了张家港市灿烂的历史文化和开发风景旅游资源的优越条件。

作为首批国家生态市、全国生态文明建设试点市的张家港，在全国第一个制定实施了生态文明建设规划大纲，人居环境不断优化。全市林木覆盖率、城市建成区绿化覆盖率分别达 14.98% 和 43.5%，获评中国十佳绿色城市。积极倡导绿色人文，普及生态教育，建成生态教育馆、青少年教育实践基地等一批生态教育基地，绿色学校、绿色社区建成比例达 85% 以上，率先在全省批量投用 LNG 清洁能源公交车，市区建成全国首个清洁能源使用区。市区雨、污水分流工程全面完成，生活污水处理率达 97%；5 座镇（区）生活污水处理厂全部竣工。

作为全国唯一荣获中国和谐管理城市称号的县级市，张家港以城市社区的标准建设和管理村庄，在全国率先将城市社区理念引入农村，建立全市统一的社区管理服务网络。不断完善城市长效管理机制，建立全国县市领先的数字化城市管理系统，生活垃圾分类管理试点正式启动。镇（区）市容示范路创建工作实现"满堂红"，蝉联国家卫生城市。

张家港在全国率先实现城乡养老保险并轨，将全市符合条件的农保人员和被征地农民全部纳入城镇社保体系，实施城乡一体的医疗救助制度，出台困难家庭大病年度救助政策。建立健全低保标准自然增长、救助渐退和物价上涨动态补贴机制。

作为全国最安全的地区之一，张家港平安建设、法治建设成效显著，实现全省社会治安安全县（市）"八连冠"，社会治安公众满意率99.4%以上。首批荣获全国和谐社区建设示范市，获评全国农村社区建设实验全覆盖示范单位、全国村务公开民主管理示范单位。

张家港坚持教育优先发展战略，大力推进城乡教育高位优质均衡发展。普通高考和职校对口单招成绩连续10多年处于苏州市领先水平。基础教育优质均衡发展经验在全国推广。

获评全国阳光体育先进市、全国群众体育先进单位的张家港，文化体育事业繁荣发展。深入推进文化育民、文化惠民工作，构建完成以市级公共文化设施、镇（村）基层文化设施"八个一"工程为主体的公共文化服务体系。"村村演""月月映""周周唱"等群众性文化活动蓬勃开展。长江文化艺术节荣获第二届国家文化部创新奖，文化品牌效应持续放大。初步形成了"城区5分钟、乡镇10分钟"健身圈。

（二）工业化与城镇化良性互动

作为沿海和长江两大经济开发带交汇处的新兴港口工业城市，美丽富庶的张家港，位于长江下游南岸，江苏省东南部，属苏州地区，北滨长江，与南通、如皋、靖江相望；南近太湖，与无锡、苏州相邻；东与常熟相连，距上海98公里；西与江阴接壤，距南京200公里。

全市总面积999平方公里，其中陆域面积777平方公里，下辖8个镇和1个现代农业示范园区，175个行政村，户籍人口90.5万。1994年以来，张家港经济实力始终位居全国县市前三甲。2011年，实现地区生产总值1850亿元，按常住人口计算，人均2.3万美元，地方一般预算收入142亿元。

全市拥有9家上市公司的张家港，始终坚持转型升级为主线，优化产业结构，发展现代经济，经济实力和发展后劲不断增强，产业发展呈现明显的特色优势。截至2011年年底，三次产业比例为1.4：59.1：39.5。2011年全市百家规模企业完成销售3650亿元，占全市工业的66.5%，销售超10亿企业达到70家，其中超百亿企业10家，9家企业入围中国民营企业500强。其中沙钢集团是中国最大的民营钢铁企业，也是江苏最大的民营企业，连续三年入围世界500强，位列第 366 位，是江苏第一个销售超 2000 亿元的企业。

作为全国首批对外开放的国家一类口岸——张家港，不冻不淤，深水贴岸，安全避风。拥有 63.6 公里的沿江岸线、65 个万吨级以上泊位，已开通 19 条国际航线，每月 40 多个国际航班，与世界 150 个港口有货运往来。张家港到港国际航行船舶位居长江内河各港之首，是长江沿线最大的国际贸易商港，是全国首家海关税收突破百亿元的县域口岸。

目前，张家港拥有 2 家国家级开发区，其中张家港保税港区是全国唯一的内河型保税港区。全市累计吸引外资企业 1087 家，到账外资 63.2 亿美元，落户世界 500 强企业 25 家。张家港电子口岸在全国县域口岸首家建成运行，成功创建全球首个"国际卫生港口"。此外，还创办了全国县级市首个国家级境外经贸合作区——埃塞俄比亚东方工业园，境外投资连续多年位居江苏省县市第一。

近几年在加速发展新兴产业的张家港，重点发展新能源、新材料、新装备、新医药等新兴产业。2011 年新兴产业投入 230 亿元、占工业投资比重 65% 以上，实现产值 1522 亿元、占规模以上工业产值比重 33.5%。实施科技创新三年行动计划，设立人才开发资金，落实高层次人才生活待遇、领军人才项目投融资扶持等政策举措，全社会研发投入占 GDP 比重达 2.35%，实现全国科技进步先进市"六连冠"。

目前张家港城镇化率已达到了 63%，工业化与城镇化形成良性互动，推动城乡共同繁荣，形成了城乡发展一体化的新格局。在"整体城市、一城四区"的构架下，推进城乡发展规划、产业布局、基础设施、公共服务、就业社保和社会管理"五个一体化"。以"新市镇、新街道、新社区"建设为主要内容的"三新"工程扎实推进，农民集中居住率达到 51%，永联村成为全省乃至全国城乡一体化建设示范点。在江苏县市率先实现村组道路灰黑化、村村通公交、有线电视"户户通"、区域供水全覆盖。目前全市每平方公里等级以上道路达到 1.95 公里，在全国县级城市中水平最高。现代农业加速发展，近年来累计建成高效农业面积 14 万亩，"三品"农产品面积占比达到 90% 以上。创新实践以村为经营主体或控股的土地股份合作社改革，全市土地规模经营面积累计 34 万亩；村均可支配收入 511 万元，其中 33 个村集体收入超 1000 万元，形成了苏州最大的强村群体。

张家港始终坚持以民生幸福为根本追求，大力度保障和改善民生，人民生活水平实现持续提升。2011 年，全市城镇居民人均可支配收入达到 3.51 万元，农村居民人均收入 1.71 万元。人均预期寿命 80.99 岁。

点评：张家港是中国城市的后起之秀，经济快速平稳发展。它充分发挥临港经济和外向经济的龙头带动作用，以工业园区、物流园区为载体，重点建办技术含量高、资本规模大、产业带动强的项目，积极以科技创新改造提升冶金、纺织、化工、粮油食品等现有主导产业，加快发展现代物流、旅游等现代服务业，继续培育、放大园区产业特色，推进产业集群，逐步建成特色鲜明、布局合理、结构优化、效益提升的现代产业基地。

张家港始终把生态文明建设放在突出地位，融入经济社会发展的全过程与各方面，坚持经济发展与保护环境、节约资源均衡化的目标，实现各项社会事业科学协调发展的做法是其快速腾飞的秘诀，也是广大中小城市可供选择的路径。

参 考 文 献

[美]詹姆斯·E.安德森:《公共政策》,唐亮译,华夏出版社 1990 年版。

张金马:《政策科学导论》,中国人民大学出版社 1992 年版。

宁骚:《现代化进程中的政治与行政》(下册),北京大学出版社 1997 年版。

陈振明:《政策科学—公共政策分析导论》,中国人民大学出版社 2003 年版。

谢明:《公共政策导论》,中国人民大学出版社 2004 年版。

任勇等:《中国循环经济发展的模式与政策》,中国环境科学出版社 2009 年版。

沈清基等:《低碳生态城市理论与实践》,中国城市出版社 2012 年版。

仇保兴:《应对机遇与挑战——中国城镇化战略研究主要问题与对策》,中国建筑工业出版社 2009 年版。

刘耀彬:《资源环境约束下的适宜城市化进程测度理论与实证研究》,社会科学文献出版社 2011 年版。

张泉等:《城乡统筹下的乡村重构》,中国建筑工业出版社 2006 年版。

仇保兴:《兼顾理想与现实——中国低碳生态城市指标体系构建与实践示范初探》,中国建筑工业出版社 2012 年版。

徐建华:《现代地理学中的数学方法》,高等教育出版社 2002 年版。

黄肇义、杨东援:《国内外生态城市理论研究综述》,《城市规划》2001 年第 1 期。

王芬、钱杰、唐东雄:《生态城市建设理论与实践的再思考》,《上海环境科学》2002 年第 5 期。

杨林:《评生态城市建设的三个特色》,《生态经济》2001 年第 9 期。

柏云、陈学星:《生态城市规划方法的探讨》,《淄博学院学报(自然科学与工程版)》2000 年第 1 期。

黄光宇、陈勇：《论城市生态化与生态城市》，《城市环境与城市生态》1999年第6期。

黄肇义、杨东援：《国内外生态城市理论研究综述》，《城市规划》2001年第1期。

黄光宇、陈勇：《生态城市概念及其规划设计方法研究》，《城市规划》1997年第6期。

陈志诚、曹荣林、朱兴平：《国外城市规划公众参与及借鉴》，《城市问题》2003年第5期。

黄肇义、杨东援：《国外生态城市建设实例》，《国外城市规划》2001年第3期。

董坚：《专家提出生态城市规划开发的八项原则》，《城市规划通讯》2005年第8期。

陈勇：《哈利法克斯生态城开发模式及规划》，《国外城市规划》2001年第3期。

海云：《巴西库里蒂巴城市可持续发展经验浅析简》，《现代城市研究》2010年第11期。

郝文升、赵国杰、温娟、李燃、常文韬：《低碳生态城市的区域协调发展研究——以中新天津生态城为例》，《城市发展研究》2012年第4期。

郝华勇：《欠发达地区城镇化转型》，《开放导报》2013年第2期。

郝华勇：《论低碳城镇化的实现路径》，《农业经济》2013年第7期。

Carl J.Friedrich, *Man and Government*, New York : McGraw–Hill,1963.

后　记

　　《美丽城市》是"美丽中国·生态中国丛书"(《美丽中国》、《美丽城市》、《美丽乡村》)的第二本，是集体智慧的结晶。主编陶良虎教授负责全书框架设计和统稿。全书各章执笔人分别是，总序：陶良虎，第一章：陶良虎，第二章：张继久，第三章：姜涛，第四章：冯占民，第五章：洪盛良、黄婷，第六章：赵一农，第七章：余峰、庞莞冰、海同，第八章：郝华勇，第九章：王重凌，第十章：张坤峰。

策划编辑：张文勇

责任编辑：张文勇　高　寅

封面设计：肖　辉

图书在版编目（CIP）数据

美丽城市：生态城市建设的理论实践与案例／陶良虎，张继久，孙抱朴 主编.

（美丽中国·生态中国丛书／范恒山，陶良虎主编）

－北京：人民出版社，2014.12

ISBN 978－7－01－014248－7

I.①美…　II.①陶…②张…③孙…　III.①生态城市－城市建设－研究－中国

IV.① X321.2

中国版本图书馆 CIP 数据核字（2014）第 289341 号

美丽城市

MEILI CHENGSHI

——生态城市建设的理论实践与案例

陶良虎 张继久 孙抱朴 主编

人 民 出 版 社 出版发行

（100706　北京市东城区隆福寺街 99 号）

北京汇林印务有限公司印刷　新华书店经销

2014 年 12 月第 1 版　2014 年 12 月北京第 1 次印刷

开本：710 毫米 ×1000 毫米 1/16　印张：15

字数：277 千字　印数：0,001－3,000 册

ISBN 978－7－01－014248－7　定价：35.00 元

邮购地址 100706　北京市东城区隆福寺街 99 号

人民东方图书销售中心　电话：（010）65250042　65289539